JN184940

環境法の冒険

放射性物質汚染対応から
地球温暖化対策までの立法現場から

鷺坂 長美

Osami Sagisaka

清水弘文堂書房

はじめに

本書は、早稲田大学法学部における学生向きの講義ノートをもとにしています。したがって、いわゆる環境法と呼ばれる法律はおおむね取り上げていますが、環境法を体系的に詳述した教科書というよりは、初めて環境法を学ぼうとする人を念頭において、副読本的に使われることを想定しています。

筆者は、ご縁により環境省に2001年から2012年の夏まで12年弱奉職しました。その間、環境省提案の多くの法律の立案作業に関わり、2005年から3年間、国会担当でもありましたので、いわゆる議員立法の法案にも関わりました。

環境法の立案には大きく分けて4つのケースがあるように思います。①何か被害が発生して早急に対応しなければならないケース、②永年地道に知見を収集して新しい知見により予防的な対策が必要となったときに制度化するケース、③求められる社会の動きに整合的な政策を明らかにするケース、④国際会議等での方向性を国内的に対応する、または、国際的な条約を担保するために必要なケースです。最近の例で言えば、①はアスベスト被害者救済法や放射性物質汚染対処特別措置法が、②は少々議論があるかもしれませんが総合的な浮遊粒子状物質対策として研究してきた成果としてのオフロード車排ガス規制やVOC規制が、③はグリーン購入法や環境契約法が、④は大きく言えば生物多様性基本法が、条約対応ということでは地球温暖化対策推進法、海洋汚染防止法や希少種の保存法等が当てはまると思います。

環境法が射程範囲とする「環境」の定義は法律にはありません。そのときどきの自然的社会的状況に応じた柔軟性を持った概念だからでしょう。筆者が環境省に移って強く感じたことは、「環境」という概念について、「若いときから考えている人はそれなりの考えがある」ということです。別の言葉で言えば「環境マインド」と言ってもいいでしょう。この「環境マインド」はどのようにして醸成されるのでしょうか。国家公務員でも地方公務員でも環境行政に従事したいという人を見ていますと、とにかく「環境」行政に関わりたい、いい「環境」を創りたいと思って志望しています。いわゆる「でもしか」、「環境でもしようか」「環境しかできない」ではないように見受けられます。そういった人が社会に生じる様々な環境問題に対して、政策の立案、究極的には立法ということになりますが、そういう過程を通じて解決を図ろうとした経験が「環境マインド」の醸成に寄与しているのではないか、としばしば感じたところです。

21世紀は環境の世紀と言われます。今後とも、気候変動問題をはじめ環境に関する様々なリスク、様々な課題が増えるでしょう。環境問題に直面したときどのように考え、どのような対策がふさわしいかなど、まさに「環境マインド」を手がかりとして考えていくことが必要です。本書では「環境マインド」の解答をお示しするものではありません。しかし、法律の立法過程を見ていくことで、少しでも「環境マインド」に近づいていただければ、と思っています。したがって、法律の内容を詳細に解説するということよりも、法律の立案過程を重視した解説を心がけています。読者には、これまでの立法過程、立法現場を見ることで、環境問題という大海原で先人たちがいかに大きな困難を乗り越えてきたかを感じていただき、そして、将来出てくる新たな環境問題、未知の大海原での航海を乗り切るための適切な判断と対処法を見つける羅針盤としていただければ、と思います。

本書は、環境基本法等の基本法については条文についても見ていますが、その他の法律については基本的にその体系や概要を記すに留めました。ざっと目を通していただくことで法律の大まかな構造が理解できるようにという趣旨です。環境法は一つの法律で成り立っているものではありません。その時々の自然的社会的状況に応じて多くの法律で成り立っています。いわゆる「環境法」の全体像が把握できるように工夫したつもりです。

環境法はその成立時の自然的社会的な背景に依存しています。したがって、自然的社会的状況の変化に伴い常に見直しが必要となります。いわば「動的な法律」とも言えます。裁判においてもさまざまな動きが出てくるでしょう。筆者の研究不足によりまだまだ足りない部分も多くあります。本書の性格上、学説の紹介は基本的に「環境法第3版（有斐閣)」（大塚直著）をはじめ参考文献にお示しした既存の教科書に依っていますが、意見におよぶところは筆者の個人的見解を示しています。読者のご批判をいただければ、幸いです。

なお、裁判例もいくつか引用していますが、「環境法判例百選第2版（有斐閣)」に掲載されているものに限りました。参考までに引用した判例は百選の番号を付してあります。また、本文に書ききれない部分はコラム的に本文の途中に記述しています。【注】は節末にまとめてありますので、適宜参照していただければ、と思います。なお法律の名称は通称を用いていますが、原則、正式名称は当該法律を解説しているところで（ ）書きで書いています。

最後に本書の構成です。一般的には環境の基本理念や環境基本法から入ることが多いと思いますが、本書では社会事象との関係で必要となる法律の立法過程を重視したいと思いますので、第1章は「環境法とは」と問いかけています。そして、原子力発電所の事故による環境汚染への対応策として成立した放射性物質汚染対処特別措置法の成立過程を見るとともに、公害の歴史も概観しています。第2章は「公害被害への対応」です。はじめに公害問題の原点と言われる水俣病についての経緯を振り返り、その上で、被害が生じたときの法的な対応としての訴訟手段について触れ、被害者救済制度までを概観します。第3章は「環境法の理念・原則」と「環境基本法」についてです。個別の法律に「この法律は環境法です」とは書いてありません。環境法の理念・原則が当てはまる法律、または、当てはめた方がいい法律を環境法というとすれば、環境法かどうかの判断に重要な部分です。第4章以降はいわば各論の部分です。多くの環境法を取り上げています。第4章は「公害規制法」ということで、環境媒体ごとの規制について説明しています。大気環境、水環境、土壌環境、地球環境を保全するための規制についてです。環境媒体ということではありませんが、化学物質規制についても触れ、媒体横断的な手続きとしての環境影響評価法についても説明しています。第5章は「事業規制法」としました。環境保全のためには、自由な経済活動を前提として環境汚染を引き起こすような行為のみを規制するだけでは不十分で、事業そのものを丸ごと規制した方が望ましい事業活動があります。廃棄物処理業がその代表ですが、原子力事業も当てはまります。公害規制法の中にも事業規制の面があり、事業規制と言っても一定の行為規制と言えなくもない面がありますので、程度の問題ではあります。こういった切り口が適切かどうか、いろいろ意見のあるところですが、便宜、事業規制法としておきました。第6章は「自然環境と生物多様性」です。ここは、環境一般に対する事業活動による汚染防止という切り口ではありません。保全すべき自然や生態系を明らかにし、その上で、保全のための規制のみならず、利用行為や事業活動以外の行為も含めた枠組みを取り上げています。

参考文献

本書の執筆にあたって参考とした主な参考文献です。

『環境法判例百選第2版』（有斐閣）淡路剛久、大塚直、北村喜宣編

『環境法第3版』（有斐閣）大塚直著

『環境法BASIC第2版』（有斐閣）大塚直著

『環境法第3版』（弘文堂）北村喜宣著

『自治体環境行政法第6版』（第一法規）北村喜宣著

『環境訴訟法』（日本評論社）越智敏裕著

『環境法第4版』（有斐閣）阿部泰隆、淡路剛久編

『環境法ケースブック第2版』（有斐閣）大塚直、北村喜宣編

『ザ・環境学』（勁草書房）小林光編

『環境政策入門』（武庫川大学出版）盛山正仁編

『環境白書』環境省編

『やさしい環境教室』（徳間書房）朝日新聞科学医療グループ

『水俣病』（岩波新書）原田正純著

『水俣病は終わっていない』（岩波新書）原田正純著
『資料から学ぶ水俣病』（水俣病センター相思社）
『苦界浄土』（講談社文庫）石牟礼道子著
『ノーモアミナマタ訴訟たたかいの軌跡』（日本評論社）ノーモアミナマタ訴訟記録集編集委員会編
『「水俣病問題に係る懇談会」提言書』環境省
『西淀川公害を語る』（本の泉社）西淀川公害患者と家族の会編
『行政法概説Ⅱ第3版』（有斐閣）宇賀克己著
『地方自治法概説第5版』（有斐閣）宇賀克己著
『法律学講座双書、債権各論Ⅱ』（弘文堂）平井宣雄著
『民法Ⅴ』（有斐閣）橋本佳幸、大久保邦彦、小池泰著
『社会的共通資本』（岩波新書）宇沢弘文著
『エコロジカルな経済学』（ちくま新書）倉阪秀史著
『土壌汚染対策法と民事責任』（白楊社）小沢英明著
『京都議定書の評価と意義』（省エネルギーセンター）マイケル・クラブ他著、松尾直樹監訳

目次

装丁　深浦一将／校閲　上村祐子／ DTP　中里修作

第1章
環境法とは

第1節　環境「法」

1　環境法の役割

環境法とは何かという問いかけに、環境問題を解決するための法律、さまざまな環境問題を解決するための一つの手段、ということが言えます。例えば、大気汚染による健康被害が生じた場合に、①大気を浄化する、②健康被害に対して対応する、ということが考えられます。①についての対策としては、汚染物質を大気に排出しない、排出する場合でも人の健康に影響が出ないような方法で排出する、局所的なら空気を撹拌して浄化する、また、排出する予定のある施設を作るときには予防のために環境影響評価を実施する、などです。②についての対策としては、健康被害にあった人に対して治療をする、被害者に生じた損害を賠償する、などです。そして、こうした対策を確実に実行に移すために法律を制定するということになります。

法律がなくても一定の対策は可能です。ただ、一般の事業者や国民に義務を課すということになると、制度の安定的な運用という点でも法律が有用ですし、義務の不履行に罰則をもって担保するということでは、これは憲法に言う罪刑法定主義で法律が必要になります。

最近、「環境問題の解決には一人ひとりの行いに環境配慮を組み込みましょう」という声をよく聞きます。温暖化問題にしてもリサイクルの問題についても、また、自動車の排ガス問題にしても、一人ひとりの活動が環境に負荷を与え、それによって一人ひとりが被害を受けるという状況を反映した呼びかけです。ある意味これは一人ひとりの倫理観に訴えかけるものです。しかし、それだけで環境問題が解決に向かうかというと、あまり期待できないのではないでしょうか。そこは、人々の間にこういう社会をつくるという確固たるものを明らかにする、それを人々の共通の価値とするという作業が必要であると思います。

法律をつくる立法機関は国会です。国権の最高機関が国会であるということからも、もう一度環境「法」の意味、重要性に光を当ててみたいものです。

2　法律の扱う環境問題とは

では法律が環境問題を解決するための手段として、その前提となる環境問題とは何でしょうか。環境行政を進めるための基本である環境基本法には環境の概念は定義されていません。このことは、「環境」とはその時々の国民の意識の変化によって変わっていくものと捉えていると説明されます。

ただし、「環境への負荷」とか「公害」という言葉の定義はあります。「環境への負荷」とは「人の活動により環境に加えられる影響であって、環境の保全上の支障の原因となるおそれのあるもの」（環境基本法2条1項）とされ、「公害」とは「環境の保全上の支障のうち、事業活動その他の人の活動に伴って生ずる相当範囲にわたる大気の汚染、水質の汚濁、土壌の汚染、騒音、振動、地盤の沈下及び悪臭によって、人の健康又は生活環境に係る被害が生ずること」（環境基本法2条3項）とされています。

ここで注意を要するのは「人の活動により」とか「人の活動に伴って生ずる」とされていることです。したがって、環境法で解決すべき問題の射程はあくまでも人為的な活動から引き起こされたものということです。被害があっても人の活動と無関係なものは公害とは言わないということです。自然災害や自然現象によって引き起こされたことは除かれます。したがって、火山噴火によって大気中の硫黄酸化物の濃度が上がったからといって環境政策として特別な対策がとられるということはありません（もちろん火山噴火による大気汚染によって人の住める環境が維持できなければ、避難することなどは必要です）。ただし、自然に由来する人の健康に影響をあたえるようなものについては微妙な問題も生じます。日本は火山国です。地下には様々な有害物質があります。土地を開発すれば、例えばヒ素による環境汚染が想定されますが、こうした自然由来で人の健康等に害のあるものに対してどこまで対策が必要か、さまざまな議論が出てきます。

次に人の活動と被害との関係です。「公害」の定義では「被害が生ずること」

とありますので、被害が生じていなければなりません。しかし、「環境への負荷」の定義では「原因となるおそれ」としていますので、因果関係が不確かでも「おそれ」程度に関係があれば十分「環境」に対して「負荷」をかけているという定義でもあります。環境の基本的理念の一つである「予防原則」に繋がる定義と言えましょう。

環境基本法2条3項には環境汚染の代表的なものとして大気汚染、水質汚濁、土壌汚染、騒音、振動、地盤沈下、悪臭を列記し、これらを典型7公害と呼んでいます。環境問題は環境汚染から生じた人の健康や生活環境への影響の問題を扱うことになりますので、環境汚染とは別の経路での、例えば、食品とか薬品を通じて生じた被害については一般的には環境問題とは言いません。しかし、ダイオキシン類対策では、トータルでどの程度のダイオキシン類の摂取までなら大丈夫かという耐用摂取量を定めて環境中の基準を定めています。一般環境経由だけではなく、食品を経由した物質の摂取も視野に入れて対策を講じなければならない場合もあります。今や人間の生活には様々な化学物質の利用は不可欠です。その場合には一般環境経由だけ気を付けていればいいというものではないのでしょう。

3　環境の手がかり

環境基本法には「環境」の定義はありませんが、法律にその手がかりが全くないのでしょうか。ここでは環境基本法3条を見てみましょう。

環境基本法3条の条文を分解してみますと、まず、「環境の保全」の方向性が書かれています。具体的には、①「現在および将来の人間が健全で恵み豊かな環境の恵沢を享受する（ように）」、②「人類の存続基盤である環境が将来にわたって維持されるように」ということです。つまり、環境とは、将来世代を含め時間的な広がりを持ったものであり、空間的には人類全体に関するものであることが示されています。

次に環境の保全を行う場合に勘案する点として二つあげています。①「環境を健全で恵み豊かなものとして維持することが人間の健康で文化的な生活に欠くことのできないものであること」、②「生態系が微妙な均衡を保つことによって成り立っており人類の存続の基盤である限りある環境が、人間活動による環境への負荷によって損なわれるおそれが生じてきていること」です。ここでは良好な環境が人間にとって不可欠であること、環境には生態系の保全が重要で、無限に利用できるものではなく許容量があることが示されています。

もう一つの手がかりは保全すべき環境の要素があげられていることです。環境基本法14条では、自然的構成要素として「大気、水、土壌」が、生物多様性の確保として「生態系の多様性、野生生物の種の保存」が、自然環境として「森林、農地、水辺地」があげられています。

つまり、環境基本法における環境の概念とは、時間的、空間的広がりを持ったもので、生態系を含み、限りあるもの、ということになります。大変抽象的です。環境の要素を網羅しているということでもありません。その他景観や自然的文化的遺産も含まれるでしょう。環境基本法そのものが環境の概念を一人ひとりの思いに委ねているのかもしれません。

4　環境法の多様性

環境問題の解決には様々な対応があります。工場の排煙によって被害を受けた人が工場経営者に損害賠償を求めることもありましょう。その場合は民法の不法行為による賠償請求ということになります。私法の分野に属します。しかし、一般的には環境問題は時間的にも空間的にも広がる性質のものですので、自分だけが満足を得られればいいというものではないでしょう。私人間の解決のみではなく、より広く行政的解決が図られることが必要になります。環境法の多くの分野がいわゆる行政法の分野に属するのはこうした理由によります。ただ、環境法で対応すべき環境問題は時代によっても変わりますし、新しい事象に対して新たな対応が必要になるものです。行政的な法規で救済されないような場合には私人間の争いからはじまります。日本の環境法はそういった私法分野の争いの歴史から発展してきたものとも言えます。参考までに、環境法の行政的な対応について整理してみました（表1）。かなり単純化していますが、行政的対応でも様々であることがわかります。

その他刑事法の分野に属するものもあります。「人の健康に係る公害犯罪の処罰に関する法律」いわゆる公害犯罪処罰法です。

表1　環境問題に対する行政的措置

	公害問題	廃棄物問題	気候変動	自然環境	放射性物質
原因	汚染物質排出	ごみの大量発生	CO_2 排出	開発	事故
結果	大気汚染 水質汚濁	最終処分場の逼迫	地球温暖化	生物多様性の減少	放射性物質による環境汚染
被害	健康被害 生活環境影響	不法投棄 生活環境影響	異常気象による被害等	種の絶滅 生態系への影響	甚大な被害
対策	大気の浄化 被害者対策	ごみの減量化 不法投棄対策	CO_2 排出削減	開発抑制 代償措置	除染 隔離 被害対策
施策	排出規制 救済・補償 予防としてのアセス、計画	リサイクル グリーン購入 厳罰化	国民運動 経済的手法 情報的手法	開発規制 保護、アセス 代償措置 協定、計画	除染、賠償 規制強化

工場排煙による個人の健康被害
▼
民事上の **損害賠償請求**

工場排煙による住民の健康被害
▼
民事上の **損害賠償請求**
行政的に **被害者救済・補償**
排煙の排出規制
課金による排出抑制
公害犯罪処罰

医学的知見
化学的知見
工学的知見
社会学的知見
経済学的知見
政治学的知見

図 1-1-1　環境問題の解決に向けて

また、環境問題の解決には様々な学問領域の知見が必要です。例えば環境に負荷を与える行為に値段がついているわけではありません。経済学で言うところのいわゆる「外部性」の問題になります。健康被害を認定するには医学的知見、大気中の物質の環境基準を定めるには化学分野の知見、自動車排ガスについては工学的知見、などなど人間の活動が大規模、多様化するに従い様々な知見が必要になります。地球環境問題の国際交渉などには政治学的な分析も必要でしょう。工場からの排煙による健康被害を例にとれば図（図1-1-1）のようになるでしょう。

5　環境法の特質

環境問題は人間活動から生じますから社会、時代の変化にともなってさまざまな課題が今後も出てくることでしょう。したがって、環境法の一つの特徴ですが、時代の要請に応じて常に修正を加える、または新しい法律を作らなければならないということです。法改正まで至らなくても新しい、予想外の事案への対応は必要です。そこには環境法の理念とも言うべき環境政策に独自の考え方を盛り込むことになります。「予防原則」「汚染者負担の原則」「持続可能な開発」「無過失責任」「因果関係の割り切り」などなどです。

そして、近年特に要請されていることが国境を越えた環境問題の発生です。気候変動対策に見られるように国際的な枠組みの中で国内的に対応する環境法が多く見られます。こうした環境法については、国際的に、地球規模で問題を把握しなければなりません。法律は基本的には国内に適用されます。だからといって我が国だけがいいということでは通じない世の中になってきました。国家間の国際的取り決めは条約という形で行われますが、条約に至らないまでも地球に与える影響を未然に防ぐための国内環境法も必要になってくるでしょう。もちろん、地球規模の影響に関する国際的な研究が必要であることは言うまでもありません。

予想外の事案への対応（ヘキサメチレンテトラミン）

環境法が常にその時の環境の状況によって変化していくという例を挙げてみましょう。法律自体の改正にまでは至りませんでしたが、新しい事案に対して新しい物質を指定した例です。利根川水系取水障害の事案です。

2012年5月に利根川水系の浄水場で水道水質基準を上回る有害物質であるホルムアルデヒドが検出され、1都4県の浄水場において取水を停止し、同月19日から20日にかけて千葉県内の5市36万戸に断水または減水が発生しました。

調査の結果は次のとおりです。

埼玉県に所在する企業が高濃度のヘキサメチレンテトラミンを含む廃液処理を高崎市の事業者に委託しました。受託事業者はヘキサメチレンテトラミンが含有されていることを認識せず、中和処理だけを行って排出したため、ヘキサメチレンテトラミンが河川中に放流され、利根川の広範な浄水場で塩素と反応し、ホルムアルデヒドが生成したのです。ヘキサメチレンテトラミンの有害性は低く環境基準も設定されていません。したがって河川等の公共水域への排出基準もありません。事業者の行為が法律違反というものではありません。実はこれまで焼却処理していたものを今回受託した事業者は中和処理のみで公共水域に排出してしまったということが原因と考えられました。

水質汚濁防止法では、公共水域に一般に排出されないため環境基準や排出基準はなくても、事故等により排出されれば魚の大量死等に繋がるような有害物質を指定物質として指定しています。今回の事案を踏まえヘキサメチレンテトラミンは指定物質に追加されることになりました。また、廃棄物処理の委託方法に問題があったことから委託基準のガイドラインが見直され、水道水源における消毒副生成物前駆物質としてヘキサメチレンテトラミンがあげられました。

6　放射性物質汚染対処特別措置法

ア　法律策定に至る経緯

社会状況の変化により新しい法律が必要になるという点について、放射性物質汚染対処特別措置法の制定経緯を見てみましょう。東京電力福島第一原子力発電所の事故により大量の放射性物質が一般環境中に飛散し、広範な地域で環境汚染が発生しました。この法律は、それへ対処するために制定されたものです。したがって、法律の正式名称は「平成23年3月11日に発生した東北地方太平洋沖地震に伴う原子力発電所の事故により放出された放射性物質による環境の汚染への対処に関する特別措置法」と言います。大変長い名前がついています。この法律で扱うのは今回の事故に係る環境汚染のみです。一般的に放射性物質による環境汚染に対処するためのものではありません。事故が起こったのは2011年3月11日からですが、約半年後の8月30日には公布されています。議員提案による法律で、大変迅速に成立しています。

東京電力福島第一原子力発電所で事故が起こるまでは放射性物質が環境中に大量に飛散するなんてことは想定されていませんでした。放射性物質を扱う法規として放射線障害防止法や原子炉等規制法という法律がありましたが、いずれも、放射性物質を扱うときの事業者への規制や発生した放射性廃棄物の取扱いなどを決めているもので、環境中に放射性物質が飛散することを想定しているものではありません。

環境省の扱う環境法規においても、歴史的経緯（第5章第3節〔p.269 ～〕参照）から放射性物質関係についてはその対象から原則除かれていました。例えば、環境基本法13条では「放射性物質による大気の汚染、水質の汚濁……の防止のための措置については原子力基本法その他の関係法律で定める」とされ、水質汚濁防止法23条1項では「放射性物質による水質の汚濁及びその防止については適用しない」、廃棄物処理法2条1項でも「放射性物質及びこれによって汚染されたものを除く」とされていました。

しかし、放射性物質が一般環境に飛散するという事故が実際に起きてしまったのです。東京電力福島第一原子力発電所では3月12日から15日にかけて水素爆発が発生し、放射性物質が環境中に飛散しました。汚染の状況は一様に広がるのではなく、その時の風向き、降雨の状況に影響されているようです。3月22日前後に降雨がありましたが、風で運ばれていた放射性物質が落ちてきて土壌などに付着して環境汚染を引き起こしていると言われています（図1-1-2）。

今回の事故は広範囲に及ぶ環境汚染という未曾有の結果を引き起こしています。想定外の事故であったとしても現実問題としてどこかの役所が責任を持って対応しなければなりません。

はじめに災害ガレキ、津波で壊された建物などについてどの役所が責任を持つのか、ということが問題になりました。一般の災害ガレキは、実際に処理をするのは地元の自治体ですが、廃棄物処理法を所管している環境省が資金面も含め責任を持って進めることになります。しかし、放射性物質に汚染されているものは廃棄物処理法から除外されていますので環境省は手を出しにくい、原子力に関わっていた経済産業省も文部科学省も所掌していない、ということで大変困ったことになりました。放射性物質により汚染されているといってもガレキの処理はガレキの処理ですから、環境省も責任を逃れることはできません。そこで、やむをえない措置として「災害ガレキについては、放射性物質に汚染されているおそれのある廃棄物」ということで、少々詭弁的ではありますが、そのような解釈で対応をはじめました。しかし、そのような解釈では不都合が生じます。廃棄物の

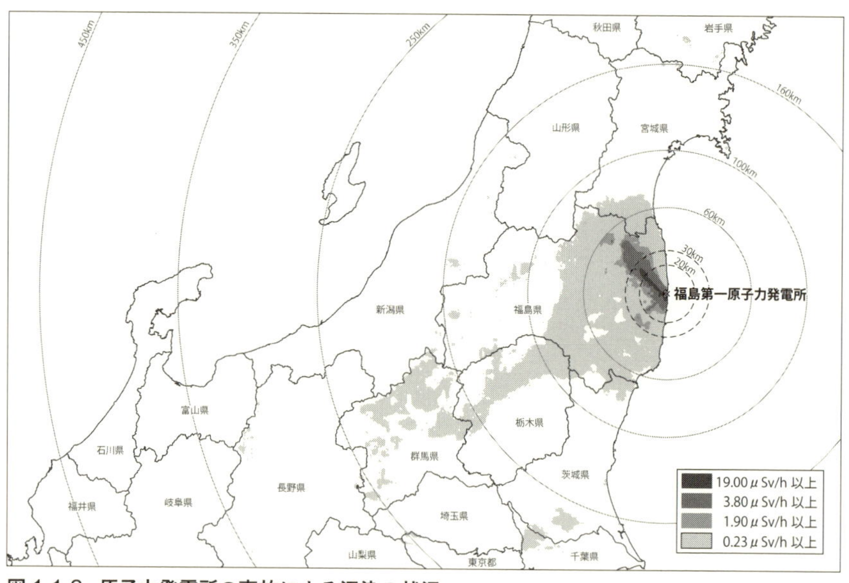

図 1-1-2　原子力発電所の事故による汚染の状況
2011 年 9 月、航空機による地上 1 メートルの測定結果。色塗りのところが 1 時間当たり 0.23 マイクロシーベルト。一定の計算式で年間 1 ミリシーベルト以上

不法投棄について罰則を適用するとなると「放射性物質に汚染されている」ものは適用除外で取り締まれないということです。国会でも問題になりました。

また、こんなこともありました。事故後小中学校は春休みに入っていたのですが、放射線レベルがどの程度であれば学校を再開できるか、ということです。政府は避難の基準と同じ年間20 mSv（ミリシーベルト）の被ばくまでは許容できるのではないか、ということで時間あたり3.9 μSv（マイクロシーベルト）という数値を示しました。しかし、この値は高すぎるのではないか、子供に与える影響は大人とは違う、など大変議論を呼び、その決定に対して政府内でも異論が出ました。内閣官房参与の辞任に発展する事態も生じました。そういう状況の中、学校現場からも不安だという声が出てきました。郡山市教育委員会では少しでも放射線レベルを下げようと校庭の表土を剥ぐ、放射性物質に汚染されていると思われる表土を剥ぐことが行われました。しかし、剥いだ表土を持っていく場所がなかったのです。当初は市内の廃棄物処分場へ搬入する予定でしたが、地元の反対にあい搬入できず困ってしまったのです。政府部内でもどこの役所が責任を持つのか問題になりましたが、当時の法律ではどこの役所も責任を持って対応するということになりません。結局、学校現場での保管、子供たちが近くに寄らないようにして保管せざるをえなくなりました。この点でも法的手当がいるのではないか、と考えられました。

政治レベルでも同じような問題意識を持ち、放射性物質による汚染を処理する法律がいるのではないか、ということになりました。農用地土壌汚染防止法という法律があります。水田中心ですが、イタイイタイ病の原因物質であるカドミウムで汚染された土地について公共事業方式で土壌を浄化する、客土といって汚染された土壌がそこで栽培される稲に影響を与えないように土を盛るなどを行うための法律です。放射性物質による汚染が最終的には土壌汚染になるのでは、ということで参考にされました。また、災害ガレキ、災害廃棄物は市町村処理の原則で行っていましたが、東日本大震災においては事務委託により県が事務を受託した地域もあります。さらに、今回の事故による避難で町役場などの役場機能のない地域もあります。それらのことも考慮されました。以上のようなことを踏まえ、法律案は、都市部も含めた汚染地域の除染と災害ガレキの処理という二つの観点で検討されました。チェルノブイリの事故でも面的な除染はほとんど行われていません。世界に類例のない法律です。

イ　法律の概要

法律の目的は、放射性物質による環境の汚染への対処に関し、国等の講ずべき措置等について定め、環境汚染による人の健康又は生活環境への影響を速やかに低減する、とされています。責務規定では国の責任が強調され、「原子力政策を推進してきたことに伴う社会的責任」を明記しています。

内容ですが、廃棄物の処理と土壌等の除染を分けて書いてありますが基本的構造は同じです。まず放射性物質による汚染レベルの高い地域では、住民の方は避難していますし役場も移転しています。東京電力福島第一原子力発電所周辺の2市9町村にかかる地域を除染特別地域と呼んでいますが、国が直轄で土壌等の除染や災害ガレキの処理を行うこととしています。

それ以外の地域では自治体、具体的には市町村が除染やガレキの処理を行うことにしています。土壌等の除染は、一定の空間線量以上である地域を有する市町村（市町村の申請により国が指定）で当該地域において策定した除染実施計画に基づいて行います。一定の空間線量の値は年間1 mSvです。次にガレキなどの廃棄物の処理についてです。汚染レベルの高いもの（8,000 Bq/Kg以上【1】）については、国が直轄で行う地域以外の廃棄物についても国が指定し（指定廃棄物【2】）直接処理することにしています。8,000 Bq/Kgは処理するときに受ける追加の被ばく線量が1 mSv以下になるように設定された数値で、これ以下のレベルの廃棄物であれば一般の管理型処分場で処理できるとされています。廃棄物処理法では放射性物質に汚染されたものは適用除外とされていましたが、この法律により、汚染されたものでも8,000 Bq/Kg以下の廃棄物は廃棄物処理法の適用を受けることになりました。また、国で処理する廃棄物（特定廃棄物）に関する規定や除染土壌等の不法投棄禁止の措置も盛り込まれています（図1-1-3）。

災害ガレキは市町村処理が原則です。しかし、東日本大震災により甚大な被害を受けたことにより、ガレキを処理することが困難な市町村では地方自治法上の事務委託により都道府県に災害ガレキの処理を委託しました。2013年8月12日に公布された「東日本大震災における災害廃棄物の処理に関する特別措置法」では災害ガレキの処理を一定の要件（災害廃棄物の処理の実施体制、専門的な知識技術の必要性、広域的処理の重要性を勘案）のもと国が直接処理できる仕組みを創

汚染土壌等（草木、工作物等）の除染

① 環境大臣は、国が除染をする地域を指定（当初の警戒区域、計画的避難区域）
② 環境大臣は、①の地域（除染特別地域）における除染計画を策定し、国が除染を実施
③ 環境大臣は、①の地域外でも汚染状況により一定の地域（重点調査地域）を指定
④ 都道府県知事等は重点調査地域について除染実施計画策定
⑤ 原則市町村は④の計画で除染を実施
⑥ 国による代行規定
⑦ 汚染土壌の不法投棄の禁止

汚染された廃棄物の処理

① 環境大臣は、廃棄物の特別管理が必要な地域を指定
② 環境大臣は、①の地域における廃棄物処理計画を策定
③ 環境大臣は、①の地域外の廃棄物であって一定の基準（8,000Bq/kg）を超えるものについて指定
④ ①の地域内の廃棄物、③の指定廃棄物は国が処理
⑤ ④以外の汚染レベルの低いものは廃棄物処理法の規定を適用
⑥ 廃棄物の不法投棄等を禁止

特定廃棄物又は除去土壌（汚染廃棄物等）の処理等の推進

○ 国は、地方公共団体の協力を得て、汚染廃棄物等の処理のために必要な施設の整備その他の放射性物質に汚染された廃棄物の処理及び除染等の措置等を適正に推進するために必要な措置を実施

費用の負担

○ 国は、汚染への対処に関する施策を推進するために必要な費用についての財政上の措置等を実施
○ 本法の措置は原子力損害賠償法による損害に係るものとして、関係原子力事業者の負担の下に実施
○ 国は、社会的責任に鑑み、地方公共団体等が講ずる本法に基づく措置の費用の支払いが関係原子力事業者により円滑に行われるよう、必要な措置を実施

図 1-1-3　放射性物質汚染対処特別措置法の概要

設しています。放射性物質に汚染された廃棄物のうち低レベルのものでも国で処理できることになり、福島県の一部市町村で活用されています。

廃棄物の処理や除染については放射性物質汚染対処特別措置法に基づき基本方針が示されています。廃棄物処理については基本的に現行の廃棄物処理体制を活用し、生活地近傍を優先しながら行うこととし、その処理は都道府県内で行うとされています。また、除染については空間線量が年間20 mSv以上の地域について段階的に地域を縮小していくことを目標とし、20 mSv未満の地域はおおむね2年間で空間線量を半減していこうという目標を示しています。除染事業を行う範囲は広大です。まずは人の健康に配慮して、特に子供の生活空間を優先的に行うこととされています。地域指定の基準が年間1 mSvということもあり、長期的目標としては1 mSv以下を目指すとしています。これは追加被ばく線量です。もともとあるバックグラウンド、自然界からの放射線量を除いた数値です。時間当たり0.23 μSvとしています【3】。

法律では特定廃棄物や除染土壌等の処理を推進するため、必要な施設整備その他除染等を適正に推進するための必要な措置を実施することとしています。具体的には特定廃棄物や除染土壌等を最終的に処分するための措置ということになります。立法過程の議論では一時的に仮置き場で保管し、減容化したのちに処分場を建設して汚染された廃棄物や土壌等が減衰により無害化するまで安全に保管しようという構想でしたが、当時の政権は福島県内のものは中間貯蔵施設を建設して保管するという考えを示しました。環境省としては「寝耳に水」ではありましたが、原子力発電所を立地する際に放射性廃棄物の最終処分場は福島県内には作らないという約束があったからと聞いています。いずれにしても、福島県外の指定廃棄物や除染土壌等は各都道府県内【4】に作る予定の最終処分場（安全側に十分配慮した遮断型）で処分することとし、福島県内の8,000 Bq/Kg以上の廃棄物は富岡町の既存の処分場を活用して処分することとし、大量に発生する除染土壌や100,000 Bq/Kg以上の廃棄物等については大熊町と双葉町に建設予定の中間貯蔵施設で30年間保管し、その後は県外の処分場へ搬出する予定となっています。

この法律に基づく措置の費用負担についてです。法文上は原子力損害賠償法による損害に係るものとして関係原子力事業者、東京電力の負担の下に実施するとされています。具体的には、全額国庫負担で行い、その費用については東京電力に求償するということです。

ウ　低線量被ばくについて

2013年12月に「低線量被ばくのリスク管理に関するワーキンググループ」から低線量被ばくの健康影響についての科学的知見を整理した報告書が出されています。この中で放射線防護の考え方が示されています。広島・長崎の原爆被爆者に関する調査から被ばく線量が100 mSvを超えるあたりから発がんのリスクが増加する、日本人全体の30％ががんにより死亡しますが、100 mSv被ばくすると生涯のがん死亡リスクが約0.5％増加します。それ以下ではリスク増加の証明は難しい、つまり明らかになっていない。しかし、放射線防護の考え方としては、100 mSv以下の低線量被ばくでも、科学的には証明されていなくても、リスクがあるものとして、被ばく線量に応じて直線的にリスクが変化するというモデルを採用するとしています。国際放射線防護委員会（ICRP：International Commission on Radiological Protection）という原子力の専門家の国際機関でも、そのことを前提にした考え方を示しています。

日本でも、旧原子力安全委員会（現在は原子力規制委員会に統合されています）から基本的考え方が出されています。まず①「緊急時被ばく状況」原子力事故の状況下で緊急活動を必要とする状況です。ICRPの基本勧告では20~100 mSvを参考レベルと示していますが、それを受けて、日本では避難区域の設定などに年間20 mSvを適用しています。次に②「現存被ばく状況」緊急事態後の長期被ばくを含む、管理に関する決定をするときの状況です。参考レベル1~20 mSvを示しつつ、その下方の線量、また中間的な参考レベルを設定できるとし、長期的には1 mSvを目標とするとしています。ただ、この場合でも、住民の生活や産業活動の支援など総合的な対応の一環として管理に関するレベルの決定をすべきとしています。

したがってこの報告書では、避難区域の基準である年間20mSvについて、安全を重視した考え方を採用しているとし、また、区域の見直しの基準を20mSv以下となることとしたことについても適当であるとしています。

しかし現実は、20 mSv以下になったからといって、一般住民が安心して避難先から帰還するということにはなりません。この点については反発もかなりあったと聞いています。レントゲン技師のような放射線に曝露する業務に従事する人については放射線管理区域というのがありますが、これは3か月で1.3 mSvですから年間おおよそ5 mSv強となっています。なぜ20 mSvで安全なのかというこ

放射性物質の半減期

これまで環境法の視野に入っていた環境汚染の原因物質と放射性物質が根本的に異なるのは、放射性物質には半減期がある、健康に与える影響が時間とともに減衰していくということです。今回の事故により環境中に飛散した主な放射性物質はヨウ素131、セシウム134、セシウム137ですが、例えば、ヨウ素131ですと、半減期は8日です。放射線を出す力が8日で半分になる、16日で4分の1、32日（約1か月）で16分の1になります。事故から数か月もたてば全く問題のないレベルに減衰します。一方、セシウムの半減期はそれより長く、134の方が2年、137の方が30年となっています。134と137の比はおおむね1対1ですが人への影響は134のほうが大きいので、両方合わせた毒性は2年で40%減、5年で60%減、10年で75%減ということです。したがって、そういった自然減衰も含めて今後の除染の優先順位をきめていく必要があります。

放射線は自然界にもあり人間は常に被ばくしています。年間被ばく量ですが、世界平均では約2.4mSv、日本は約1.48mSv、世界で最も高いと言われる地域、ブラジルのガラパリは放射性物質を含むモナザイトが多く埋蔵されており、年間8.8～17mSvです。人工的な被ばく量としてはCTスキャンが1回6.9mSv、東京ニューヨーク間飛行機による往復で0.2mSvです。また、放射線関係の業務に従事する人に認められている被ばく数値は、緊急作業従事者の場合は累計250mSv、放射線技師のように放射線業務従事者は年50mSv、ただし、5年間で100mSvとなっています。

とです。また除染は長期的には1 mSvを目指すこととしていますので、除染の目標が1 mSvなのになぜ避難区域の見直しは20 mSvなのかということもあります。当時の政府は、1 mSvという数字は健康影響からということではなく、事故前の数値にとにかく戻そうという発想であったと言います【5】。避難指示区域の見直しでは、避難指示を出したときと同じ数値（20 mSv）を使う、避難指示を出すときにそこに留まっても問題ないとしたわけですから、その数値と同じ数値を使う。理屈としてはおそらくそういうことでしょう。当時の政府の情報提供の仕方に問題があったとこの報告書にも書かれていますが、リスクコミュニケーションは常日頃からすべきであるにもかかわらず、何かことが起こった時に急に1 mSvだとか20 mSvだとか言われても、なかなか住民の信頼を得るのは難しかったのではないでしょうか。

いずれにしても、低線量域での健康影響は、もちろん低ければ低いほどいいわけですが、科学的に明らかになっていない領域でもあり、より丁寧に、特に一番心配な子供たちへの影響も含め、愚直に説明を重ねていくことが重要だったのではと思います。

【1】　**ベクレル（Bq）とシーベルト（Sv）**

ベクレル（Bq）は放射性物質を出す能力を表す単位で、シーベルト（Sv）はその人体に対する影響を図る単位です。懐中電灯の光に例えてみれば、懐中電灯の光源の強さであるカンデラがベクレルで、光が当たった面の明るさであるルックスがシーベルトと考えればいいでしょう。

【2】　**指定廃棄物**

下水道汚泥、稲わら、焼却灰などで、汚染レベルの高いものは、国が直轄で処理する地域以外のものでも指定廃棄物として指定し、国が直接処理することとしています。図1-1-3「汚染された廃棄物の処理」の欄の③に当たります。

【3】　**0.23マイクロシーベルト（μSv）**

0.23 μSvのうち、0.04は自然からの放射線の被ばくの分で、残りの0.19が追加的

ということになります。8時間は屋外にいて、16時間は屋内にいることを前提に計算しています（0.19×365×（8＋16×0.4）≒1000）。生活のパターンは人それぞれではありますが、安全サイドにたった考え方です。

【4】　都道府県で一か所の最終処分場

放射性物質汚染対処特別措置法の基本方針では、8,000 Bq/kg以上の指定廃棄物は各都道府県内で最終処分することとなっていますが、福島県以外はどの県でも設置場所が決まっていません。地元の理解が得られていないからです。指定廃棄物と言っても、災害廃棄物の焼却灰のようなそれまで市町村が処理してきた物と、稲わらや下水道汚泥のように産業廃棄物として事業者が処理してきた物があります。基本方針を決めるときには国での対応を求められ、やむをえなかったと考えられますが、それまでリサイクルにまわされていた産業廃棄物系の処理にはよりきめの細かい対応もあったのではとも考えられます。

【5】　除染対象区域は1mSv以上ということ

除染の長期的目標は1 mSv以下を目指すとされていますが、除染の実施区域を1 mSv以上にするかどうか、については議論がありました。ICRPの勧告では、現存被ばく状況で管理に関するレベルを設定する場合には中間的な参考レベルを設定できるとしていますので、例えば当面の除染対象を5 mSv以上の区域とするということも可能でしたでしょう。実際問題として、除染にはお金ばかりでなく労力も必要とします。資源を効率的に配分して必要性の高いところから除染を実施するということが合理的なように思えます。しかし、福島県においては早い段階から自治体や住民が除染の実施を求めていたこともあり、当面は5 mSv、次に1 mSv、というような段階的な手法は、地元の合意が得られず、採用することができませんでした。福島県以外を含め一律に1 mSv以上の区域で除染を行うことになりましたが、東北全体の復興需要とも重なり除染のための人員、資機材の確保において作業に支障が生じた可能性はあります。

第２節　公害の歴史と環境法の生成

1　足尾銅山鉱毒事件（1945年以前）

環境法の生成の過程を見る前に公害の歴史を概観してみましょう。

戦前における公害では日本最初の公害と言われる足尾銅山の鉱毒被害があります。これは銅の精錬に伴い流れ出た鉱毒により渡良瀬川沿いの地域において農林水産業などに深刻な被害が生じたものです。

足尾銅山は江戸時代初期の1610年ごろ発見され、1973年の閉山まで300年以上続いた銅山です。明治初期の1878年に古河市兵衛に譲渡され、大規模に開発されました。既に1885年ごろには渡良瀬川のアユが大量に死ぬなどの被害が生じていましたが、1890年ごろにはその流域を中心に稲の立ち枯れや周辺山林にも被害が及びました。当初は原因が明らかではありませんでしたが、銅の精錬により生じた鉱滓（こうさい）が渡良瀬川に流出したうえ、製錬所からの亜硫酸ガスが原因と考えられました。帝国議会開設の直後ではありましたが、地元出身の衆議院議員の田中正造議員がこのことを世に訴え、社会的にも大きな関心を呼んだ事件です。しかし、その後も十分な対策が取られることはなく、被害の著しい谷中村は結局廃村になりました。被害者と事業者の紛争は続き、紛争の終結は公害等調整委員会での調停が成立した1974年まで待たなければなりませんでした。

銅山によってはさまざまな対策が取られたところもあります。例えば、日立銅山では製錬所からの煙害対策が行われています。排煙は空気中に拡散され希釈されるため高所からの排出であれば地上での煙害被害の防止に役立ちます。当時としては世界最高の150メートルを超える大煙突を建設し、その使用開始後煙害が減少したなどという例もあります。後に見る大気汚染防止法の規制方法に繋がる試みと言えましょう。

2　四大公害病の発生

戦後日本の1950年代は急速な経済復興の時代でした。しかし、それに伴い工場や事業場から大量の汚染物質が排出され、四大公害病をはじめとしてさまざまな公害被害が生じていた時代でもあります。

富山県の神通川流域では原因不明の奇病が1955年に報告され、イタイイタイ病と呼ばれました【6】。また、熊本県でも1956年に水俣保健所に原因不明の奇病が報告されました。その後50年以上たっても紛争が続くことになる水俣病です【7】（第2章第1節〔p.46 ～〕も参照）。1965年には阿賀野川流域の新潟水俣病が報告されています。そして、のちに公害健康被害補償法の成立へと繋がっていきますが、四日市の石油化学コンビナートでの大気汚染によるぜん息患者が1960年代ごろから発生しています【8】。コンビナートを持つ全国各地で公害被害、健康被害が訴えられ、日本全体が「公害列島」と言われる時代でありました。

3　高度経済成長と公害の激化（1955年～1970年）

1950年代の後半から1960年代にかけて日本は高度成長期に入ります。毎年10%以上の経済成長をしていましたが、大気、水という、いわばだれのものでもない一般環境に大量の環境汚染物質が排出された時期でもあります。当時は環境汚染に対しての法的枠組みがありませんでしたので、身近な環境に敏感な地方自治体による対策が始められた時期でもあります。1949年の東京都工場公害防止条例をはじめとして1950年には大阪府事業者公害防止条例、1951年には神奈川県事業者公害防止条例などが制定されました。しかし、法律による枠組みがない中で、民間の自由な活動を規制するという権力的事務を自治体が独自で行えるか、という議論もあり、規制すべき環境の基準を定めず十分な効果は挙げられなかったと言います。

自治体の先駆的な取り組みの後を追うような形で国による立法が行われます。1958年にいわゆる水質二法（公共用水域の水質の保全に関する法律、工場排水の規制に関する法律）が制定されます。しかし、水質二法は規制できる水域を指定制にし、規制内容も十分ではありませんでした。効果の面でも問題があったと言います。法制定後の新潟水俣病の発生を防ぐことができなかったことに顕著に現れています。

また、大気汚染への対応として1962年にばい煙規制法（ばい煙の排出の規制等に関する法律）が制定されます。この法律も水質二法と同じように地域指定をして規制するものでしたので、その効果は十分ではありませんでした。

一方このころ自治体の環境行政ではある意味画期的な方式がとられています。自治体と事業者が協定を結んで地域の環境を管理していこうとするものです。条例による権力的手法ではなくソフト的ではあるが実際的であり、自治体の創意工夫が見られます。1964年に横浜市と電源開発により公害防止のための協定が結ばれましたが、「横浜方式」とも言われ、その後の自治体環境行政の中で協定を結んで環境保全を図る方式が広がりました。「横浜方式」は公権力による強制的な手法ではなく、事業者との私的な契約を締結することによって法律より厳しい規制を守らせ、立ち入り調査権も得るという画期的なものでした（第3章第3節6ウ〔p.130〕参照）。

4　公害対策基本法

水質二法やばい煙規制法は指定地域制であるなど、何かあったときの後追い的な対策であった点は否めません。公害を未然に防止する、計画的・総合的に管理する、という発想で考えるべきであるということが求められます。1967年公害対策基本法が成立しました。それぞれの主体、プレーヤーとでも言いましょうか、事業者、国、地方公共団体、住民の責務を定め、公害の範囲を明確にし、典型6公害（大気、水、騒音、振動、地盤沈下、悪臭）のうち大気、水、騒音について環境基準を定めて環境保全の目標を掲げることとしました。そして、政策手段としては有害物質の排出規制、土地利用規制と公害防止計画の策定を盛り込みました。しかし、産業界の意向を忖度して、「生活環境保全には経済の健全な発展との調和を図る」といういわゆる「経済調和条項」を有していましたので、どちらかというと環境保全の諸措置をとる場合、経済に配慮すべしとの印象を与え、運用もそういった方向になってしまいました。

1968年にばい煙規制法を全面的に改正した大気汚染防止法が成立しています。内容的には自動車の排気ガスを取り込むなど一定の前進はしていますが、地域指定制は残るなどの限界はありました。しかし、ここでも自治体側からの規制強化の動きが現れます。1969年の東京都公害防止条例の制定です。東京都は公害に対する世論の後押しを受け1968年東京電力と公害防止協定を締結し、その成果を踏まえて1969年東京都公害防止条例を制定しました。これは法律の規定が不十分であることから自治体独自の施策を条例で明確にしたものです。具体的にはより厳しい燃料基準、設備基準の設定などを制度化したものです。

政府においても、全国に広がる公害問題を解決するため、1970年に公害対策閣僚会議と公害対策本部が設けられます。大気汚染や水質汚濁の問題に抜本的に対処するための法律として大気汚染防止法の改正、水質汚濁防止法の制定（水質二法の廃止）など14本の法案が提出されました。この年の国会は「公害国会」と呼ばれました。大気汚染防止法、水質汚濁防止法では、これまでの後追い行政を克服するため、①規制する地域については、指定した地域に限るのではなく全国に拡大し、②排出（排水）基準についても、全国一律の排出（排水）基準に地方の実情によって上乗せ規制ができるような仕組みに改められました。また、③規制基準違反に対しても、それまでは行政による改善命令を待ってからその命令違反に罰則という間接罰でありましたが、基準違反があれば命令を経ることなく罰則という直罰に改正されました。法の執行は主に都道府県でありましたが、

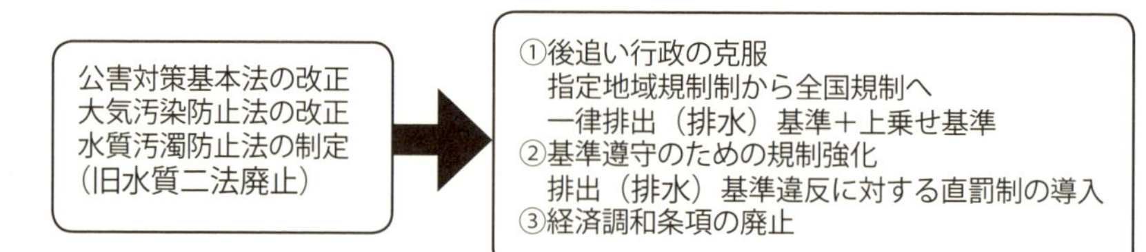

図 1-2-1　公害国会（昭和 45〔1970〕年）

公害問題に対して強力な手法を行政側は得たことになります。また、④いわゆる「経済調和条項」です。とかく経済界寄りと批判されてきましたが、今回の改正で削除されました。さらに、⑤公害対策基本法の典型公害に土壌汚染が加えられています（図1-2-1）。

なお、この時改正された法律は、公害対策基本法、道路交通法、騒音規制法、下水道法、農薬取締法、大気汚染防止法、自然公園法、毒物劇物取締法で、新たに制定された法律は水質汚濁防止法、廃棄物処理法（全部改正）、海洋汚染防止法、農用地土壌汚染防止法、公害防止事業費事業者負担法、公害犯罪処罰法です。関係各省庁に分かれていた公害担当部局を集めて一元的に公害問題を扱う役所として環境庁が翌年1971年に設立されました。1973年には公害健康被害補償法が成立しています。

5　公害行政の停滞期（1975年～1990年）

1973年に第四次中東戦争が始まると石油産出国で構成していたOPEC（石油輸出国機構、Organization of the Petroleum Exporting Countries）が原油の価格を大幅に引き上げると発表しました。第一次オイルショックのはじまりです。日本は狂乱物価と言われるほどのインフレーションにみまわれました。インフレを抑えるための総需要抑制策が採用され、1974年の経済成長はマイナスに転じ、高度経済成長は終焉を迎えることになります。それまで10%以上の成長率が５%程度までさがったのです。さらに1979年のイラン革命によりイランでの原油生産が中断し、日本経済の停滞が続きました。

日本経済の停滞とともに環境行政にとっても冬の時代の到来です。もちろん二酸化硫黄の環境基準の達成率が90%になるなど環境の改善がそれなりに進んでいたこともあります。一つの例として環境影響評価法があります。環境影響評価、環境アセスメントとは、何らかの開発をするときに、その環境に与える影響を事前に調査・予測をし、代替案などを検討し、その過程を公表することで多様な意見を聞き、そうした意見を踏まえて最終的に意思決定をする手続きです。1969

年に米国で制度化され、日本でも1972年の閣議了解から主な事業官庁が所管事業について行うようになりました。当時の環境庁では、手続きは統一的にする必要があるとして法律の立案作業に入ります。事業官庁との激しい折衝を踏まえ、1981年には環境影響評価法案として政府内をまとめ、国会提出に漕ぎ着けます。しかし、経済界の反対が激しく、国会での審議が進みません。1983年には廃案になってしまいました。次善の策として環境アセスメントは閣議決定による要綱で行うことになりましたが、環境保全上不十分であることは否めません。法律の成立は1997年まで待たなければなりませんでした。

大気汚染関係では、1978年に二酸化窒素の環境基準を緩和しました。1時間値の1日平均値について、0.02 ppm以下とされていたものを0.04 ppm～0.06 ppmのゾーン内にと改定されました。科学的知見が充実してきたことによる改定と説明されましたが、環境保全への対応を緩めるものと批判されました。また、公害健康被害補償法の第1種指定地域が1988年に解除されます。地域の大気汚染がぜん息などの健康被害の主たる原因ではないということです。それ以後新規の被害者への補償給付が打ち切られました。この措置については、補償給付のための経済的負担が大きくなったことから経済界による圧力に屈したのではないか、と批判されました。こうした政府の施策変更への不安もあったかと思います。この期間、大気汚染関係の訴訟が全国で多発しています（1978年西淀川、1982年川崎、1988年尼崎、1989年名古屋南部など）。

現在でも争いになっている水俣病認定の判断基準が医学的な基準として出されたのも1977年です。

この時期は公害行政の停滞期と言われていますが、自動車の排ガス規制関係では特筆すべきことがあります。1970年に米国で排ガス規制を大幅に強化しようという大気浄化法の改正案が提案されました。提案者の名前をとってマスキー法と言われるものです。米国では自動車大手の激しい抵抗により実施時期の延期など大幅な緩和措置がとられましたが、日本では同程度の排ガス値をホンダなどで達成したことにより、1978年に規制として実施されました。この技術開発がその後の日本車の躍進に繋がったと言われています。

水質汚濁関係では漁業被害対策という面もあり一定の進展をみせています。1978年に瀬戸内海環境保全特別措置法が、1984年には湖沼水質保全特別措置法が制定されています。

6　新たな公害行政への展開・環境行政へ

1992年にブラジルのリオデジャネイロで「環境と開発に関する国連会議」が開催されました。いわゆる「地球サミット」です。これは1972年にストックホルムで行われた国連人間環境会議の20周年を機に開催されたものです。世界から172の国、機関が参加し、持続可能な開発を実現するための「環境と開発に関するリオ宣言」、その具体的行動計画である「アジェンダ21」、気候変動枠組条約、生物多様性条約の採択、署名などが行われています。

このような国際的な動きを受けて、これまでの公害対策基本法に代わる新たな法制度が必要ではないかということで、1993年に環境基本法が制定されました。公害への対策という視点から、環境を広く捉え適正に管理していく、環境に配慮して持続可能な社会を作っていくという視点への変更とも言える法律です。環境基本法とそのもとに作成される環境基本計画により、21世紀は環境の世紀と言われるように多くの法律が制定され、環境行政も大きく進展していくことになります。

もちろん公害の質が変わってきたという時代背景もあります。これまでは工場から排出される汚染物質によって一般住民が被害を受けるという産業型公害が中心でしたが、高度成長期が終焉し、日本社会全体が豊かになりますと、多くの人が自家用車にクーラーやカラーテレビといった家電製品を持ち、廃棄物や自動車排ガスなどの汚染物質を一人ひとりの住民が排出するようになります。つまり加害者と被害者が対立する構造ではなく、一人ひとりが加害者でありまた被害者であるという都市型公害の時代になっていました。そうした時代背景も環境基本法の制定を後押ししたと考えられます。

1990年代以降は環境基本法の基本理念に従い多くの個別分野で進展が見られます。

7　増える個別法

1993年の環境基本法の成立以降、多くの分野において個別法が制定されています。それぞれの個別法にはその制定理由がありますので、目的等をよく見ていかなければなりません。

例えば、水質汚濁の防止についてです。水質汚濁防止法が一般法で全国的に適用されますが、環境保全の効果があがっていない一定の地域にのみ適用させてより対策を強化する場合があります。瀬戸内海環境保全特別措置法（1973年）や湖沼水質保全特別措置法（1984年）、有明海八代海の再生に関する特別措置法（2002年）などです。水質汚濁防止法の中に規定するのではなく別の法律として立案されています。個別の課題に対する対応ということで一般法以上に規制を強化したり、一般法にはない対策を盛り込んだりできるという利点があります。一方、生活排水対策（1990年）や地下水汚染対策（1996年、2011年）は新たな課題にも対応していますが、全国的に適用するものとして水質汚濁防止法の改正という形式で立案されています。

大気汚染への対応でも原則的には同じです。アスベスト対策（1989年、1996年、2006年、2013年）、有害大気汚染物質対策（1996年）、揮発性有機化合物（VOC）規制（2004年）などは大気汚染防止法の改正で行われています。一方、自動車排ガスによる汚染の厳しい地域にのみ適用する自動車NO_X・PM法は特別措置法（1992年）として立案されています。建設機械等のオフロード車排ガス規制法（2005年）も独立した法律ですが、これは別の理由です。自動車の排ガス規制は大気汚染防止法で許容限度を定め、それを受けて道路運送車両法の検査でチェックをする仕組みをとっています。フォークリフト等のオフロード車、建設現場などで働く車は公道を走行するものではないため自動車の車検に相当するものがありません。法律の中でそうした検査をする仕組みづくりをしなければなりません。エンジン単体について所管している経済産業省、建設機械について所管している国土交通省、林業機械や農業機械について所管している農林水産省との協力も欠かせません。大気汚染防止法の所管は環境省のみですが、このように各省庁の協力を得て対策を講じるときには独立した1本の法律で立案することもあります。

また、国際条約に対応するために国内法を整備する必要があるときなども条約との関係を明らかにするという意味で独立の法律にすることが多くあります。オゾン層保護法（1988年）はオゾン層保護に関するウィーン条約とモントリオール議定書、南極地域環境保護法（1997年）は南極条約と南極環境保護に関する議定書、希少種の保存法（1992年）は絶滅のおそれのある野生動植物の種の国際取引に関するワシントン条約、遺伝子組み換え生物使用規制法（カルタヘナ法、2003年）はバイオセーフティーに関するカルタヘナ議定書、特定有害廃棄物等輸出入等規制法（バーゼル法、1992年）は有害廃棄物移動処分に関するバーゼル条約、海洋汚染防止法（1970年）はロンドン条約（廃棄物等の投棄による海洋汚染防止）とマルポール条約（船舶による海洋汚染防止）などです。

法律の立案時の様々な状況などから独立法が選択されその後発展していくような法律もあります。地球温暖化対策推進法（1998年）です。当初温室効果ガスの位置づけをどうするかという議論がありました。二酸化硫黄や二酸化窒素と同じような大気汚染物質と捉えるのか、人への影響が気候変動を通じてということから汚染物質とは捉えないのか、ということです。大気汚染物質と捉えるのであれば大気汚染防止法の改正での対応ということも考えられます。現に米国の大気浄化法には温室効果ガスも大気汚染物質としてその対象物質になっています。当時、気候変動への影響については懐疑論を含め様々な意見があり、大気汚染とは同列に議論できなかったということかと思われます。独立法として立案されました。地球温暖化対策推進法はその後の国際的な議論の進展に伴い大きく発展していきます。改正年を見ましても2002年、2005年、2006年、2008年、2013年、2016年と改正されています。ただし、独立法としたことによって大気汚染防止法の用意する様々なツールが活用できていません。例えば自動車の燃費基準の決め方です。排気ガスについては大気汚染防止法の許容限度ということで環境的観点から決められていますが、燃費基準は省エネ法（エネルギーの使用の合理化等に関する法律）との関係でエネルギー使用の合理化という観点しか考慮されていません。日本で排出されている温室効果ガスの大部分がエネルギー起源の二酸化炭素ということからすれば、実質的な差異はないでしょう。しかし、法律の建前として、燃費基準を決める際に温暖化防止という観点が抜けていることはやはり問題でしょう。最近大手自動車メーカーの燃費不正が発覚しています。多くの官庁が関わっていればより早い段階で見つかっていたかもしれません。こうした点からの見直しも必要ではないか、と思われます。

廃棄物リサイクル関係では、リサイクル関係に独立した法律が多く見られます。廃棄物処理法はもともと公衆衛生の確保を目的とした清掃法が出発です。1970年の公害国会で廃棄物の処理責任を明確化するための改正が行われ、廃棄物の処理及び清掃に関する法律となりました。1991年には廃棄物の適正処理と再生利用のための改正が行われ、廃棄物処理法の目的に「分別」、「再生」が位置づけられましたが、個別には、再生資源利用促進法（再生資源の利用の促進に関する法律）も制定されています。その後もリサイクル関係の法律は個別法として立案されていきます。1995年の容器包装リサイクル法、1998年の家電リサイクル法、2000年の建設リサイクル法、食品リサイクル法、資源有効利用促進法（再生資源利用促進法の改正）、2002年自動車リサイクル法、2013年小型家電リサイクル法です。リサイクルにはその業界による取り組みが必要でその方法もまちまちにならざるをえません。多くの個別法がそれぞれ独立した法律として制定されている理由です。廃棄物処理とリサイクルを体系的に位置づける法律が必要ということで、循環型社会形成推進基本法が2000年に制定されています。

【6】　**イタイイタイ病**

神通川流域で発生した公害病で、骨がもろくなって体の様々な個所で骨折し痛みが症状として出ることからイタイイタイ病と呼ばれました。三井鉱山神岡鉱業所から亜鉛の精錬時に出るカドミウムを含んだ排水が神通川に流出し、米を中心とする農作物や飲料水を汚染しました。そうしたカドミウムを長期にわたり摂取した人に健康被害

として腎障害、骨軟化症等の慢性カドミウム中毒等の症状が発生しました。1968年に厚生省より見解が示されています。法定の認定患者数は約200人となっています。

【7】 水俣病

熊本県水俣湾周辺地域で発生したメチル水銀による中枢神経系疾患で手足の感覚障害、運動失調、求心性視野狭窄等を主症状とします。チッソ水俣工場のアセトアルデヒド製造工程から流出したメチル水銀が生物濃縮により魚介類に蓄積し、それを食べたことによるものとされています。新潟水俣病は昭和電工からのもので1965年に報告されています。法定の認定患者は約3千人ですが、新しい「水俣特措法」により救済を求めている人は数万人に及んでいます。

【8】 四日市ぜん息

四日市の塩浜地区を中心とする地域に発生した大気汚染による公害病です。石油コンビナートを1955年に誘致し、1959年ごろより順次、石油精製工場、石油化学工場、火力発電所が操業しました。工場群から排出する亜硫酸ガスを中心とする大気汚染物質によりぜん息・慢性気管支炎等の閉塞性肺疾患の症状を訴える人が多発しました。学校では真夏でも窓を閉めて授業が行われたということです。1964年に厚生省は大気汚染による呼吸器等への影響調査を行い、有症率と大気汚染の関連を明らかにしました。全国の大気汚染による法定の認定患者数は10万人にもなっています。

第2章

公害被害への対応

第１節　水俣病

1　公害被害への法的対応

この章では公害被害への法的対応について説明します。特に水俣病については、それに起因するさまざまな紛争があり、それへの対応が原因企業や行政でなされています。一つの例として水俣病については少し丁寧に説明します。

はじめに公害被害があったときにどうするか、ということですが、公害被害にもいろいろあります。①公害が原因で健康が損なわれるような健康被害、②公害による生活環境が乱されるような生活被害、③その他公害によって漁獲量が激減してしまうような財産被害などがあります。

これに対して争う手段ですが、まず、被った被害を金銭で補てんしてもらう損害賠償請求があります。汚染物質を排出した加害者に対して民事上の不法行為責任を問うもので、公害事件の典型的な係争事案として多くあります。さらに、国や自治体などの行政庁に対して国家賠償法によって請求する方法もあります。①汚染物質を出すような企業に許認可を与えた、②汚染物質が排出されているのに規制しなかったなど行政権限を行使しなかった、③道路等の公の営造物の管理に瑕疵があったなど、として請求するものです。

次に、汚染の排出を止めるよう求める差し止め請求があります。被害を被ってから損害賠償を求めるのでは遅いケースです。汚染を事前に差し止めることが重

	請求内容	相手方	根拠
民事訴訟	損害賠償 損害賠償 差し止め	加害者 行政 加害者	民法の不法行為 国家賠償法 人格権等
行政訴訟	処分の取消 不作為の違法確認 履行の義務づけ	行政	行政事件訴訟法
住民訴訟	損害賠償等	自治体等	地方自治法

図 2-1-1　環境に関して訴える方法

要なケースです。汚染物が出ないように設備を整える、場合によっては工場の操業停止ということもあります。損害賠償請求と同じように加害者に対して求める民事上の差し止め請求と行政訴訟として行政庁に求める処分の取消訴訟などがあります。

また、汚染されたものの浄化、無害化などを求めることもあります。原因企業に汚染物質を取り除くように求めることです。ただし、公害により赤潮等が発生し、漁業被害が発生したような状況ではなかなか汚染状況を回復させることは困難です。金銭での補償ということになります。

なお、公害に関する民事訴訟、行政訴訟関係については『環境法BASIC第2版』（大塚直著）に多くよっていますので、そちらを参照していただければ、と思います。

環境に関連して訴える方法を示せば図2-1-1のようになります。

2　水俣病について

ア　水俣病とは

水俣病は四大公害病のうちでも特筆すべきものです。水俣病が公式に発見されてから50年以上を経過してもまだ紛争は収まりません。その間裁判上の判決も多く、行政側としてもさまざま解決への試みが行われています。公害行政のあり方を問うような事件です。

水俣病とはどういう病でしょうか。1956年5月熊本県の水俣湾周辺の住民に発生が報告されています。手足の感覚障害、運動失調、求心性視野狭窄などを主症状とする中毒性の中枢神経系疾患です。最初に発見された熊本県水俣湾周辺の地名をとって「水俣病」と呼んでいます。チッソ（新日本窒素肥料）水俣工場では化学製品の中間製品であるアセトアルデヒドを生産していました。その製造工程で触媒として使っていた無機水銀から生じた微量のメチル水銀が工場排水として水俣湾に排出され、生物濃縮（ある化学物質が生態系での食物連鎖により上位の捕食者に濃縮され蓄積することを言います）を経て魚介類に蓄積しました。水俣病はメチル水銀に汚染された魚介類を長期間、多量に摂取したことによって発生した病です。メチル水銀中毒の母親から胎盤を経由してメチル水銀が胎児へ移行することもあります。「先天性水俣病」または「胎児性水俣病」とも呼ばれていますが、言語知能発育障害、嚥下障害、運動機能障害を示す子供も見られました。

「新潟水俣病」は、1965年に新潟県の阿賀野川流域で発生が確認されています。「第2水俣病」と呼ぶこともあります。昭和電工鹿瀬工場でも1950年ごろからアセトアルデヒドの生産を行い、国内ではチッソに次ぐ生産量でした。触媒として使われた無機水銀から生じた微量のメチル水銀が工場排水として阿賀野川に排出され、川下流域で生物濃縮を経て魚介類に蓄積され、それを摂取したことから発生したものです。

イ　水俣病の公式発見から見舞金契約まで

1956年に水俣病が公式に報告されてからその原因究明が始まります【9】。1959年11月には熊本大学から、工場排水による有機水銀が原因として考えられると報告されますが、当時の通商産業省の反対により政府の統一見解にはなりませんでした【10】。

統一見解ができない中、チッソと漁業協同組合との間で補償合意があり、1959年12月には患者互助会との間で見舞金契約（死者30万円、年間大人10万円、子供3万円）が締結されました。この時期チッソ側も水銀除去のため凝集沈殿処理装置を設置しています。有機水銀の除去効果はないものと裁判で明らかにされましたが、地元には一定の安心感をもたらすことになり、そのことも後押ししたかもしれません。見舞金契約は後の裁判で公序良俗に反するということで無効とされますが、これらにより水俣病は一定の解決ということで紛争は沈静化しました。ただし、そのことが更なる被害拡大に繋がったのです。水俣病問題に関しては「空白の8年間」と言われます。被害が拡大していくという切迫した状況にありながら科学的に原因物質を解明できない、学会の異説、業界の反論多々あり、そうした状況で被害防止、被害者救済が先送りになりました。こうした背景が未だに水保病問題の解決に至らない遠因ではないか、とさえ考えずにはいられません。

1960年にはいわゆる水質二法が施行されますが、水保病に関してはほとんど機能していないようです。熊本大学では引き続き原因究明などの研究が続けられ、1962年には水俣工場のアセトアルデヒド製造工程の残さから有機水銀が検出されたことを明らかにしています。

ウ　新潟水俣病と損害賠償請求

転機は新潟水俣病の確認です。1965年5月、新潟においても水俣病が確認されました。厚生省に新潟水銀中毒事件特別研究班が設置され、1967年4月には昭和電工の排水が原因である旨の報告が行われています。これまでの熊本大学での研究の成果も生かされたと思われます。新潟では早めの対応です。1967年6月には新潟水俣病第1次訴訟が提訴されています。

1968年9月、厚生省などが「水俣病の原因はチッソ及び昭和電工の排水中のメチル水銀化合物である」とする政府統一見解を公表しました。チッソ水俣工場でのアセトアルデヒドの製造はその年の5月には既に製造中止になっていましたが、水俣湾周辺での排水規制が始められました。政府統一見解で原因が明らかになったことからチッソ社長は被害者に対して謝罪を行い、補償交渉が再び開始されます。交渉は難航します。被害者側には、過去に見舞金契約のようなことがありましたので「こんどはだまされないぞ」という思いもあったと言います。1969年6月には熊本でも水俣病第1次訴訟が提訴されます。厚生省などの調停も困難な中で1971年9月に新潟地裁判決があります。工場側に被害を避ける高度の注意義務があるとされました。原告勝訴、賠償金上限1,000万円で確定しました。続いて1973年3月には熊本地裁判決です。これも原告勝訴、賠償金上限1,800万円で確定です。

エ　補償協定と52年判断条件

新潟と熊本の裁判中ではありましたが、国でも被害者救済を図るべし、ということで1968年に公害健康被害救済特別措置法（公害に係る健康被害の救済に関する特別措置法、旧救済法）が制定されます。救済内容などに不十分な点もあり、1973年5月には公害健康被害補償法が成立し、被害者に対して逸失利益も含めた補償という内容の制度ができました。裁判での判決が大きな意味を持ったと考えられます。被害者の間では様々な意見がある中で、法律の成立後、1973年7月にチッソと被害者間で補償協定が締結されます（昭和電工と被害者との間では6月)。そしてこの補償協定の中で公害健康被害補償法による認定患者については補償協定の補償を受けられるということになりました。公害健康被害補償法も認定患者について一定の補償を給付するということになっていましたが、補償協定の補償（一時金1,600万円から1,800万円、継続給付年350万円程度）をすべての認定患者が受けるということになりました。公害健康被害補償法の認定業務が補償協定の適用の判断にのみ利用されることになったのです。

当時、公害健康被害補償法の認定は機関委任事務【11】として地元の県の審査会で審査されましたが、認定業務はその前身である旧救済法の認定にかかる事務次官通知というものによっていました。明確でない部分も多く認定に支障が生じ、多くの認定申請を処理することが困難になっていました。水俣病による被害といっても様々な症状を示します。劇症患者に見られるように普通の日常生活を送ることのできないものから、症状も軽く他の疾患と見分けのつきにくいものまで様々です。中枢神経中毒という水俣病特有の問題かもしれません。予想より多い認定申請に対し当局が躊躇したのでは、と批判されることになります。認定作業が進まないこと自体が不作為の違法確認というかたちで訴えられ、被告側が敗訴する事態も起こっていました（1976年)。1977年（昭和52年）に環境庁環境保健部長通知として「後天性水俣病の判断条件について」という通知が出されます。いわゆる「52年判断条件」【12】です。50年以上経っても争われた通知です。

52年判断条件は認定審査において医学的に用いられてきた症候の組み合わせなどを示すもので、判断基準として明確化を図ったということができます。しかし、認定要件に「組み合わせ」が加わったことにより一つの症候では認定されず、結果的に判断が厳格になり、様々な批判もされることになります。また、県の審査会での審査が滞るということもありました。1978年には水俣病の認定業務の促進に関する臨時措置法が成立し、認定申請を直接国へできる道が開かれました。しかし、このころ、認定をめぐり、水俣病の病像、範囲を含めた紛争が多発します。原因企業に対する損害賠償のみならず国家賠償法による地元県当局や国に対する訴訟が多発します。1974年の認定不作為違法確認訴訟、1978年の待たせ賃訴訟、認定申請棄却処分取消訴訟などです。1982年には関西訴訟、新潟第2次訴訟、1984年に東京訴訟、1985年に熊本第3次訴訟、京都訴訟など、かつて水俣に暮らしていた人々が全国各地で提訴しました。

オ　平成7年の政治解決

こうした紛争状況を踏まえ政府の方でも解決への方途が模索されます。1991年水俣病総合対策事業が開始されます。52年判断条件の一つの症状である感覚障害（四肢末梢優位の感覚障害）のある者に対して医療手帳などを交付し医療費の自己負担分等を支給するものです。様々な程度でメチル水銀の曝露があり、水俣病の認定には至らなくても水俣病を疑うなど健康上の問題がある者がいるということに対応しようというものです。

さらに、何とか紛争を収拾させようとの動きが政治課題としても出てきます。社会党の党首でもあった村山内閣が成立してその動きが進められます。1995年(平成7年）9月、当時の与党3党（自民、社会、さきがけ）において「水俣病問題の解決策について」が決定されます。いわゆる政治解決と呼ばれるものです。①公害健康被害補償法で認定棄却されたことがメチル水銀による影響が全くなかったものと意味するものではないこと、②棄却された人々が救済を求めることに無理からぬ理由がある、ということです。

1995年12月には政治解決案に基づき「水俣病対策について」という閣議決定が行われます。通常を超えるメチル水銀曝露の可能性のあることに加え四肢末梢優位の感覚障害のある者については原因企業などとの和解、国、県に対する訴訟の取り下げを条件にして、一時金260万円を原因企業から支給するとともに医療手帳を交付して医療費の自己負担分や療養手当などを支給するものです。52年判断条件で認定を受けた被害者が3,000人程度であったのに対して、約1万1,000人の人が一時金の対象者となりました。また、医療手帳の非該当者でもメチル水銀の曝露歴があり、水俣病にも見られるしびれ等の神経症状を有する者に対しては保健手帳を交付し医療費の自己負担分等の支援をすることもしています。約1,000人程度です。この時点でさえ水俣病の広がりの深さに驚かせられます。そして、総理大臣からの謝罪として、「多くの方々の癒しがたい心情を思うとき、誠に申し訳ないという気持ちでいっぱいであります」という談話が出されました。当時裁判中であった11の訴訟のうち10の訴訟について和解や取り下げで終息しました（小島敏郎「水俣病問題の政治解決」『ジュリスト』1996年4月15日号No.1088〔有斐閣〕参照）。

政治解決を踏まえ、チッソ支援も本格化します。これまで、チッソは補償として2,000億円以上の負担をしてきましたが、これを企業の自主的な努力で賄うには限界があります。被害者への補償財源の確保という意味もあります。そこで、熊本県では1978年以降県債を発行して資金を調達し、チッソに貸し付けるという方法でチッソを支援してきました。しかし、この方式では債務返済のめどが立たないことから国による抜本的な解決が求められ、2000年2月にチッソ支援の抜本策として国からの補助金による支援策がとられることになりました。当時のチッソは液晶などで利益をあげていましたが、その利益の中から被害者への補償と熊本県への債務返済を行う、返済しきれない分は国の一般会計からの補助金と地方財政措置により支払うこととされました。

カ　関西訴訟最高裁判決

1995年の政治解決により紛争も多くは和解し、補償財源確保のための仕組みもできあがり、行政的には解決されたものと考えられました。しかし、これまでの裁判では国や県、行政側の責任が明らかになっていません。あくまで裁判による判断を求めて争っていた関西地区の原告は訴訟を継続しました。2001年4月に大阪高裁で判決がありました。責任論としては国、県が規制しなかったという不作為につき賠償責任を認容しました。水俣病の病像論としては52年判断条件とは別の条件で判断しました。ただし、52年判断条件については補償額に適する症状としての是非については触れていません。後々に争われることになります。国、県側は上告し、2004年10月に最高裁判決（百選29）です。最高裁判決では病像論には踏み込みませんでしたが、国、県側の責任を認容しました。権限の不行使が著しく合理性を欠くときは不行使であっても国家賠償の対象になり、当時の水質二法や漁業規則による規制の可能性があったにもかかわらずそうしなかったことが国家賠償法の違法とされました。国、県側の責任が認められたことは公害訴訟全体の中でも大きな意味を持ちます。公害により被害が多発しているような状況の下では、規制するかどうかは行政側の裁量であるという考えに対して大きな警鐘を鳴らす画期的な判決と言えるでしょう。

この判決を契機として、多くの被害者が救済を求め、また新たに多くの訴訟が提起されました。行政側も一度終了としていた保健手帳の申請受付を再開しましたが、公害健康被害補償法上の認定を求めて申請する者も8,000人を超えるほどに急増し、また、再開した保健手帳交付申請者も3万人近くになるなど急増しました。また、各県の認定審査会では52年判断条件についての疑問などから医師の協力が得られず、大変混乱した状況にもなりました。国家賠償を求める訴訟や国等の不作為の確認を求める訴訟（ノーモア・ミナマタ訴訟）が多く提訴されました。1995年の政治解決の時には申請がされず、今回新たに申請者が多く出たことは行政側にとっても驚きでした。調べてみますと、一定の症状があっても水俣病と思っていなかった、水俣病と申請しても無駄だと思っていた、という理由に加え、申請すると家族の結婚や集落での付き合いに支障が出るのではないか、という理由もありました。水俣病の地域に与えた影響の深さを改めて認識することになります。

キ　水俣病被害者救済特別措置法

こうした混乱を収拾すべく、再び政治のレベルでの救済策が検討されることになります。2007年7月には与党（自民、公明）のプロジェクトチームで新たな救済策の中間とりまとめが発表されます。それをもとに既に政治解決を受けている被害者も含め、あらゆる関係者の最終的な解決策になるような案を模索することになります。政治の場でも与野党協議というかたちで協議されます。法案として成立したのが2009年7月、「水俣病被害者救済特別措置法（水俣病被害者の救済及び水俣病問題の解決に関する特別措置法）」です。最近の法律にしては珍しく前文を有する法律で、その中でこれまでの経過、政府としての「おわび」、最終解決を図るという意気込みが書かれています。

2010年4月に法律に基づく「救済措置の方針」が閣議決定されます。内容は、通常を超えるメチル水銀曝露の可能性に加え、四肢末梢優位の感覚障害または全身性感覚障害またはその他四肢末梢優位の感覚障害に準ずる障害を有する者に対して一時金210万円を支給するとともに、水俣病被害者手帳を交付し医療費の自己負担分や療養手当の支給をするというものです。また、これに該当しなかった者についても水俣病にも見られる一定の神経障害を有すると認められる者には水俣病被害者手帳を交付し、医療費の自己負担分等の支給を行うこととしています。

水俣病被害者救済特別措置法にはチッソの経営形態の見直しも含まれています。多額の負債を負い現状の経営成績に見合うような資産価値を持てないチッソについて分社化をはかります。事業を継続する事業会社（JNC）を新たに設立し、一時金の支給をする特定事業者（チッソ）が株式を所有して配当を受ける。所有株式の売却によって基金を造成し、補償財源に充てようというものです。構想が練られたのは2008年のリーマンショックの前だったこともあり、それなりの基金が造成できるのでは、という状況でしたが、リーマンショック後、見込みが大きく変わり、与野党協議の中で株式の売却は救済の終了と市況の好転まで凍結とされました。被害者側からすれば分社化によってチッソの責任がうやむやになるのではないか、と考えられた側面もあります（図2-1-2）。

法律制定後、救済方針の具体的内容などについて交渉が行われます。2010年5月1日には当時の鳩山首相が水俣病慰霊式に総理大臣として初めて出席しお詫びの言葉を述べました。5月から救済申請の受付を開始し、10月から一時金の支給が開始されました。2011年1月には事業会社が設立され、チッソは債務を負う会社と事業を継続する会社に分社化されました。裁判についても2011年3月に1件を除き和解が成立しました。法律で「早期にあたう限りの救済を果たす見地から、……救済措置の開始後3年をめどに救済措置の対象者を確定し」とあることから2012年7月に救済申請の受付を終了しました。救済措置の申請者数は一時金48,327人、水俣病被害者手帳切り替え16,824人となり、当初想定をはるかに超える広がりを持った被害という実態が明らかになりました。公式発見から50年以上になりますが、水俣病の深まりと地域に与えた深刻な影響がうかがわれます。

現在は2012年8月の閣議決定「水俣病問題の解決に向けた今後の対策について」によって医療福祉施策はもとより地域の再生振興融和（もやい直し）策、地域の絆の修復などの事業が取り組まれています。

メチル水銀の影響は劇症型の大変重篤な症状から不全型としての一定の症状しか出ないもの、または、胎児性の脳障害を伴うようなもの【13】まで千差万別

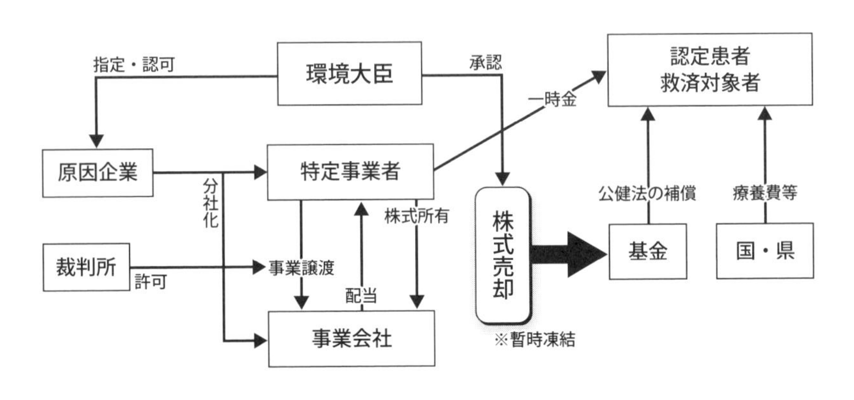

図2-1-2　チッソの経営形態の見直し

です。歴史を振り返ってみれば、その時その時の対応によっては違う解決方法もあったかもしれません。そのことも含め日本の公害の原点である事件と言えるでしょう（図2-1-3）。水俣病は未だに最終解決ということにはなっていません。2013年4月に水俣病認定申請棄却処分の取り消しの訴えについての最高裁判決があり、ここで、52年判断条件は行政側の運用指針であり、一定の合理性を有するものではあるが、52年判断条件の定める症状の組み合わせが認められない場合でも水俣病と認定する余地を排除するものではない、とされました。これまで公害健康被害補償法の認定において52年判断条件の症状の組み合わせは大きな意味を持っていましたから、その見直しを求める意見も多々出され、実際認定審査をする県当局からも事務の返上という事態も生じかねない状況に一時なりました。環境省としては2014年3月最高裁判決を踏まえた解釈通知を発出しましたが、今後の情勢の推移が見守られます。

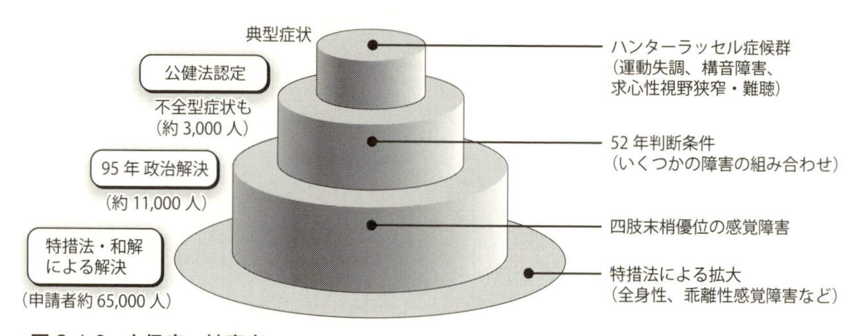

図 2-1-3　水俣病の被害者

【9】　水俣病の公式発見までの経緯

1908年、熊本県の葦北郡水俣村（水俣市）でチッソの前身である日本窒素肥料株式会社のカーバイト工場が操業を開始しています。鹿児島県側にある大口金山のために曽木発電所が建設されましたが、余剰電力の利用という意味があったと言います。アセトアルデヒドの製造も1932年に開始されています。戦前には様々な化学工業を興し、朝鮮半島でも発電所を建設するなど日本有数の企業でした。

チッソ水俣工場は終戦後すぐ肥料として必要な硫安の製造を開始しますが、アセトアルデヒド製造も1946年には再開しています。戦後復興の中で塩化ビニルや合成繊維等に使われる原料物質の原料であるなど大変有用な素材で生産量も急増します。そうした中、水俣湾周辺では異常な現象が生じていました。魚が死んで浮いたり、そうした魚を食べた猫がぴょんぴょんはねて狂死する、百間港の水が生簀にはいると魚が死ぬ、ということもありました。反対に百間港では漁船の船底に船虫がつかないということで秘密の場所として利用されたりしたということです。

水俣病の発見は原田正純著「水俣病」に詳しくあります。チッソ付属病院に少女が診察にやってきたのですが、病院長にとっては衝撃的でした。1956年4月、5歳の女の子が歩行障害、言語障害さらに狂躁状態等の症状で来院・入院し、続いてその妹も同じような症状で入院しました。母親の話で同じような症状の子が隣にもいると言います。驚いた医師たちが病院をあげて調査したところ多数の患者がいたというのです。同年5月1日に水俣保健所に報告しました。この日が水俣病の公式発見の日とされています。早速水俣市等で調査がすすめられ、熊本大学等でもその原因究明が図られます。原因がわからない中で劇症患者の症状は激烈でした。ある種の伝染病ではないか、と偏見や地域の差別に繋がっていったと言われます。

【10】 水俣病の原因究明

1957年3月には厚生省厚生科学研究班から報告が出されています。「現在疑われているものは……水俣港において漁獲された魚介類の摂食による中毒である。魚介類を汚染していると思われる中毒性物質が何であるかは、なお明らかではないが、これはおそらくある種の化学物質ないし金属類であろうと推測される」というものです。地域の人々はチッソ工場からの排出ではないか、と思っていたのですが、原因物質を特定できないことから結果的にその後も排水は流し続けられることとなってしまいます。

熊本大学医学部でも原因究明のための研究が続けられます。1958年には有機水銀を原因とするハンターラッセル病に似ているということが発表されます。かなり早い段階で有機水銀が原因として疑われていたことになります。チッソは同年9月、排水口を百間港から水俣川河口に変更します。その結果、水俣川河口付近やそれより北側の地域でも新たな患者が発生します。1959年11月、原因究明を行っていた熊本大学から政府の各省連絡会議に「工場排水による有機水銀中毒が考えられる」と報告されました。しかし、当時の通産省の反論で政府の統一見解には至りませんでした。通産省が反論したのは、化学工業会等の反論を踏まえたものと言われています。早期解決の機会を逃したことは否めません。反論の主な論点は、チッソでは無機水銀を利用していたのですが、ハンターラッセル病の原因である有機水銀が排出されていることは証明されていないこと、有機水銀としても、海底ヘドロにはあっても海中の濃度はそれほど高くないことなどです。その他爆薬説というものまでありました。公害病を考える場合原因物質の特定は大変難しいところです。振り返ってみれば海中濃度が低くても生物濃縮しているという点が問題だったのです。後程明らかになりますが、チッソ付属病院では工場排水による猫の実験を行っていて一定の結論を得ていました。チッソ側から公表されなかったことは企業倫理上も大きな問題です。

【11】 機関委任事務

機関委任事務とは、国の事務の中で地方公共団体の機関である知事等に委任して執行する事務のことです。2000年の分権改革で廃止されています。こうした制度は、国の施策の執行にあたり全国に出先機関を設ける必要がないこと、民意が反映されやすくなるという利点のある反面、ともすれば地方公共団体が国の各省庁の下部行政機関とされ地方自治の侵害ではないかとの批判のあったところです。

【12】 52年判断条件

52年判断条件は当時の環境庁においては科学的知見を集約して決められたものとしています。認定審査において医学的判断に用いられてきた症候の組み合わせを示したものです。具体的には、魚類に蓄積されてきた有機水銀の曝露歴があって、①から④のいずれかの症候に該当するものです。①感覚障害+運動失調、②感覚障害+運動失調の疑い+平衡機能障害または求心性視野狭窄（両側性)、③感覚障害+求心性視野狭窄（両側性）+中枢性障害（眼科）または中枢性障害（耳鼻科)、④感覚障害+運動失調の疑い+その他の症候の組み合わせ。

1971年の旧救済法の認定についての次官通知と比較し、厳格になりました。例えば71年通知では「主要症状は求心性視野狭窄、運動失調（言語障害、歩行障害を含む)、難聴、知覚障害であること」とされ、「症状のうちいずれかの症状がある場合において、……当該症状の発現または経過に関し魚介類に蓄積された有機水銀の経口摂取の影響が認められる場合には、他の原因がある場合であっても、これを水俣病の範囲に含む」とされています。

【13】 胎児性水俣病

水俣病に特徴的な胎児性水俣病も当初はわかりませんでした。水俣病と同じような症状の子が多くいたにもかかわらず、水俣病が魚介類を多く食べることによって発生するという考えがあり、生まれつきの脳性小児まひと親たちが考えていたからと言います。死亡者の解剖所見と疫学の面からの証明で1962年に熊本大学の研究によって明らかになります。メチル水銀が母親の胎盤経由で胎児に影響を与えたというものです。

胎児性水俣病患者に関して業務上過失傷害又は致死で刑事責任が問えるか争われた事件があります。刑法では堕胎罪が定められていることから胎児への障害は不可罰ではないか、というものです。これに対し最高裁は、胎児に病変を発生させることは母体の一部に対するものであり、出生してからその病変に起因して死亡したときは病変を発生させて死をもたらしたとして罪に問える、としました。母体への障害という考え方で整理したものですが、妊婦が過失で堕胎した場合は不可罰であるのに障害が残って出生したら可罰になりうるというのは不均衡ではないか、などの批判はあります。本来は立法的に解決すべき課題でしょう。

第２節　民事訴訟における損害賠償

１　民法709条

第1節では水俣病に関する経緯などについて見てきましたが、ここでは公害により被害を被った場合に争う手段としての損害賠償請求について説明します。根拠規定としては民法709条、710条です。709条では、「故意又は過失によって他人の権利又は法律上保護される利益を侵害した者は、これによって生じた損害を賠償する」、710条では、「他人の身体、自由もしくは名誉を侵害した場合又は他人の財産権を侵害した場合のいずれであるかを問わず、前条の規定した損害賠償の責任を負う者は、財産以外の損害に対しても、その賠償をしなければならない」とあります。いわゆる不法行為から権利利益を保護しようとするものです。

709条の要件を分解してみると、「故意又は過失」によらなければなりません。自然現象で損害が発生してもこの規定の対象にはなりません。ただ、後ほど出てきますが、公害関係では無過失責任が規定されている場面が多々あります。次に「他人の権利又は法律上の保護される利益を侵害」したということですからそうした権利利益がなければこれも対象にはなりません。ただし、プライバシーも含め近年そうした利益は広く認められる傾向にあります。そして、「これによって生じた」ということですから、ある行いがそうした結果の原因であるという因果関係が必要です。そして「損害を賠償する」とありますから、損害として身体や財産に対する不利益が生じていなければなりません。

２　故意又は過失

はじめに故意又は過失という要件です。公害事案については故意の有無が問題になることはあまりありません。故意でも過失でも効果に影響がないことから過失の有無さえ判断すれば足りるということでしょう。

過失についてです。大きく分けて、①主観的な面を重視する考え方と、②客観的な面を重視する考え方があります。①は予見の可能性があり、そうした予見する義務があったのに予見しなかったというものです。いわば、予見できたのに不注意でしなかったというもので、内面的な心理を重視して過失の有無を判断するものです。伝統的な学説の採用するところです。これに対して②は結果を回避する可能性があり、結果を回避する義務があったのにもかかわらずそのための措置をとらなかったというものです。内面的心理ではなく客観的な措置を重視するものです。

大阪アルカリ事件判決（百選1）というのがあります。これは戦前の大審院の判決で、事案は化学工場からの排煙で農作物に被害を与えたというものです。結果回避のための相当の措置を講じていたかどうかの判断が、過失の有無の判断だとしたものです。この事案は過失なしとしたものですが、戦後の公害訴訟などではこの結果回避の可能性の基準を厳しく解して、①の主観的な面を重視する考え方よりむしろ過失の認定が容易にされる傾向にあります。いわゆる「過失の客観化」と言います。熊本水俣病訴訟一次判決（百選20）でも高度の注意義務、最高の知識技術で調査研究して安全性を確認することを求めています。結果回避のためにはいくら費用がかかるかは問題ではないとしています。生命身体に危害が及ぶような場合は操業停止義務まで認めるものとなり、定型的に危険性を内包している事業はその危険性に応じた結果回避義務を負うというものです。「過失の衣を着た無過失責任」と言われる所以です。鉱業法をはじめとして大気汚染防止法、水質汚濁防止法では、立法的に高度の注意義務からさらに進んで無過失責任が認められています。

3　権利利益の侵害・違法性

次に二つ目の権利利益の侵害という要件についてです。違法性の有無ということで判断されることもあります。古くは権利と認められるものの侵害にならない限り不法行為は成立しないという考え方もありましたが、近年では民法の改正により「法律上保護される利益」も含まれることになりました。プライバシーなど幅広い利益が認められる傾向にあります。

どこまでの利益が保護されるべきかが訴訟では争われます。判例は受忍限度論を採用していると言われています。これは、加害者・被害者の数々の事情や周辺の状況などを総合的に勘案し、個々の事案の受忍限度を判定して、それによって加害行為の違法性を判断しようというものです。具体的には、①侵害行為の態様と侵害の程度、②被侵害利益の性質とその内容、③侵害行為の持つ公共性の内容と程度、④被害防止に関する措置の内容を検討すべきとされています。したがって単に行政法規を守ったというだけで違法性がないということにはなりません。

公害事案では一般的に①と③が彼此相補の関係か、④の被害対策が効果をあげているか、を検討すべきとしています。例えば、道路の開通で騒音の被害がある場合に、その道路が被害者の利益になっているかどうか、騒音対策がとられているかどうか、というものです。この場合でも侵害行為により特別の犠牲を払った人には賠償が必要ともしています。また、④については被害が生命身体に関わるような場合は考慮する必要がないという判例もあります。なお、空港騒音の場合で、被害者側の危険への接近、わかっていて近くに引っ越してきたというようなことが問われたケースもあります。

伝統的な学説では、権利侵害が外面的行為、故意過失が内面的行為であり、不法行為責任とは権利侵害である違法性（結果無価値とも言います）と故意過失である有責性をあわせて判断するとしています。しかし、近年、交通事故や公害訴訟が急増し、違法性については侵害行為の態様も評価の対象とされ（相関関係論)、過失についても内面的な心理というより行為の客観的内容や結果回避義務が論じられています（過失の客観化)。これまで個別に論じられていた権利侵害と故意過失について、一元的に論じるべきではないか、との議論が出てきています。2004年に民法は現代語化に改正されていますが、この時の議論では今後の学説に委ねようということになっています。

4　因果関係

不法行為による損害賠償を求めるには加害行為と損害との間に因果関係がなければなりません。加害行為と結果との間に偶然的なことが起こった場合、損害のどの範囲までを「因果関係あり」として認めるかということです。従来は相当因果関係といって契約関係にある民法416条の規定を類推適用して損害賠償の範囲は加害行為から通常生じるであろうと予想される範囲の損害に限るべきであるとしていました。しかし、近年では民法416条が契約関係にある当事者間の問題であるのに対し不法行為ではそういった関係がないことから、因果関係の問題を区分して論じられることが多くなっています。

具体的には、①加害行為と損害発生との事実的因果関係、②損害のうち賠償の対象とされる損害の保護範囲、③その金銭的評価、です。①は加害行為と損害を事実の平面で確定するもので、事実認定の問題となります。②は加害者がどの範囲まで賠償すべきか、というもので法律解釈、規範的判断の問題となります。③は損害を金銭に評価する作業で裁判官の創造的、裁量的判断の問題になるというものです。

5　事実的因果関係

被害者側から加害者側を訴える場合、加害行為と被害との因果関係は原則損害を被った側に証明責任があります。つまり被害者側が立証しなければならないということです。しかし、公害事件は、一般的に被害者側は専門的知識もなく資力もないのに対し、公害の発生源たる工場等の加害者側には資力もあり、また専門的な知識も豊富です。そもそも発生源からの汚染の経路等を被害者側に証明させることは大変困難な作業です。そこで、公害事件の裁判例では、被害者側の証明責任についていくつか特別な扱いをすることによって被害者側と加害者側の実質的な衡平を図るということが行われています（図2-2-1）

学説では①蓋然性説、②間接反証説、③高度な蓋然性説が議論されています。①は被害者側が因果関係があるということに一応の確からしさを証明すれば十分というもので、被害者側からそうした証明がされた場合には加害者側に因果関係のないことの証明を求めるという方法です。ただし、公害事件に限って被害者側の証明の度合を下げるという理由はないのでは、という反論も行われています。

②は間接事実のいくつかを証明すれば経験則上因果関係の存在が推定できるというものです。もちろん加害者側から因果関係がないという反証を認めるものです。新潟水俣病第1次訴訟（百選18）では、ⅰ疾病と原因物質との間に関係があるかどうか、ⅱ原因物質の被害者側への到達経路はどうか、ⅲ加害企業が原因物質を排出しているかどうか、などを区分して、ⅰとⅱが被害者側により立証されれば因果関係が推定され、加害者側がⅲについて排出していないと立証しない限り因果関係が認められる、としています。原因と損害を結びつける因果関係について、その立証責任を被害者側と加害者側に分担させようとの考え方で、公害事件の特殊性を踏まえ合理的な解決を図ろうとしたものと評価されています。ただ、この判決で留意しなければならないのは、水俣病の原因物質であるメチル水銀ですが、アセトアルデヒド製造工程で直接使われているのは無機水銀であり、

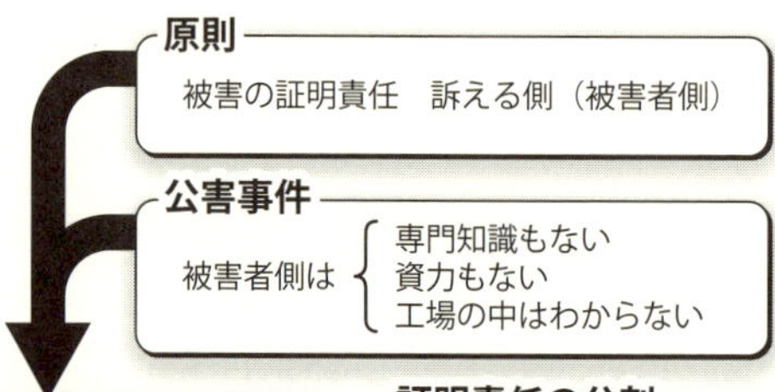

加害者側と被害者側の実質的公平のために

証明責任の分割
被害者側が一定の証明をすれば、加害者側にその反証を求めるもの
（学説では①蓋然性説、②間接反証説、③高度な蓋然性説等）

疫学的因果関係
疫学の手法を用いて、被害者集団と原因物質等因果関係を推認
ただし、集団内の被害者個人との因果関係については議論あり

共同不法行為
複数の行為に関連共同性がある場合（複数の工場排煙による被害）
共同行為との因果関係の証明で共同不法行為の成立

図 2-2-1　被害者の立証責任の緩和（因果関係）

その工程からメチル水銀の発生の証明を被害者側に負わせるのはいくらなんでも酷という点があったことは否めません。

③は①の反論を踏まえ単なる蓋然性の証明ではなく高度の蓋然性を求めるというものです。この説によれば、新潟水俣病第一次訴訟の判決はⅰとⅱの証明で高度の蓋然性があったとして評価されます。

6　疫学的因果関係

一つの加害行為で多くの被害者が生じるような公害事件でよく活用される証明方法です。「疫学的因果関係」といって「疫学」による証明をもって因果関係を推認する方法です。高度の蓋然性を求めるとは言いつつも被害者側の立証責任の負担を緩和するためのものとも言えます。「疫学」とは個人ではなく集団を対象として、例えばその健康の状況と疾病の原因との関係を調べることで、伝染病の予防などに役立てようとするものです。よく例に出されるのがイギリスにおけるコレラの感染研究です。特定の水道施設を使用する集団にコレラが多発しているときに、その水道の供給を止めることで感染の拡大を防いだというものです。水道施設との具体的感染経路まではわからないまでも、「疫学」により推認して対策をとった例です。日本では明治時代の海軍の高木兼寛軍医総監が「疫学の父」と呼ばれています。当時の軍隊では脚気が多発していました。主食は白米（当時白米は高級品でした）でしたが、海軍では軍艦ごとに食事を分析して洋食か麦飯であると脚気の発生率が低くなることを突き止め、食事の改革により脚気の発生率を抑えたということです。脚気の原因がビタミンB1不足によるものとわかる前の出来事です。

判例では早くから疫学的な立証による因果関係を述べています。イタイイタイ病事件判決（百選19）では、「企業活動によって発生する……水質汚濁等による被害は空間的にも広く、時間的にも長く……不特定多数の広範囲に及ぶことが多いことにかんがみ、臨床医学や病理学の側面からの検討のみによっては因果関係の解明が十分に達せられない場合においても、疫学を活用していわゆる疫学的因果関係が証明された場合には原因物質が証明されたものとして、法的因果関係も存在するものとして解するのが相当である」としています。その考えは四日市公害訴訟判決で一定の定式化を試みています。具体的には、①因子がその症状の一定期間前に作用していること、②作用の程度が高まるほど罹患率が高まること、③因子を持たない集団では罹患率が極めて低いこと、④因子の消長が疫学で観察された流行を矛盾なく説明でき、因子が原因として作用することが生物学的に説明できること、です。判例では疫学のみではなく他の事実として他の因子ではその起因が証明できないことなども求めていますが、もともと公害事件においては工場の中で何が行われているか、ということは被害者側が立証することは不可能に近く、広く疫学的因果関係を因果関係の推認というレベルで採用していると言えるでしょう。

7　集団的因果関係と個別の因果関係

学説上、疫学により集団的に事実的因果関係がありとされたものでも個人レベルの因果関係は別ではないか、との議論があります。汚染物質と疾病との関係で特異的疾患と非特異的疾患に分けて説明されることがあります。「特異的」というのは、ある汚染物質により疾病が引き起こされ、その物質がなければ疾病にかかることのない疾患です。イタイイタイ病のような場合は、カドミウムがなければイタイイタイ病にならないという意味です。一方、「非特異的」というのは、例えば慢性気管支炎のような場合です。大気汚染物質以外の要因でも発病するので「非特異的」と言われます（第5節2〔p.79～〕参照）。

特異的疾患の場合には集団的に因果関係がありと推認できれば個人レベルでも推認できますが、非特異的疾患の場合にはより厳格に考える必要があるという議論です。学説上、汚染にさらされた集団の罹患率とそうでない集団の罹患率を比べ、その比較値が相当高い場合（4～5倍）でないと集団的に因果関係が認められても個人レベルの段階での高度の蓋然性を持った推定は認められないのでは、というものです。公害訴訟において法的因果関係と科学的因果関係は別であることを重視し、集団的に疫学により因果関係が推認されれば、個人レベルの因果関係を推認してもかまわないという議論もありますが、今後の議論の動向が注視されます。

東京電力福島第一原子力発電所の事故では放射性物質により広範囲の地域が汚染されました。被ばくした人の中から、将来がん患者が発生することが予想されますが、事故との因果関係などこれまでの公害訴訟で蓄積された理論で十分かどうか考えさせられる課題でしょう。

なお、西淀川公害第2次～第3次訴訟判決（百選14）では、①加害行為があり一定の被害が出ていて、②疫学により集団的には一定割合の事実的因果関係の存在が認められ、③個々人の因果関係の証明は困難で被害者に証明責任を負わせることは社会的妥当性を欠き、④加害行為の態様からその割合の限度で加害者に負担を求めるのは相当である、としています。

8　確率に応じた損害賠償

判例には、高度の蓋然性の証明がなくても相当程度の可能性が認められるときは、その可能性の程度を損害賠償の額の算定に反映すべきである、というものがあります（百選24）。高度の蓋然性がないと因果関係の立証がないとするのでは、医学の限界による負担を被害者側に課することで損害の公平な分担の理念に合致しない、被害の程度は連続的に分布しており唯一の基準で因果関係を判断することは被害の実態に即していない、というものです。個別の疾病と原因物質との因果関係を究明することが困難な場合において、疾病と原因物質との間の一般的な因果関係の確率的データにより、それに基づいて損害賠償を認めるという考え方です。

9　共同不法行為

民法719条には「数人が共同の不法行為によって他人に損害を加えたときは、各自が連帯してその損害を賠償する責任を負う。共同行為のうちいずれの者がその損害を加えたかを知ることができないときも、同様とする」という規定があります。前段は共同で不法行為を行った者が連帯して全損害に賠償責任を負うというもので、後段は共同行為者のうちだれが損害を加えたかわからないものも同じというものです。

従来は、連帯責任を負わせるには、①各人の行為が独立して不法行為の要件に該当すること、つまり行為と損害との間に個別的因果関係があることが必要で、②各自の行為について「関連共同性」（それぞれの行為が関連を持って共同性を有すること）を有するが、客観的共同関係にあれば足りる、とされてきました。しかし、①の要件を満たす場合には当然、民法709条の不法行為責任を負うことになり、行為の関連共同性を求めている意味が弱くなります。特に公害事件のように、いくつかの工場からの汚染物質の排出により被害が生じているような場合は各工場と被害との個別の因果関係の証明は困難です。そこで最近は、①各行為に関連共同性があり、それらの共同行為と損害との間に因果関係があれば共同不法行為が成立する、としています。

こうした考え方は西淀川公害訴訟（百選13）などにおいて認められています。関連共同性には「強い関連共同性」と「弱い関連共同性」があります。強い関連共同性とはたとえば工場群のあるところでそれぞれが一体としてコンビナートを形成している、資本や取引関係がある、人的にも交流しているなどのような場合です。弱い関連共同性とはそうした繋がりまではないが、一定地域に工場が立ち並んでいるなどのような状況を指すとしています。「弱い関連共同性」のあるときは個別的因果関係を推定するにすぎない、したがって反証は許される。一方、「強い関連共同性」のときには個別的因果関係は問題とはされない、反証は許されず各人が全損害の賠償責任を負う、とされるというものです。

ただし、民法719条1項前段においては全損害について責任を負うことになることから、「強い関連共同性」があると言うためには加害者の間でそうした主観的な認識が必要ではないか、という議論もあります。

なお、1項後段の条文は、択一的競合といって、その一つだけでも原因となるが、そのどれが損害を発生させたかわからない場合の規定です。しかし、都市型の複合汚染に関して、重合的競合といって各行為のみでは原因とはならないが重なることで損害を発生させるような場合について1項後段を類推適用して責任を認める例もあります。ただ、類推ということですので原因への寄与度に応じて責任の範囲を分割しています。工場と付近の道路との関係、工場からの排煙と自動車からの排ガスですが、関連性があるか争われた事例（百選14）があります。最近の判例では汚染物質の同一性という観点から肯定的に解する傾向があります。

10 損害賠償の方法

民法722条により「417条の規定は不法行為による損害賠償に準用する」とされ417条では「損害賠償は別段の意思表示のないときは金銭をもってその額を定める」とされています。金銭賠償が加害行為による逸失利益も評価できるなど、もとの状態に戻す原状回復よりも当事者にとって便利であるということからこのような規定とされています。しかし、公害の場合には金銭賠償では修復困難な損害もあり立法論的には問題がありえます。水俣病にかかる補償協定では医療給付が定められていますが、医療費の自己負担分の補てんとすれば金銭賠償の範囲内とも言える一方で、医療そのものの給付という面で見れば原状回復と言えないこともありません。

損害の金銭的な評価としては財産的損害と精神的損害があります。財産的損害には、治療費など財産的支出を余技なくされた積極的損害と本来働けたのに働けなくなって得られなかったという消極的損害があります。一般的には損害の個別項目ごとに具体的な損害額を算定して請求するものですが、公害訴訟のように原告も多数になり、個別の損害額を立証するのでは裁判も長期化するような場合、個別の損害額を算定して請求するのではなく、損害額に逸失利益、慰謝料をすべて含めて請求する包括請求を認める例が出てきています。さらに一歩進んで原告の個別的事情に応じた請求ではなく一括請求する事例も見られますが、裁判実例では様々な症状を持っている原告をランク分けして賠償額を決めることもあります（百選18）。

第3節　民事訴訟における差し止め訴訟

1　差し止め訴訟の根拠

民法の不法行為法は、損害賠償により事後的に権利利益を保護する仕組みとなっています。差し止めに関する民法上の明文の規定はありません。しかし、公害の場合には健康に対する被害もあり、単に金銭賠償すればよいというものではないでしょう。例えば汚染物質を排出している工場に除去装置を付けさせる、あるいは操業をやめさせる、などの差し止めが必要なケースがあります。そこで民事訴訟において差し止めを認める根拠が求められることになります。学説でもさまざまな考え方があります。①所有権等による物権的請求権によるものとするもの、②人格権に基づく請求とするもの、③不法行為に基づく請求とするもの、④環境権による請求とするもの等です。

多くの判例や学説は②人格権に基づく請求としています。ここでも受任限度論により評価を加えています。具体的には加害者、被害者に関する数々の事情を考慮して個々の事案の受任限度を判定して加害行為の違法性を判断しようとするものです。ただし、差し止めは事業活動に大きな影響を与えることから、事後的な損害賠償よりさらに高い違法性が要求されます。また、損害賠償ではそれほど重要視されませんでしたが、侵害行為の持つ公共性の内容と程度も広く検討される傾向にあります。例えば、交通騒音の差し止め請求については道路の持つ地域社会や産業への貢献度などが検討されます。

これに対し④環境権による請求とする考え方は、「良い環境」が侵害されまたはそのおそれがある場合には差し止め請求を認めようとするものですが、判例ではまだ認められていません。こうした利益を原告の個人的利益と見ることは困難だからでしょう。環境権に関わる議論は後述します(第3章第2節4〔p.106 ～〕参照)。

2　抽象的差し止め訴訟

また､抽象的差し止め請求は認められるか､という問題があります。具体的には、一定程度以上の汚染物質の侵入は認めない、例えば浮遊粒子状物質の濃度を一定以下に、という請求です。これまでは強制執行できないということで認められてきませんでしたが、これを認める判例も出るようになっています（名古屋南部訴訟、百選15)。汚染物質の排出源が特定されていない、第三者の行為を踏まえた措置を命ずるのは酷であるという反論もあります。しかし、原告側は通常具体的な防止措置を知りうる立場にありませんが、加害者側は情報や資力において優位で、さまざまな防止措置を取りうる立場にある、ということから肯定する考え方が出されています。

第４節　行政訴訟

1　行政訴訟とは

行政側が訴訟の被告となるものを行政訴訟と言います。大きく分けて①主観訴訟と②客観訴訟に分けられます。①主観訴訟とは自己の権利利益が侵害されたことを理由とするもので、②客観訴訟とは自己の権利利益に関わらないことで争うものです。行政事件訴訟法では主観訴訟としてⅰ抗告訴訟とⅱ当事者訴訟を、客観訴訟としてⅲ民衆訴訟とⅳ機関訴訟を定めています（図2-4-1）。

ⅰ抗告訴訟とは公権力の行使に関する不服の訴訟であり、ⅱ当事者訴訟とは一方の当事者を被告とするものです。当事者訴訟には、当事者間の法律関係を形成する処分等に関する訴訟で法令の規定により一方の当事者を被告とする形式的当事者訴訟と、当事者間の公法上の法律関係に関する実質的当事者訴訟があります。また、ⅲ民衆訴訟とは自己の利益とは関わりなく一定の資格により争うもので、住民という資格で地方公共団体の財務会計の妥当性を争う住民訴訟などがあります。ⅳ機関訴訟とは地方公共団体の長と議会の紛争のように行政主体

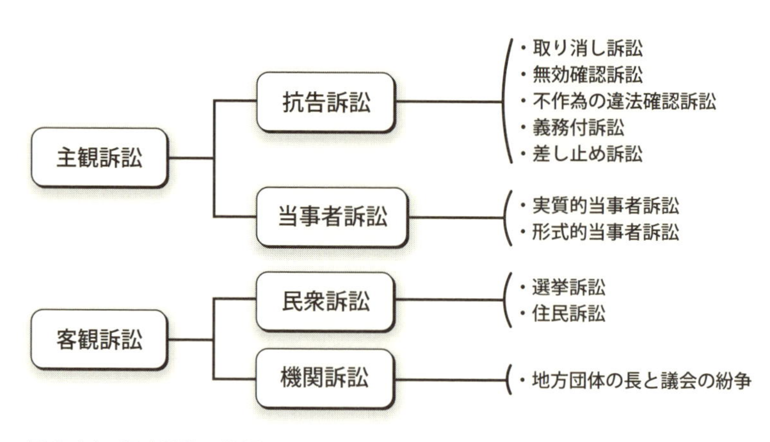

図 2-4-1　行政訴訟の分類

の機関相互間で争うものです。

抗告訴訟には取消訴訟、無効確認訴訟、不作為の違法確認訴訟、義務付け訴訟、差し止め訴訟などの類型が規定されています。

行政行為に対する争いとしては、規制を受ける側が行政の対応を不服として訴えるケースもありますが、公害事件では行政側の措置が不十分であるとして訴えるケースが中心です。行政側が事業者に与えた許認可について、その取り消しを求める訴えや許認可を差し止める訴えがあります。また、行政側がその持っている権限を行使しないような場合には不作為の違法確認の訴えや履行を義務付ける訴えもあります。そしてこれらに共通して損害が発生したような場合には、形式的には民事訴訟になりますが、国家賠償法による損害賠償を求めることになります。

2　取消訴訟

取消訴訟の対象は「行政庁の処分その他公権力の行使」とされています。一般的には、①直接国民の権利義務を形成し、その範囲を確定する行為で、いわゆる行政指導や通達はあたらない、②当事者間の権利義務を確定する最終段階のもので事業計画はあたらない（青写真にすぎない）、とされています。しかし、環境はいったん破壊されると復元が困難であることから学説上批判もあります。区画整理事業に係る近年の判例では、換地処分段階では実質的救済が困難ということで事業計画段階での処分性を認めているものもあります。

取り消しを求めて出訴できる資格、いわゆる原告適格は「法律上の利益を有する者」とされています。その範囲については、①法律上保護された利益か、②法律上保護に値する利益かという議論があります。①は処分法規が保護している利益とするのに対し、②は被害の実態から実質的に利益の範囲を定めようとする考え方です。判例は濫訴の防止という意味もあり①を採用しているようですが、被害の性質を考慮し実質的な判断をしているのもあります。2004年の行政事件訴訟法の改正では必要的な考慮事項としてⅰ法令の趣旨目的、ⅱ考慮されるべき利益の内容・性質を掲げ、さらにⅰには関係法令を参酌すること、ⅱには侵害利益の態様・程度を勘案することを求めています。改正によりむしろ②と親和的になっていると言えるでしょう。

また、処分の相手方ではない第3者について他人が受けた処分により不利益を受ける場合に原告適格を認めるか、という議論もあります。こうした点についても、行政事件訴訟法の改正を踏まえ、判例では東京都環境影響評価条例の関係地域内の周辺住民にも原告適格を認めています（小田急高架化事業認可取消訴訟、百選42）。しかし、行政処分により侵害される利益が多数人の共通の利益と評価されるとき、その利益を事実上代表する団体などに原告適格を認めるか、という点については否定的です。立法的解決が必要でしょう（第3章第2節4〔p.108〕参照）。

なお、処分が取り消されても利益の回復が得られない場合は訴えの利益は認められませんが、取り消しにより回復できる利益が派生的にでも残っている場合は認められています。

取消訴訟においては処分行為の適法性を争うことになります。ただし、行政庁に一定の裁量が認められているような場合には行政庁側の判断が裁量権の逸脱・濫用にあたるような場合に取り消すことになります。

3　その他の抗告訴訟

無効確認訴訟は処分等の有効・無効、存在・不存在の確認を求める訴えのことです。①ある処分が行われた時にそれに続く処分により損害を受けるおそれのある者が予防的に争う場合、②現在の法律関係に関する訴えでは救済されない者が補充的に争う場合に限られるとされています。

不作為の違法確認訴訟は行政庁に申請したにもかかわらず、処分等をしないことの違法確認を求める訴えです。

義務付け訴訟は行政庁が一定の処分をすべきなのに、しないときに処分すべき旨を求める訴えです。法令上の申請権のない場合には、訴訟要件を厳格にして、処分がされないことにより重大な損害が発生するおそれのあることや損害を避けるために他の方法がないことなどが求められています。

差し止め訴訟は一定の処分等がされようとしているときに、してはならない旨を命ずることを求める訴えです。行政庁が一定の処分等をする蓋然性があること、処分等により重大な損害が生ずるおそれがあること、損害を避けるために適当な方法がないことなどが求められます。

4　当事者訴訟

実質的当事者訴訟は当事者間の訴訟で、民事訴訟と似ていますが、公法上の法律関係に関する訴訟であることから行政事件訴訟に位置づけられています。民事訴訟における争点訴訟（前提となる行政処分の存否等が争われる）と実質的区別がなく、実質的当事者訴訟の不要論もありました。しかし、2004年の改正で処分性が認められないようなときの活用が奨励されています。環境基準の告示については環境基準が行政上の目標にすぎないことから判例では処分性が否定されていますが、公法上の法律関係の確認ということでの実質的当事者訴訟が活用できるのでは、という議論もあります（第3章第4節1〔p.135〕参照）。

5　住民訴訟

民衆訴訟の一つに地方自治法上の住民訴訟があります。これは地方公共団体の機関による財務会計上の違法な行為について住民が是正を求める訴えです。住民の自治体行政への直接参加の手段の一つであるとか、自治体の財務会計運営を司法的な統制のもとにおく手段の一つとも言われています。

特徴的には、①住民としての資格に基づいて訴訟が提起できるので、いわゆる原告適格という制約がない、②被害の発生が要件になっていない、ということで住民には大変利用しやすい仕組みになっています。ただし、③財務会計上の行為に限られ、訴訟の前には監査の請求をしなければならない、という監査請求前置主義がとられています。財政支出にはその原因となる非財務的行為があります。住民訴訟でしばしば財務会計上の支出の前提である非財務的行為について争えるかが問題になります。裁判例は分かれています。なお、自治体運営の多くの部分は財務的行為を伴いますから、自治体運営への住民の直接参加を重視する観点からは広く活用されています。原因企業の排出により汚染された底泥を浚渫した事案についても、原因者が行うべきとしてその支出が争われたことがあります（田子の浦ヘドロ事件訴訟、百選23）。

住民訴訟で請求できるのは、①違法な財務会計上の行為の差し止め、②違法な行政処分の取り消し・無効確認、③違法に怠る事実の違法確認、④執行機関等に、職員や相手方に損害賠償等を請求するように求めること、です。このうち④については、もともとは自治体に代位して住民が直接首長や職員に請求するという仕組みで幅広く活用されていましたが、政策的事案に及ぶ場合に被告とされる職員の負担も大きく、2002年の改正で現在の仕組みになったものです。住民勝訴の場合に執行機関等が再び相手方などに請求しなければなりません。

6　国家賠償請求訴訟

国家賠償請求訴訟は形式上民事訴訟ですが、便宜上ここで説明しておきます。国や地方公共団体の公務員が故意または過失により違法に他人に損害を与えたときは国等が賠償責任を負うというものです。環境の関係では行政権限を持っているにもかかわらず違法にその権限を行使せず、そのことで損害が生じたときに国家賠償を求めるケースが多くあります。公務員の作為義務がどのような時に発生するか、については様々な考え方が提示されています。①権限行使は行政庁の裁量ではあるがその不行使が濫用に当てはまるのではないか、②一定の場合には裁量権が収縮するのではないか、③具体の事案で権限の不行使が著しく合理性を欠くのではないか、④健康に影響のある場合には裁量の余地はないのではないか、などです。学説では、②を前提とし、危険の切迫性、予見可能性、結果回避可能性、国民の期待、権限行使の補充性などの要件が挙げられています。

なお、法令上根拠のない行政指導についてもその不作為が違法となるか争われることもあります。行政指導ですのでもともと行政庁側の裁量は大きいと考えられますが、生命健康への危険の切迫性がより大きいとか新たな立法を待っていられないような事態において認められるとの議論もあります。

第5節　救済制度――公害健康被害補償法

1　公害健康被害補償法の制定まで

公害によって被害を被った被害者は、民事訴訟による損害賠償請求によりその被害の補償を求めることになります。高度経済成長時代には様々な公害、大気の汚染や水質の汚濁により多くの被害が全国的に発生していました。国としてこうした状況を放置し、これを民間の当事者の問題としておくことは社会正義の観点からも許されなくなってきました。そこで、公害による被害者の救済という観点で1969年に公害に係る健康被害の救済に関する特別措置法（旧救済法）が制定されました。これは公害健康被害者の医療費の自己負担分を支給することにより一定の救済を図ろうとするものです。一種の社会保障的な救済制度です。救済ということで医療費の支給には所得制限が設けられ、また、その財源も半分は公費で賄い、残りは産業界からの寄付金を集めることで調達するとしています。社会保障的な制度でしたので、汚染原因者の責任がはっきりしない、救済範囲も逸失利益に対する補てんはないなどの批判もあり、新しい損害を補償する仕組みが検討されることになりました。

1971年から73年にかけて四大公害裁判の判決が相次いで出ます。1971年6月イタイイタイ病訴訟、9月新潟水俣病訴訟、1972年7月四日市公害訴訟、8月イタイイタイ病訴訟控訴審、1973年3月熊本水俣病訴訟の判決です。いずれも加害企業である被告側は敗訴しましたが、こうした判決が契機となり、国でも新たな法律の検討が始められました。公害訴訟には被害者側にとって時間も労力も費用もかかります。また、因果関係の立証もなかなか困難です。そうした被害者側の実態を踏まえ、裁判を待つことなく簡易で迅速に補償が受けられるような仕組みの創設が求められました。1973年公害健康被害補償法（1987年改正で公害健康被害の補償等に関する法律に名称変更）が制定され、1974年9月から施行されます。損害賠償訴訟が契機ということもあり、民事上の損害賠償を踏まえた行政的対応として制度化されました。世界的にも類を見ない画期的な法律です。

2　公害健康被害補償法の特色

基本的考え方として、公害被害の特殊性にかんがみて、いくつかの特色があります。①汚染原因者負担を前提にしていること、②民事上の責任を踏まえていること、③公害健康被害者を迅速かつ公平に保護しようとしていること、④そのため、画一的要件で補償を受けられるという制度的な割り切りを行っていること、⑤法律による補償を受けた者でも個別の裁判により損害賠償を求めることは妨げられないこと、などです。

まず、環境の汚染により発症または増悪する疾病による損害を補てんしようとする部分です。疾病を大きく二つに分けて規定しています。①「非特異的疾患」とよばれるもので、原因とされる汚染物質とその疾病との間に特異的な関係が証明されておらず、他の原因によってもその疾病が起こりうるものです。ぜん息などは大気汚染だけではなくアレルギーや喫煙、遺伝によっても発症することがあります。こうした疾病は疫学の知見により集団としては因果関係が認められても個々に疾病とその原因物質との因果関係を明らかにすることは困難なものです。ただし、甚大な大気汚染があれば、疾病のほとんどを大気汚染が原因であるとみ

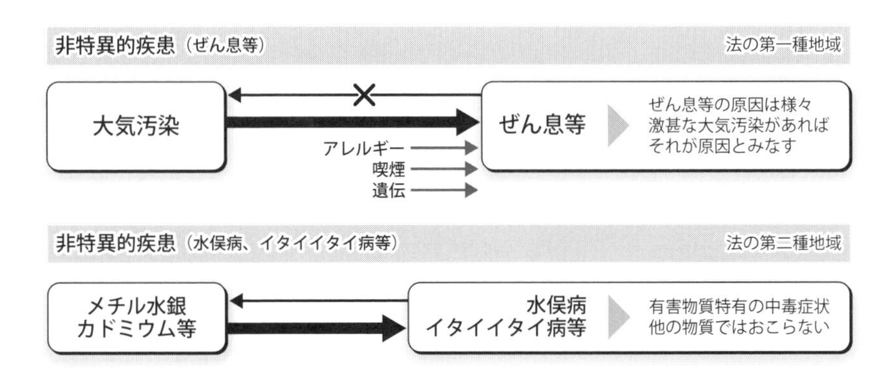

図 2-5-1　非特異的疾患と特異的疾患

なすことができるものです。②「特異的疾患」とよばれるもので、原因とされる汚染物質とその疾病との間に特異的な関係があり、その物質がなければその疾病が起こりえないものです。例えば、メチル水銀と水俣病、カドミウムとイタイイタイ病【14】、ヒ素と慢性ヒ素中毒【15】のような関係のものです。疾病と環境汚染との因果関係を個々に明らかにすることが可能であるものです。有害物質による特有の中毒症状を観察し、その他の原因ではその症状は起こらないということであれば、個々に判定できるものです（図2-5-1）。

3　公害健康被害補償法の制度設計

ア　経済界に走る衝撃

1960年代の後半から全国的に各地で公害問題が発生し、経済界側もそうした課題への何等かの対応が必要と考えていました。1972年に大気汚染防止法等が改正され、無過失責任が導入されました。民法の特例ということになりますが、被害者側は加害者側の故意過失を問うことなく、加害行為と損害との因果関係さえ立証すれば損害賠償を求めることができるようになりました。今後多くの訴えが想定され、経済界としては安定的な損害賠償補償制度が求められました。また、同じ年の四日市公害訴訟判決です。この判決では因果関係の立証を疫学によるものとするのみならず、共同不法行為によるものも認められました。全国の大規模工場側からすれば、関係性が弱くても共同不法行為としていつ訴えを提起されてもおかしくない、という状況になったと言われています。

イ　費用負担について

公害健康被害補償法の制度設計にあたり、まず財源をどのような仕組みで調達するかが問題になりました。

様々な方式が検討されました。例えば、①自動車賠償責任保険のような損害保険型の制度、②労働者災害補償保険のような災害保険型の制度、③健康保険のような社会保障型の制度、④旧救済法のような社会福祉的な制度、などの類型です。公害健康被害補償制度は不法行為により発生した被害、損害を事後的に補償していこうとするものです。事前にリスクを計算して保険料を定める①、②の保険型のものはなじまないのではないか、不法行為者でないものが保険に加入するいわれはないのではないか、と考えられました。また、不法行為による損害賠償の側面がありますので、原因者に責任があります。③, ④の公的制度はそうした面でも不適当で、さらに、十分な補償金財源を調達できないのではないか、と考えられました。そこで世界にも類を見ない全く新しい発想ですが、民事責任を踏まえた補償制度として仕組みが考えられました。

徴収金の性格は一種の原因者負担金です。税金でも、社会保険料でも、受益者負担金でもありません。ただ、原因と損害との間の個々的な関係は厳密には問うていませんので、新しい類型ということもできます。経済界は当初企業の社会的責任に応じた拠出で、という意見でありました。しかし、制度設計しているときに第1次石油ショックがあり、経済の成長も鈍化し始めました。原因者負担の原則にあうような原因企業からの徴収が望ましいとされました。特異的疾患の場合は原因企業がわかっていますので、問題はありませんでしたが、非特異的疾患の場合、特に大気汚染によるものについての議論が残りました。燃料を燃焼させることによる「ばい煙」が一番の汚染物質であります。原燃料賦課方式、原燃料の使用量に応じて賦課金を徴収する方式も検討されましたが、汚染物質をどの程度排出しているかによって賦課金を決める汚染負荷量賦課方式を採用することになりました。大気汚染防止法上の規制が原料段階で規制するのではなく、工場の排出口おける汚染物質の濃度規制であること、大気に与える影響は排出濃度、排出量によることなどを勘案したものです。補償を受けられる地域は対象地域として指定されていますが、大気の影響はその地域からのものに限りません。指定された地域以外の地域の工場からの排出にも一定の賦課金を課す仕組みとされました。

ウ　自動車寄与分について

議論が一番複雑で混迷したのが自動車からの汚染物質の排出、汚染への寄与度をどう見るか、ということです。

そもそも自動車からの排出ガスによる大気汚染といった場合、原因者はだれなのでしょうか。自動車の運行者、荷主、自動車メーカー、道路の設置者や管理者、交通管理者、または自動車交通に影響をもたらす大規模施設設置者でしょうか、などなど様々に考えられます。例えば西淀川大気汚染訴訟では道路管理者に責任があるとされていますが、工場からの排出のように道路管理者にすべての責任を負わせることは無理でしょう。そこで公害健康被害補償法の検討にあたっては原因者がだれか、という議論よりも実務的にどうすれば公平に負担を求めることができるか、という点からの議論がされました。①高速道路の通行料のように道路に課金、②自動車メーカーに課金、③燃料に課金、④車体に課金（車検時に徴収）等です。①は道路が限定され、②は事実上新車に限定されます。③は価格転嫁

公害による損害は不法行為によるもの　**既存の制度**では無理

損害保険型（自賠責保険）
災害保険型（労災保険）
社会保障型（健康保険）
社会福祉給付型

民事責任を踏まえた公害による損害を補てんする制度
（裁判を待たずに迅速に保護）（画一的定型的要件で）

第一種地域（非特異的疾患）に関する制度的割り切り
汚染地域：疫学を基礎として人口集団との間の因果関係
曝露要件：一定期間の居住など
指定疾病：慢性気管支炎、気管支ぜん息、肺気腫等

徴収金の性格は
原因者負担金の一種と構成
排出規制と平仄を合わせ
原燃料賦課方式は採用せず
汚染負荷量賦課金制度の採用

自動車排ガスの寄与分は
運行に着目した場合
道路課金、車体課金、
燃料課金等の実務が困難
自動車重量税引き当て方式の採用

図 2-5-2　公健法の制度設計

の保障がなく、④も実務上の負担に耐え切れない、という理由から採用されることにはなりませんでした。いずれも工場からの排出についての賦課方式との整合性という点でも議論が分かれました。たまたま当時、道路財源を強化しようということで自動車重量税が倍増されました。その一部は道路財源とはせず、自動車運行に伴う諸社会費用に充てようということでしたので、当面の措置としてその財源を活用することになりました。結果的には自動車重量税の一部を充てるということですから、自動車使用者が車体の大きさに応じて支払うということになりました。

工場などの固定発生源から大気汚染への寄与分と自動車からの寄与分の割合を、全国的なSO_X（硫黄酸化物）とNO_X（窒素酸化物）の排出割合の平均として8対2とされました（図2-5-2）。

エ　制度的割り切り

はじめに非特異的疾患、第一種地域について説明します。

被害者の認定要件として三つの要件を挙げています。①指定地域、②曝露要件、③指定疾病、です。①ですが、疫学を基礎として人口集団につき因果関係があると判断される地域を指定地域として指定します。17都県にわたる41地域がかつて指定されていました。②はその地域に一定期間（疾病ごとに連続1～3年以上等の期間）居住しているか、通勤しているかで曝露要件を判断します。③で指定疾病（慢性気管支炎、気管支ぜんそく、ぜん息性気管支炎、肺気腫、これらの続発症）にかかっているかを見ます。これらの要件を満たすときには個人の疾病と大気汚染との間に個別的因果関係があると制度として割り切ってみなすというものです。

因果関係があるとみなされた被害者には補償給付がされます。これも民事責任を基礎としていますので、健康被害に係る損害を金銭評価して定型的に填補するための給付です。①実費補償的給付として療養の給付（医療費）、療養手当、葬祭料など、②生活保障的給付として障害補償費、遺族補償費などです。障害補償費は性年齢階層別労働者の平均賃金の8割に障害等級に応じた率を乗じたものを支給します。個々の被害者の実際の収入を基礎とするのではなく慰謝料的要素も含ませたうえで、定型的な割り切り方をしています【16】。

補償給付費の費用負担ですが全額汚染者負担の考え方によっています。はじめに必要な補償給付費用を算出し、それをそれぞれの負担分に応じて課金して賄っています。工場などの固定発生源分は全体の8割です。原因物質SO_Xの排出量に応じて負担することとし、汚染負荷量賦課金と呼んでいます。指定地域内のみならず全国の工場にも課金しています。指定地域の解除の前か後か（過去分：現在分、6：4、1988年に指定地域が解除され、その後は新規に認定されないことを考慮）、現在分は旧指定地域かどうか、補償額が多いかどうかで負担割合を変えています。自動車負担分は全体の2割です。個々に徴収する方式を確立できませんでしたので、さしあたり年限を切って自動車重量税から必要額を引き当てることにしています【17】。

次に特異的疾患です。

特異的疾患である水俣病、イタイイタイ病については、原因企業が明確にわかっています。原因企業は法律による認定を受けた被害者に対して被害者側と結んだ補償協定に基づき賠償します。法律による補償給付は行われませんので、そのための特定賦課金も課されません。公害健康被害補償法が疾病の認定のための装置になっていると評価されるゆえんです。

被害者の認定ですが、個々の被害者の疾病について専門的に診断します。特異的疾患ですので、その疾病に特有の症状があり、それに当てはまれば指定疾病と診断され、汚染物質との間に因果関係があるとされます。

4　公害健康被害補償法の成果、その後の推移と課題

ア　被害者の迅速な救済

第一種地域である大気汚染にかかるぜん息などの非特異的疾患については、定型的判断により補償給付するという法の趣旨が生かされ、被害者の迅速な救

済が図られました。制度発足当初2万人弱であった認定患者数は急速に拡大し、ピーク時の1988年7月段階では11万人にも及ぶ被害者が認定されました。汚染物質の排出量による課金もあり、大気汚染防止法による厳しい規制とあいまって、二酸化硫黄の排出量は急速に減少しました。1974年度時点で約百万㎦Nであった排出量は2014年度では13万㎦N【18】に減少しています。二酸化硫黄の環境基準の達成率もおおむね100%達成という状況です。

イ　第一種地域の解除

1974年の制度発足から急速に被認定者の数が増え、経済界が負担する賦課金も増えていきました。特に1980年代は日本経済も二度の石油ショックに見舞われ、環境保全よりも景気回復が優先された時代でした。二酸化硫黄の排出量は1974年当時に比べ1987年ごろには既に五分の一程度に減少していましたし、一般環境での濃度も三分の一以下に改善していました。原因者負担によって、民事責任を踏まえて個々人に対して制度的に割り切って補償を行うという公害健康被害補償法の被害者補償の仕組みについて、特に非特異的疾患、大気汚染関係でその合理性を疑う意見が多く出されました。大気環境が改善しているのに、被認定者の数が増加していることなどについてです。公害対策審議会の答申を受け1988年3月1日において非特異的疾患で指定されていた41の指定地域が解除され、今後、新たに患者を認定するということはなくなりました。もちろん、これまでの被認定者についてはそのまま補償を継続し、さらに、汚染物質を排出する事業者からの拠出金も入れて500億円程度の基金を創設して健康被害予防事業を実施することになりました。この基金が東京裁判で和解促進の切り札となったのは約30年後ということになります。

ウ　大気汚染訴訟

公害健康被害補償法の成立のきっかけとなった四日市大気汚染訴訟は1972年に判決が出されていました。1980年代にも大阪の多奈川火力訴訟、千葉川鉄訴訟などがありましたが、これらは事業者1社を被告として硫黄酸化物の汚染による被害について提訴したもので、いずれも控訴後に和解が行われています。千葉川鉄訴訟では、疫学による因果関係を認めて損害賠償については一部認容していますが、操業の差し止めと抽象的な侵害差し止めまでは認めていません。

1988年の指定地域の解除は、1978年の二酸化窒素の環境基準の緩和に続く、被害者側にとって不満の残る厳しいものであり、特に現在受けている被害者の補償にまで影響が及ぶのでは、と心配されました。1980年代から全国各地で多くの大気汚染訴訟が提訴されることになります。西淀川第1次訴訟（1978年提訴、91年判決)、西淀川第2次から第4次(1984年～92年提訴、95年判決)、川崎第1次(1982年提訴、94年判決)、川崎第2次（1983年～88年提訴、1998年判決)、水島（1983年提訴、1994年判決)、名古屋南部（1989年～97年提訴、2000年判決)、尼崎（1988～95年提訴、2000年判決)、などです。

この年代になりますと、原因物質を排出している複数の企業に加え道路管理者としての国や道路公団なども被告側になります。原因物質も硫黄酸化物に加え窒素酸化物も対象とされます。1990年代の判決では、損害賠償について企業側への訴えは認容されていますが、道路管理者としての国などへの訴えは認容されるものと棄却されるものに分かれます。差し止め請求はおおむね認められないという状況でした。しかし、2000年代になりますと道路関係で原因物質として粒子状物質も対象に加えられます。さらに、名古屋南部訴訟や尼崎訴訟では道路沿道について一定の差し止めも認められました。これらの訴訟は、その後、国・公団も含めて和解という形で終息していきますが、総じて、①企業側の解決金の支払いと、②国・公団側の良好な環境の創出、が和解要件になっています。

それまでの大気汚染訴訟と異なるのが東京大気汚染訴訟です。工場からの排出というものではなく自動車からの排気ガスによる公害訴訟です。原告側も工場の密集地域の住民ではなく23区内の道路沿道のぜん息患者などです。被告側も道路管理者としての国・東京都・首都高速道路公団と自動車メーカーです。原告側は第1次から第4次までで500人を超えました。第1次判決があったのは

2002年です。第一次の原告99人中一定の幹線道（昼間交通量4万台以上）の沿道から50メートル以内の住民7名について被告側（国、東京都、公団）の共同不法行為による法益侵害を認容し損害賠償が認められました。因果関係は千葉大の疫学調査を援用しています。ただ、自動車メーカーは結果回避措置をとることが不可能なことから賠償請求は認められませんでした。東京都は大気汚染についての国の責任を強調し控訴せず、医療費助成制度の創設などを含めた和解提案を行いました。国、公団のみならず原告側も控訴しましたので、東京高裁での判断が待たれていました。2007年5月に時の総理大臣（安倍総理）の政治決断により東京都の和解提案を踏まえ国は健康被害予防事業のための基金から60億円を拠出する、自動車メーカー側も地裁判決では勝訴でしたが一定の負担をするということで、8月7日に和解が成立しました。これですべての大気汚染訴訟は終息したことになります。和解項目としては、①国、都、公団側の自動車大気汚染対策の強化、②東京都の医療費助成制度の創設、③自動車メーカー側の解決金です。この時の和解条項にあったPM2.5対策は、環境基準の設定など中国でこの問題が大きく報道される前に日本での対策が進められる契機となりました（図2-5-3）。

ぜん息患者などには毎日のように投薬等が必要です。医療費の自己負担分だけ

1972年	四日市ぜんそく訴訟判決 SO_X（硫黄酸化物）による健康被害、原因企業6社に損害賠償（共同不法行為）
1980年代	被告は企業1社、SO_X 健康被害への損害賠償認容（多奈川火力訴訟、千葉川鉄訴訟）
1988年	公健法第一種地域の解除
1990年代	被告は複数企業＋国・公団（道路管理者）、SO_X 被害に加え NO_X 被害も 企業への損害賠償は SO_X によるものは概ね認容、NO_X は容否分かれる、国・公団等へのものは否定、差し止めも否定、控訴後和解（企業の解決金、国等による良好環境創出）（西淀川第1次、水島、川崎第1次、西淀川第2次、川崎第2次）
2000年以降	被告は複数企業＋国・公団（道路管理者） 道路関係では NO_X 否定、PM（粒子状物質）認容、抽象的差し止め認容 控訴後和解（企業の解決金、国等による良好環境創出）（尼崎、名古屋南部）
2002年	東京訴訟第1次　被告は自動車メーカー7社＋道路管理者（都・国・公団） 自動車排ガスによる健康被害について沿道50m以内住民へ損害賠償 自動車メーカーは否定、差し止めも否定 控訴後和解（メーカーの解決金、都の医療制度の創設、国等の資金拠出）

図2-5-3　大気汚染訴訟について

でも多額の出費になります。東京都では大気汚染訴訟もあり法律の認定患者以外にも医療費の無料化が行われました。これは東京都の施策ですので隣接都市の住民には適用されません。地域によって患者の発生状況も異なりますので救済制度が全国一律でなければならないということはありません。しかし、患者側からすれば、川一本隔ててなぜ違うのか、という疑問を持つ方も多いように受け止められます。なお東京都の医療費助成制度は、2015年4月以降、新規は18歳未満の方に限られています。

5　大気環境の調査

1988年の指定地域の解除における法改正の付帯決議を踏まえ、環境省ではさまざまな調査を行っています。一つは「環境保健サーベイランス調査」と呼んでいるもので、地域の人口集団と大気汚染の関係を定期的に観察するものです。9万人の3歳児、6歳児に健康調査を行うとともに背景大気汚染濃度を推計します。これまで、全体的に汚染濃度が高いほど有症率が高いという結果は得られていませんが、SPM（浮遊粒子状物質）とぜん息との間に一部有意な関連性が認められ注視する必要があるとされています。次には「そらプロジェクト」と呼ばれるものです。幹線道路沿道における自動車排ガスへの曝露と気管支ぜんそくの発症率について疫学的に調査するものです。学童を対象として12,500人の追跡調査、幼児10万人を対象とした調査、成人を対象とした疫学調査です。幼児調査、成人調査では自動車排ガスとの関連性は認められませんでしたが、学童調査では関連性の程度は別として一定の関連性が認められています。

【14】　カドミウムとイタイイタイ病

カドミウム曝露からイタイイタイ病に至る機序は未だ解明されていませんが、厚生省の見解は以下の通りです。「イタイイタイ病はカドミウムの慢性中毒によりまず腎障害を生じついで骨軟化症をきたし、これに妊娠、授乳、内分泌の変調、老化及び栄養としてのカルシウム不足などが誘因となって生じたもの。慢性中毒の原因物質としてのカドミウムは三井金属鉱業株式会社神岡鉱業所の排水以外には見当たらない」。

富山県の一定の地域が指定されており、認定患者は累計で196名、要観察者336名となっています。認定条件は、①カドミウム曝露、②青年期以降の発症、③尿細管障害が認められる、④骨粗鬆症を伴う骨軟化症の所見、となっています。

【15】 ヒ素と慢性ヒ素中毒

慢性ヒ素中毒とは無機ヒ素化合物の長期曝露により、皮膚の色素異常、角化、鼻粘膜瘢痕、鼻中隔穿孔等の認められる疾患です。宮崎県高千穂町と島根県津和野町の一定の地域が指定され、認定患者は累計で207名となっています。

【16】 補償給付の内容

公害健康被害補償法では汚染者負担原則のもと補償給付と保健福祉事業を行っています。

はじめに補償給付についてです。①療養の給付と療養費。健康保険法などにより指定された公害医療機関で公害医療手帳を提示することにより直接医師の診断や治療を受けることができます。医療の現物給付で金銭賠償というよりも原状回復に近い考え方です。ただし、やむをえない場合には医療費の後払い、療養費の支払いを受けることもできます。②障害補償費。労働能力を喪失したことによる逸失利益相当分に慰謝料的要素を加味したものです。15歳以上の被認定者が指定疾病にかかったことにより一定の障害がある場合に支給されます。労働者の性別、年齢階層別平均賃金の80%相当レベルで「障害補償標準給付基礎月額」を定め、障害の程度に応じて支給率（30%から100%）を乗じて算定します。③遺族補償費。指定疾病に起因して死亡した場合の死亡被認定者の逸失利益と慰謝料相当分に遺族固有の慰謝料相当分が遺族補償費です。被認定者と生計を一にしていた遺族に支給しますが、原則10年間平均賃金の70%相当レベルで算定した標準給付基礎月額により支給します。④遺族補償一時金。遺族補償費を受けることができる遺族がいない場合に一定の範囲の遺族に支給します。⑤その他療養手当、葬祭料などです。

次に保健福祉事業です。これには、リハビリテーション事業（基礎体力の増進、指定疾病に関する知識の普及・療養上の指導、講演会・機能回復教室、療養指導、水中健康回復事業など）、転地療養事業（空気の清浄な自然環境のもとでの療養）、療養用具支給事業（空気清浄器などの支給）、家庭療養指導事業（家庭訪問など）、インフルエンザ予防接種費用助成事業などがあります。

【17】 汚染負荷量賦課金

汚染負荷量賦課金の納付義務者は、最大排出ガス量が一定以上であるばい煙発生施設を設置している事業者です。1988年に第一種指定地域は解除されていますので、1987年4月1日現在で判定することになっています。賦課金の額は指定地域解除前の分として過去分、解除後の分として現在分に分けて算定します。過去分は各事業者の算定基礎期間（1982年から86年までの5年間）のSO_X累積換算量に賦課料率を乗じて、現在分は各事業者の前年の排出量に賦課料率を乗じて算定します。現在分の負荷量率を計算する場合には旧指定地域分を9割とし、旧指定地域内でも補償給付額によって格差が設けられています。

【18】 ㎥N

Nはノーマルと言いますが、0℃、1気圧に換算した値のことです。

第6節　救済制度——アスベスト被害救済法

1　アスベストとは

アスベストとは石綿とも言われ、天然に存在する繊維状の鉱物です。主成分は珪酸マグネシウム塩で主たる産出国はカナダ、南アフリカ、ロシアなどです。柔らかく耐熱、対摩耗性に優れボイラー暖房パイプの被覆、自動車ブレーキ、建築材などに広く利用されました。しかし、繊維が肺に突き刺さったりすると肺がんや中皮腫の原因になることが明らかとなり、WHO（世界保健機関：Word Health Organization）ではアスベストを発がん物質と断定しています。日本でもこれまで、大気汚染防止法、労働安全衛生法などにより規制されてきましたが、現在では製造も使用も禁止されています【19】。

2　2005年いわゆるクボタショック

下水道管などを製造していたクボタが2005年6月、「神崎工場の従業員74人がアスベスト関連病で過去に死亡し、工場周辺に住み中皮腫で治療中の住民に見舞金を出す」と発表しました。これに続いて造船、建設、運輸業などの石綿作業者の健康被害が報道されました。こうした報道が大きく広がったことから政府としてもアスベスト問題に関する関係閣僚会議を開催し、政府の過去の対応を検証するとともに当面の対応を決定しました。水俣病のときとは異なり、原因物質がアスベストであることが想定されていたことから、政府として迅速な対応が行われたと評価できます。

2005年の9月に当面の対応がとりまとめられています。①被害の拡大防止策としてアスベストの製造・使用の禁止、建築物解体時の飛散防止、②国民の不安への対応として相談窓口の設置、③過去の被害への対応として労災制度の周知、新たな救済制度の創設、④過去の対応の検証、⑤実態の把握、などです。

3　石綿健康被害救済法

石綿による健康被害を受けた被害者等の迅速な救済を図るために2006年2月に石綿健康被害救済法（石綿による健康被害の救済に関する法律）が成立します。こうした法案としては異例とも言える早さで国会に提出され、審議可決されました。救済給付金の支給も2006年3月27日から始まっています（図2-6-1）。

救済法を立案するにあたって大きく四つの論点がありました。はじめに①環境法として構成できるか、ということです。環境法で対応する公害問題の被害者は事業所の外の住民などです。事業所の中の労働者については労働法で対応するのがこれまでの慣例です。アスベスト被害者の相当数は事業所の中であり、労働者でなくともその関係者が多いという特徴があります。労働者の配偶者や石綿に曝露した作業着をいつも洗濯していた家族などです。むしろ一般環境から曝露したという人は例外でした。しかし、一般環境のみを取り出しての救済ではなく労働環境から一般環境も含めたシームレス（縫い目のない）な救済を目指すこととし、ある意味環境法の枠を超えた救済措置として構成されました。こうした構成にしたことによって労働環境で多く見過ごされていた被害を顕在化させる、救済

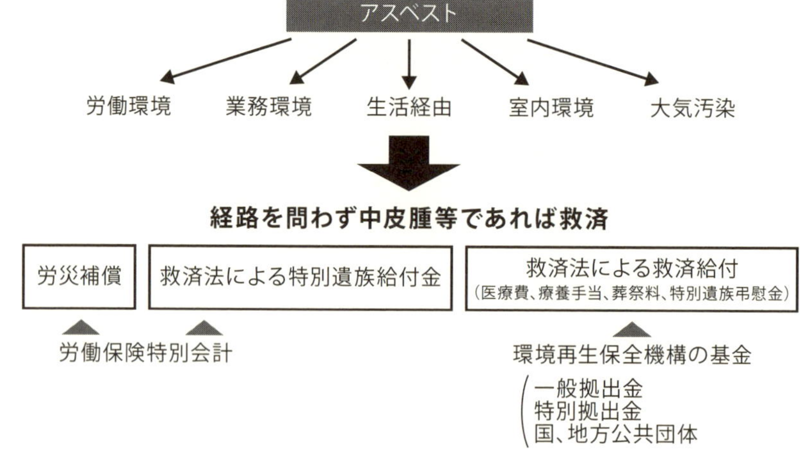

図2-6-1　アスベスト被害へのシームレスな救済

されるべきなのに見逃されている人を救済するという役割も果たすことになりました。

次に②石綿健康被害者を特定できるか、ということです。石綿健康被害は石綿に曝露してから潜伏期間が非常に長い、発症まで30年から40年です。いったん発症すれば死亡率が極めて高い、個別的に曝露経路を含めアスベストとの因果関係を明らかにすることは無理ではないか、ということです。曝露経路もさまざまです。労働環境での曝露、それに付随する様々な業務での曝露、生活上での曝露（作業着の洗濯、工場敷地内での露出)、室内曝露（建材への使用)、最後に大気環境からの曝露などがあります。この点は疾病の種類によって対応することになりました。まず中皮腫ですが、中皮腫のほとんどはアスベストが原因ですので、アスベスト被害と考えられます。次に肺がんです。肺がんには喫煙などアスベスト以外の要因もありえますので、一定のアスベスト曝露等の要件を付けています。石綿肺、びまん性胸膜肥厚は中皮腫や肺がんと異なり容態が重度のものから軽度のものまであります。今回の救済制度が病態の重度のものからということで、当初は対象疾病となりませんでしたが、2010年の制度見直しで対象とされました。それぞれについて石綿曝露を確認するとともに重篤な場合として著しい呼吸器疾患を伴うものについて認めることになりました。

さらに③救済財源、費用負担はどうするか、ということですが、立案するうえで一番議論の多かったところです。公害健康被害補償法のように民事責任を踏まえた制度にするかどうかということです。アスベスト被害は潜伏期間が30年から40年と、大変長いという特性を持っています。原因者負担で費用を徴収することは不可能に近いと考えられました。そこで法案は民事上の責任とは切り離して社会全体で費用を負担しようということになりました。アスベストが工場など産業基盤となるものに広く使用されていましたので、まず事業者全体から一般的資金の拠出を求め、特にアスベストと深い関係のある事業者から追加的な費用を徴収するという二段階での費用請求をすることになりました。社会全体で負担するということです。2005年の補正予算で国費約400億円を救済基金に拠出し、地方公共団体もその4分の1程度を一定期間で拠出することになりました。事業者側からはアスベストを利用してもいないのになぜ負担金が発生するのか、という疑義もありましたが、日本全体の経済発展を支えた資源には間違いないということで、労災保険に上乗せして徴収するということになりました。

最後に④救済措置の性格についてです。当初は現在苦しんでおられる方への救済という側面が強くありましたので、法律の施行日前後で区別し、亡くなられた方には弔慰金を、療養されている方には医療費を、という仕組みでした。それでは認定申請することなく亡くなられた方には救済がないことになります。この

アスベスト対応の経緯

過去のアスベスト対応の動きを簡単におさらいしておきましょう。石綿肺は第二次大戦の前から知られていましたが、1956年に労働行政の中にアスベスト関連として、特殊健康診断指導指針として入れられます。1970年には石綿作業所総点検が行われ、1971年には特定化学物質などの障害予防規則が定められました。製造工場を対象に局所排気装置の設置や測定を義務付けしています。1972年にILO（国際労働機関：International Labour Organization）やWHOの国際がん研究機構がアスベストのがん原性を認めました。国内でも労働安全衛生法を改正して局所排気装置、安全衛生教育、健康管理について規制を強化しています。1975年には、がん原生を考慮して、労働安全衛生法施行令を改正し、吹付作業の原則禁止、取扱い上の湿潤化、抑制濃度5,000本／L、規制対象石綿濃度5％等の措置をとりました。環境庁も一般大気環境中の濃度測定について検討し、1985年からは環境蓄積性が高いことから一般環境のモニタリングを開始しています。

1987年、学校施設での吹付石綿が社会問題になりました。1988年に作業環境評価基準を定め（2,000本／L)、1989年には大気汚染防止法を改正し、アスベスト製造工場の排出規制制度を導入（敷地境界10本／L）しました。一般環境では中皮腫のリスクは大変低いのではないかと考えられていましたが、工場には敷地境界で100本／Lを超えるようなところもあり、規制に踏み切りました。2005年の過去の対応の検証において、環境省は、排出規制が遅れたことについて、アスベストは工場からの排出は煙突からというものでもなく、これまでの規制方式になじまなかったこと、当時は予防的アプローチという考えが浸透しておらず規制するには知見が不足していたことなどを挙げています。

1995年1月に阪神淡路大震災がありました。多くの建物が崩壊し、解体作業によっ

点についてはアスベストによる被害がわかりにくいことも含め2008年改正で是正されています。

4　残された課題

現在アスベスト被害者（遺族も含め）による訴訟が多く行われています。アスベスト訴訟の特徴として、①潜伏期間が長いことから訴訟の相手方であるべき原因企業がなくなっていることが多く、国、県などの行政を訴えていること、②健康被害救済法による支給額と労災保険から支給される給付額の差が大きいこと

てアスベストの飛散が予想されました。事実、3か月後ぐらいからアスベスト濃度が高くなった地域もあります。アスベストの中で一般に使用されているものはクリソタイル（白石綿）ですが、それより毒性の強いアモサイト（茶石綿）、クロシドライト（青石綿）はこの年労働安全衛生法で製造などが禁止されました。1996年に大気汚染防止法を改正し、吹付石綿を使用する建物の解体作業への規制が始まります。

2005年12月にクボタショック後のアスベスト問題にかかる総合対策が取りまとめられます。①シームレスな健康被害の救済として、石綿健康被害救済法の制定、労災制度の周知徹底。②未然防止対策として、既存施設でのアスベスト除去（学校、病院、福祉施設などの吹付石綿の除去）、アスベストに関する規制強化。③国民の不安への対応として、健康相談などを実施すること、としました。2006年には救済法の制定と規制の強化ということで大気汚染防止法等の改正が行われました。①解体作業規制に建物以外の工作物も対象とすること、②学校等の除去作業を円滑に行うための地方債の特例を創設すること、③建築基準法関係で建物の増改築時にアスベストの除去の義務付けをすること、④廃棄物処理法関係で無害化施設の特例を創設すること、などです。

なお、2011年の東日本大震災でも多くの建物が損壊し、解体過程で石綿が飛散する事例がありました。また、2030年ごろに石綿使用の建物の解体のピークを迎えることが予想されています。建物解体時の飛散防止対策の強化が2013年改正で行われました。具体的には新たに解体作業の届け出義務者を発注者側とし、解体作業の責任の一部を発注者側にも負わせるような改正です。

から、さらなる救済を求めていること、③実際は労働曝露であるが建設事業の親方など労災保険に加入していない者の救済が不十分であることから訴えていること、などが挙げられます。

裁判例として、①については大阪アスベスト訴訟、大阪南部の泉南地域の製造工場の元労働者や近隣の住民などが提起した訴訟があります。第1陣の原告の訴えを棄却した大阪高裁判決を取り消した最高裁判決を受け、2014年12月に和解が成立しています。これは1971年までに石綿製造工場に局所排気装置の設置を義務づけなかったことが違法とされたものです。第2陣の訴えもありますが、国は同様な訴えについては和解手続きを進めることにしています。また、②と③については、下級審レベルの判決が分かれており、各地で集団訴訟が提起されています。今後の裁判の行方が注視されます。

【19】 アスベスト健康影響

アスベストによる健康影響の主なものです。①石綿肺：肺が繊維化してしまう病気。肺の繊維化を起こすものとしては石綿のほか、粉じん、薬品など多くの原因がありますが、石綿の曝露によっておきた肺繊維症を石綿肺と言います。職業上アスベスト粉じんを10年以上吸入した労働者に起こると言われます。潜伏期間は15～20年間。アスベスト曝露がなくなった後でも進行すると言われます。②肺がん：肺細胞に取り込まれた石綿繊維の主に物理的刺激により肺がんが発生。喫煙とも深い関係があります。アスベスト曝露から肺がん発症までに15～40年の潜伏期間。曝露量が多いほど肺がんの発生が多いことが知られています。治療法は外科治療、抗がん剤治療、放射線治療等があります。③悪性中皮腫：肺を取り囲む胸膜、肝臓や胃などの臓器を囲む腹膜、心臓を覆う心膜等の中皮から発生した悪性腫瘍。若い時期にアスベストを吸い込んだ方が悪性中皮腫になりやすいことが知られています。潜伏期間は20年から50年。中皮腫の発生部位としては胸膜が圧倒的に多く、次いで腹膜、心膜、精巣鞘膜にも発生の報告があります。治療法は外科治療、抗がん剤治療、放射線治療等があります。

第3章

環境法の理念と環境基本法

第１節　環境基本法の制定

1　環境法の体系

環境基本法が成立したのは1993年です。それまでの環境法の基本体系はどうなっていたでしょうか。歴史的な経緯を踏まえざるを得ませんが、公害問題への対処から出発した公害対策の法体系と国立公園から出発した自然保護の法体系との二つの体系に分かれていました。公害への対策としては、ばい煙規制法等からですが、基本理念を定める公害対策基本法の下、大気汚染防止法、水質汚濁防止法、騒音規制法等や農薬取締法、道路運送車両法、下水道法などがありました。一方、自然保護については、自然公園法が早い段階で制定されていましたが、基本的理念を定める自然環境保全法（総則）の下、自然環境保全法（各論部分）と自然公園法や鳥獣保護法がありました。さらに土地利用の観点からの自然保護ということでは国土利用計画法や森林法などです。こうして環境関係の法体系は

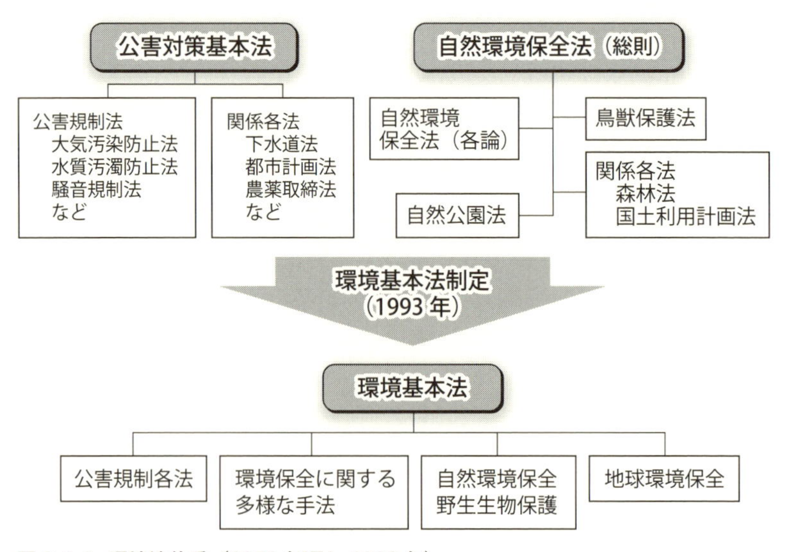

図 3-1-1　環境法体系（1970 年頃と 1993 年）

公害対策と自然保護の二つの体系で形成されていました。

高度成長時代に代表されるような公害、典型的には大規模工場からの汚染物質の排出により被害が発生する、そういうような形態ではそれまでの二分論でも問題はありませんでした。しかし、都市に人口が集中し、都市型の新しいタイプの環境問題、大量生産、大量消費、大量廃棄に代表され、一人ひとりが汚染物質の排出者でもあり、また公害の被害者でもあるような環境問題に対処するためには、問題対処型の法体系では十分ではなく、社会全体で環境に配慮する必要性が出てきました。

また、国際的な広がりも無視できません。これまでの公害問題における国際的問題としては、地域的に越境してくるような環境汚染にどう対応するか、国境を跨いで発生する環境汚染にどう対処するか、でした。しかしながら20世紀の末になり地球温暖化、生物多様性の破壊、熱帯林の喪失、海洋汚染など、地域的な国際問題ではなく、地球全体に影響を持ちうるようないわゆる地球環境問題が環境問題として浮上してきたのです。こうした問題へ対処するためには、環境問題を地球全体の問題と捉え、根本的な問題として解決を図らなければなりません。

国内的にも国際的にもこれまでの公害対策基本法と自然環境保全法の下にある体系というよりも、それをすべて包含するような法体系を創出することが必要になってきたのです（図3-1-1）。

2　国際的な動向

国際的な取り組みとしてこれまで地球環境全般にわたる取り組みがなかったわけではありません。レイチェル・カールソンの「沈黙の春」という本は化学物質に対する警鐘を世界的に鳴らしたことで有名です。

地球環境全般の問題への取り組みは、国連主催で1972年に開催されたストックホルム人間環境会議の開催が大きな端緒でした。越境してくる大気汚染に悩まされていたスウェーデン政府が提唱し、国連の場で各国が集まって地球環境の問題を議論しようというものです。「ローマクラブ」（スイスを中心として世界の経済人、教育者、科学者の集まり）が、人類の成長は以後100年以内に限界に到達するという「成長の限界」を1970年に発表して世界的に大きな反響を呼んでいましたが、このことも会議成功への後押しになりました。

ストックホルムの会議では「Only One Earth（かけがえのない地球）」という、地球には限界があるとする概念のもと、7つの宣言と26の原則が「人間環境宣言」として公表されました。同会議の開催日が6月5日であったことから、この日は「世界環境デイ」として、日本でも「環境の日」として現在でもさまざまな催し物が行われています。また、同年には国連環境計画（UNEP：United Nations Environment Programme）が設立され、国連システム内で環境政策などを専門的に扱う機関が誕生しました。

個別の課題への対応として、1970年代からさまざまな国際条約が採択されます。海洋汚染防止という観点から廃棄物の海洋投棄を規制するロンドン条約（1972年）、船舶からの有害物質の排出を規制するマルポール条約（1974年）、湿地の保存についてのラムサール条約（1971年）、希少種の保存についてのワシントン条約（1973年）、越境大気汚染防止についての長距離越境大気汚染防止条約（1979年）、オゾン層保護のためのウィーン条約（1985年）、有害廃棄物の輸出入を規制するバーゼル条約（1989年）などが採択されました。

環境問題にかかる国際条約はさまざまな問題の発覚ということがその制定の契機になっているようです。しかし、それぞれの国家のおかれた立ち位置、経済の状況により、意見調整に手間取ることが多くあります。そこで、条約レベルでは大枠を決めるにとどめ、具体的な基準等はその後の国際交渉で議定書という形で取りまとめられることが多くあります。オゾン層破壊物質の具体的な規制が、ウィーン条約ではなくモントリオール議定書（1987年）で定められていることなどです。

国連におけるストックホルムの会議から20年ということで1992年に国連環境開発会議（UNCED：United Nations Conference on Environment and Development、いわゆる地球サミット）が開催されました。ブラジルのリオデジャネイロに世界中から172か国の政府代表、国際機関、NGOが参加し、100か国を超える首脳が集まりました。この会議において「環境と開発に関するリオ宣言」(27原則) が採択されるとともに、森林の多様な機能の維持や持続的経営の強化を定める「森林原則」、リオ宣言の行動計画 (40項目) である「アジェンダ21」が採択されました。また、直前の会合で採択されていた気候変動枠組条約と生物多様性条約の署名が行われ(条約の採択はサミット直前の5月、発効はそれぞれ1994年と1993年)、砂漠化対処条約についての合意もされました (条約の採択は1994年)。

3　環境基本法

前述しましたように、環境法体系において、公害対策基本法と自然環境保全法の２本立てでは環境問題への対処としては不十分です。また、国際的な動向への対処、リオ原則の国内対策ということもありました。1991年の年末から当時の公害対策審議会と自然環境保全審議会で「地球化時代の環境政策のあり方について」議論され、「環境基本法制のあり方について」という答申が1992年10月に出されました。

答申では、環境問題の対象領域が広範に及び、その性質も変遷していることを踏まえ、①環境問題として捉える対象を拡大し、②それを総合的に捉え、③政策の手法としても従来からの規制的手法のみではなく多様な手法を採用し、④地球環境保全にも積極的に関わっていくことが求められました。1993年3月には環境基本法の政府案が閣議決定され国会に提出されました。「環境の日」の修正などを経て衆議院では可決されましたが、参議院では委員会での可決後国会が解散されたため、一度は廃案になります。しかし、環境基本法制の重要性にかんがみ、再提出後の国会で可決され (11月12日)、11月19日に公布施行されました。

一般的に基本法とは国政に重要なウエイトを占める分野について、国の制度、政策、対策に関する基本方針、原則、準則、大綱を示すものです。したがって、基本法の特質として「憲法と個別法を繋ぐもの」であり、通常国の制度、政策に関する理念、基本方針を示し、それに沿った措置を講ずべきことを定めています。

それゆえ訓示規定、プログラム規定でその大半が構成され、一般的に基本法の規定から直ちに国民の具体的な権利・義務が導出されることはなく、裁判規範としての機能もほとんどない、とされています。環境基本法の立案当時には基本法は13本しかありませんでしたが、その後においては「憲法と個別法を繋ぐ」というよりも、ある行政分野についての大きな方向性を示すという観点から活用されることが多いようです。現在では50本程度あります。特に議員立法になじみやすいという点もあるのかもしれません。

第２節　環境基本法による理念、原則

1　環境基本法の構造

環境基本法の構造を簡単に見ていきましょう。１条には目的規定があります。「環境の保全に関する施策を総合的かつ計画的に推進し」「現在および将来の国民の健康で文化的な生活の確保に寄与するとともに人類の福祉に貢献すること」とあります。「総合的」とありますので、環境保全施策はいろいろな施策を有機的な連携を図りながらそれぞれの主体によって行うことが求められ、また、「計画的」とありますので、将来を見据えて体系的に実施することが求められています。そして、「現在及び将来」ということで時間的な広がりを持った、将来世代を含めた国民を想定し、憲法25条を引用して人間の尊厳に適した生活の確保に寄与することが求められています。さらに、「人類の福祉」とあります。一般的には「国民」とするところですが、地球環境全体を視野に入れた文言を使っています。

具体的な内容ですが、3条から5条までに基本理念が書いてあります。環境保全についての基本的な理念、原則、考え方を示したものです。6条から9条まででそれぞれの主体の責務を明らかにしています。すべての主体が何等かの責務を負う必要があるということから、「国」の責務から書かれています。そして15条では環境基本計画の策定を政府に義務付けています。基本計画の名宛人は政府ですが、その中で自治体、事業者、国民等あらゆる主体の取り組みを促すこともでき、まさに総力をあげて環境保全を図ろうということです。16条は環境基準、17条は特定地域の公害防止で、これまでの公害対策基本法から引き継いだものです。19条以下の施策はこれまでのものに加え、時代の要請に沿った新しい施策、手法（環境影響評価、経済的手法など）が導入されています（図3-2-1)。

2　環境基本法にある理念・原則

3条から5条にある重要な概念を見てみましょう。3条です。一文が大変長く理解しにくいかもしれません。「環境の保全」をする場合の方向性が二つ述べられています。①「現在及び将来の世代の人間が健全で恵み豊かな環境の恵沢を享受する」ように、②「人類の存続の基盤である環境が将来にわたって維持される」ように、とあります。①は環境権に繋がるものですし、②は持続可能性への言及と捉えられます。そしてこれらを適切に行うにあたって「かんがみる」こととして、三つ挙げられています。①「環境を健全で恵み豊かなものとして維持することが人間の健康で文化的な生活に欠くことのできないものであること」、②「生態系が微妙な均衡を保つことによって成り立っており」、③「人類の存続の基盤である限りある環境が、人間の活動による環境への負荷によって損なわれるおそれが生じてきている」ことです。②は生態系のバランスを認識し、生物多様性の確保に繋がりますし、③は持続可能性の前提である環境の有限性への認識に関わるものです。

4条ですが、「環境の保全」をする場合に重んじる、「旨とする」事柄として二

「公害から環境へ」など環境の時代を告げる役割に成功
国の上位法の位置づけがほしいところ

理念・原則	・持続可能な発展、汚染者負担原則等の理念原則の提示に成功 ・環境権、予防原則、情報公開、協働原則については？
新しい政策の提案	・環境影響評価法、リサイクル諸法の制定に寄与 ・経済的措置については？ ・いわゆる「ソフトな手法」 （自主的取組、グリーン購入、環境教育、情報的取組等も一定程度発展） ・総合的施策選択についての考え方の提示は？
従来型の政策	・環境基準、環境基本計画（地域的には公害防止計画） ・その他（規制、施設整備、紛争処理、被害救済、原因者負担等）
地球環境問題	・地球環境の視野を開くのに大きな成果 ・人類益に貢献し国民益に寄与 ・地球共同体的な視点は？ ・グリーン経済、世代間シェアリングについての考え方は？

図 3-2-1　環境基本法の構造

つ述べています。①「健全で恵み豊かな環境を維持しつつ、環境への負荷の少ない健全な経済の発展を図りながら持続的に発展することができる社会が構築されること」、②「科学的知見の充実の下に環境の保全上の支障が未然に防がれること」です。①はまさに持続可能な発展を述べているところで、②は未然防止原則を述べているところですが、予防原則にも繋がる文言とも言えます。また、そのための前提、方法論とも言えましょうが、「環境の保全に関する行動がすべての者の公平な役割分担の下に自主的かつ積極的に行われるようになること」とされていますが、協働原則の議論に繋がる文言です。

5条は国際的協調による地球環境保全です。①「人類共通の課題」であり「国民の健康で文化的な生活を将来にわたって確保するうえでの課題」としたうえ、②「我が国の経済社会が国際的な密接な相互依存関係の中で営まれていること」にかんがみ、③「我が国の能力を生かして、及び国際社会において我が国の占める地位に応じて、国際的協調の下に積極的に推進」とあります。①において人類共通の課題であり国民の課題であるとして、地球全体の人類益と我が国の国民益は切り離せないものとして取り扱うことを述べています。

3 持続可能な発展

持続可能な発展又は開発という言葉が世界的に使われだしたのは、「環境と発展に関する世界委員会」、いわゆるブルントラント委員会【20】の報告書「Our Common Future（われら共通の未来）」（1987年）によります。この委員会では、国連の下21人の有識者により議論され、「将来世代が自らの欲求を充足する能力を損なうことなく、今日の世代の欲求を満たすような開発」という持続可能な発展の概念が打ち出されました。これは環境と開発を対立するものとして捉えるのではなく、環境保全に配慮した節度ある開発が必要であることを訴えたものです。

この概念は1992年地球サミットでも取り入れられます。リオ宣言【21】では、自然環境の許容の範囲内での利用（第7原則）、世代間の衡平（第3原則）、南北問題など世界的にみた衡平（第5原則）などにその考え方が取り入れられています。

そして、行動計画であるアジェンダ21も持続可能な開発を実現するための行動計画とうたっています。

環境基本法4条には、さらに進んで、環境と経済を相反するもの、対立するものとして捉えるのではなく、環境と経済を統合させ、いわゆる環境保全が進めば経済がよくなり、経済がよくなれば環境保全が進むという見方が示唆されています。その上で、持続的に発展することのできる社会の構築が必要であることを述べています。

持続可能な発展の概念に欠かせないのが環境容量という考え方です。これまでは、地球の環境に負荷を与えても自然の浄化能力により処理されてきました。しかし、人類の負荷が大きくなるにつれその容量を超え、不可逆な環境汚染が広がるようになったと言われています。環境への負荷を環境容量の範囲内に抑えれば環境汚染が広がらないという考え方です。自然資源の開発という面でも同じ議論があてはまります。

カナダのブリティッシュコロンビア大学で開発されたエコロジカルフットプリントという手法があります。これは人間活動により消費される資源量を一定の算式で評価する手法です。一人の人間が持続可能な生活をするのに必要なものを想定し、その生産に必要な土地の面積で表わします。例えば、道路や建物に使われる土地、食糧生産に使われる土地、紙・木材等の生産に使われる土地、化石燃料の消費によって排出される二酸化炭素を吸収する森林面積等です。2012年のWWF（世界自然保護基金：World Wide Fund for Nature）の試算では、日本人の生活を維持するには地球が2.3個必要とされています。

4　環境権

環境権とは、環境を破壊から守るためによりよい環境を享受し得る権利と考えられています。環境基本法3条にはその手がかりとなるような表現が使われています。

環境権は、裁判所の「受忍限度論」を克服することを意図として主張されたと言います。公害訴訟などで加害行為の差し止めが認められるには、一般に被害者側の受忍限度を超える侵害行為があることの証明が求められます。しかし、実際に受忍限度を超える侵害行為があるかどうかの証明は困難です。そこで、環境という対象を直接支配できる権利として環境権を観念し、この権利に基づいて汚染者に対し汚染の排除・予防を請求できるように、というものです。被害者側の受忍限度を考慮することなく請求できることになります。

しかし、環境汚染に対する差し止め請求という意味では、環境権を持ち出すまでもなく、いわゆる人格権、生命、身体、財産、名誉等への侵害行為に対する差し止め請求ということもできそうです。環境権という権利内容も明確ではなく、一方人格権に基づく請求で事実上解決可能であれば、環境権を私権として認める必要もないのでは、ということになります。環境権に基づく請求について裁判所はおおむね否定的です。

憲法学説としては、幸福追求権に関する憲法13条と生存権に関する憲法25条を根拠として、環境権はこれまで認められてきています。具体的な裁判では、憲法学説を根拠に主張されることも多くありますが、ここでも人格権の延長で解決が図られているようです。生態系への侵害ということになると、人格権から少し遠くなりますので、更なる検討が必要です。

最近の最高裁の裁判例（国立マンション訴訟、百選75）で、景観利益「良好な景観の恵沢を享受すべき利益」も法律上保護に値する利益であると判示されています。今後の判例動向を見守ることが必要です。

近年、環境権には立法・行政過程への参加権としての側面があることが注目されています。良好な環境を保全することを公益とし、その実現を求めるための権利が市民にはある、という考え方です。憲法学説で認められてきた考え方を超えるものがあり、そのためには市民参加の手続きの法制化が重要というものです。いわゆる環境教育法の改正が2011年に行われました。21条の2では、1項で「政策形成に民意を反映させるため、政策形成に関する情報を積極的に公表するとともに、国民、民間団体等その他に多様な主体の意見を求め、これを十分考慮したうえで政策形成を行う仕組みの整備及び活用を図る」とあり、2項で「国民、民間団体等は……国又は地方公共団体に対して、政策形成に関する提案をすることができる」とあります。環境教育についてではありますが、法律上認められたことは画期的なことです。今後の運用が注目されます。

ここでオーフス条約（Convention on Access to Information, Public Participation in Decision-making and Access to Environmental matters）に触れておきましょう。この条約は1998年に採択され2001年に発効しています。①情報へのアクセス、②政策決定過程への参加、③司法へのアクセスについて各国で法制化し環境分野における市民参加を保障しようというものです。リオ宣言の第10原則【22】の具体化とも言えます。具体的な内容は加盟国の立法に委ねられていますが、国連の欧州委員会で議論された経緯もあり、日本政府は条約参加に消極的なようです。

司法へのアクセスという点で、団体訴訟についての議論があります。一般的に裁判で被害者が加害者を訴えるには原告適格を有していなければなりませんが、その原告適格を例えば環境保護団体に認めるか、というものです。消費者契約法では消費者団体訴訟制度が認められています。事業者の不当な行為により誤認して契約した消費者については個別に取り消すこともできますが、これでは消費者全体の保護には手遅れになることもあります。そこで消費者にかわって消費者団体が事業者の不当な行為の差し止めを求めることができる、としたものです。環境保護を公益と考えるのであれば、事業者の不当な行為による環境破壊を事前に差し止めるため、環境に知見のある団体にそうした原告適格を認めてもいいのではないか、と考えられます。どのような団体に適格性を認めるか、また、どのような事案について認めるのか、解決すべき困難な問題がありますが、今後検討すべき課題でしょう。

5　予防原則

予防原則（Precautionary Principle）、予防的アプローチ（Precautionary Approach）とも言います。ストックホルムの人間環境宣言21にそのことをうかがわせる文言があり、リオ宣言第15原則で明らかにされています。「環境を保護するために、予防的方策は、各国により、その能力に応じて広く適用されなければならない」とし、「深刻な、あるいは不可逆な被害のおそれがある場合には、完全な科学的確実性の欠如が、環境悪化を防止するための費用対効果の大きい対策を延期する理由として使われてはならない」としています。

環境基本法では、4条で「科学的知見の充実の下に環境の保全の支障が未然に防がれることを旨」とされましたが、「予防」という文言が明記されませんでした。このことから、基本法の理念、原則として「未然防止」の考え方のみを取り入れ、「予防原則」は取り入れなかったのでは、という疑念がありました。しかし、多くの論者は環境基本法4条の持続可能な発展の条文や19条の国の環境配慮義務の条文に含まれる、少なくとも、予防原則の考え方は明記されていなくても排除されるものではない、としています。立法時においても、衆議院環境委員会の付帯決議では「科学的知見が完全でないことをもって、対策が遅れ環境に深刻なまたは不可逆な支障を及ぼさないよう、積極的に施策を講じること」とされましたし、国会の議論でも「リオ原則の「予防的な取組方法」の考え方を踏まえ、環境基本法4条は「未然防止」を規定している」としています。

2012年に策定された第4次環境基本計画においては「科学的証拠が欠如していることをもって対策を遅らせる理由とはせず、科学的知見の充実に努めながら、予防的な対策を講じるという「予防的な取組方策」の考え方に基づいて対策を講じていくべきである」とされています。

環境問題の中には、ひとたび問題が発生すれば、被害などにおいて重大な影響や長期にわたり深刻で不可逆な影響を及ぼすものがあります。そうした問題の発生を防ぐためには十分な科学的証拠を待つわけにはいきません。科学的な調査がない場合や調査してもわからない場合などです。そのような場合には「予防原則」の趣旨に沿った対策が必要となるのは自明のことでしょう。明文がなくても、総じて環境基本法の下での施策政策の立案には「予防原則」を採用すべきと理解されると考えられます。しかし、具体的に「予防原則」をどのように取り入れるか、という点については難しい問題もあります。例えば、そのような疑いがある場合には行為者に環境への影響のないことを証明させるというのも一つの方法でしょう。ただ、科学的にどの程度の兆候があるときにどの程度の強度の施策（規制等ですが）を講じるべきかについては、関係者の見方も様々で各方面の理解の得られる施策を策定するのはなかなか困難な作業となります。私たちの身の周りには科学的に解明されていない事象は大変多くあります。これらの環境に与える影響、環境リスクをどう評価してその対策を取っていくかはこれからの大きな課題と言えるでしょう。自然科学、社会科学の両面から整理しつつ、まずはそれぞれの個別の環境法に取り込み、将来的には体系的に環境基本法に明文を持って取り込むことが重要でしょう。

近年の個別の環境法に関して言えば、化学物質対策、地球温暖化対策、大気汚染防止対策にも予防原則の考え方が導入されてきています。2008年に成立した生物多様性基本法3条3項では科学的に解明されてない事象が多いこと、一度損なわれた生物多様性を再生することは困難であることから、生物多様性の保全等は予防的取組方法により対応することが基本原則として法律に明記されています。

6　汚染者負担原則

汚染者負担原則(Polluter Pays Principle)は1972年2月にOECD(経済協力開発機構、Organization for Economic Co-operation and Development）環境委員会がまとめた「環境政策の国際経済的側面に関するガイディング・プリンシプル」で報告され広く世界に浸透した原則です。大きく2点あります。①環境汚染といういわゆる「外部不経済」(第3節4〔p.121 ～〕参照）に伴う社会費用を財やサービスのコストに反映させて内部化し、希少な環境資源を効率的に配分する、②国際貿易投資において歪みを生じさせないため、公害防止費用について政府が補助金を出すことを禁止する、というものです。議論の始まりは、環境汚染の防除コストが外部不経済である限り環境汚染は止まらず、国際取引に歪みをもたらすという経済学的な指摘であり、リオ宣言の第16原則【23】にも取り上げられています。

しかし、この原則が導入されたころの日本は公害問題が大きな社会問題となっていました。激甚な公害事件への反省から、汚染原因者の責任を追及する社会的指導理念としての色彩を強く帯びるようになります。例えば、①民法709条の不法行為による損害賠償責任を認めさせる場合の理論づけや、②損害賠償のための費用のみならず、将来に向かっての汚染防止費用、さらには既に生じてしまった汚染の除去、環境回復費用までも汚染原因者に求める理論づけにも活用されました。

環境基本法では、8条1項の事業者の責務として「事業活動を行うにあっては……公害を防止し、又は自然環境を適正に保全するために必要な措置を講ずる」として、環境汚染を外部不経済に留めておくのではなく、事業活動への内部化を図っています。また、政策や施策手法の側面からは、22条2項において、ここは経済的措置の条項ですが、「負荷活動を行うものに対し適正かつ公平な経済的負担を課することによりその者が自らその負荷活動に係る環境への負荷の低減に努めることとなるように誘導すること」が一つの施策として述べられています。さらに、費用負担原理の側面からは、37条において公的事業実施主体による公害防止事業の費用を「事業の必要を生じさせた者に……負担させるために必要な措置を講ずる」とされています。これらの規定はいわば原因者負担制度を規定するプログラム規定と解されています。具体的に原因者に費用を負担させるには、公害防止事業費事業者負担法のような法的手当が別途必要になることは言うまでもありません。

7　拡大生産者責任

拡大生産者責任（Extended Producer Responsibility）とは、2001年にまとめられたOECDのガイダンスマニュアルによれば「物理的または金銭的に、製品に対する生産者の責任を製品のライフサイクルにおける消費者の段階まで拡大させるという、環境政策のアプローチ」とされています。ここでは費用の支払いなどの金銭的責任のみならず、リサイクルなどの物理的責任にまで及んでいます。汚染者負担原則は、環境汚染という外部不経済をコスト化し、汚染者の責任として負担させるものですが、拡大生産者責任は製品のライフサイクルを通じて生じるいわゆる外部不経済をコスト化し、製品の生産者にその責任を負わせるものと言えましょう。製品の生産者という限定はありながらも、直接の汚染者ではなくその上流まで遡って責任を問うもので、汚染者負担原則の拡大版とも言えます。製品の生産者であれば、その製品を廃棄するとき又はリサイクルするときの環境負荷を、例えば設計段階の工夫によって最小化できるからです。

環境基本法の前身の公害対策基本法3条にその萌芽があります。「事業者は……その製造、加工等に係る製品が使用されることによる公害の発生の防止に資するように努めなければならない」とされていました。環境基本法では「使用」のみならず「廃棄」も加え、8条3項では「事業者は……製品その他の物が使用され又は廃棄されることによる環境への負荷の低減に資するように」とされました。この規定に加え、2項では「その事業活動に係る製品その他の物が廃棄物となった場合にその適正な処理が図られることとなるように必要な措置を講ずる」と規定し、廃棄物の適正処理に配慮するような責務を述べています。その上で、3項では「その事業活動において、再生資源その他の環境への負荷の低減に資する原材料、役務等を利用するように努めなければならない」とリサイクルに関する責務を述べ、事業活動のあらゆる段階での環境配慮が定められています。これに対応する政府側の措置としては、24条にグリーン購入に関する規程が掲げられています。

2000年をリサイクル元年と言いますが、この年に各種のリサイクル法が制定されたのに加え、循環型社会形成推進基本法が制定されています。立案者はこの法律により初めて拡大生産者責任が明記されたとしています。

具体的に見ていきましょう。まず、上流における製品についてです。事業者の責務です。11条2項で、①廃棄抑制のための容器等の耐久性の向上と②循環的利用の容易化等のための製品等の設計の工夫・材質の成分表示などが規定され、その上で、国の施策として後押しする規定、20条1項が設けられています。さらに、11条3項で、③使用済み製品等の回収ルートの整備と④循環的な利用の実施が規定され、同様に、国の施策として後押しする規定、18条3項があります。また、⑤循環的利用等のための製品情報の提供についての規定、20条2項もあります。

事業者に回収や循環的利用の責任を負わせる対象についてです。18条3項には、①循環資源の処分の技術上の困難性・循環的な利用の可能性等を勘案し、②関係者の適切な役割分担の下に、③製品等に係る設計や原材料の選択、製品等の収集等の観点から、その事業者に果たすべき役割が重要であると認められるもの、と規定されています。各種のリサイクル立法などへいわば橋渡しの役割を果たしていると言えるでしょう。

特に11条3項では、国、地方公共団体、事業者、国民の役割分担が必要であるとしています。廃棄物処理法の下で一般廃棄物処理責任が市町村にあることを前提にしながらも、処理やリサイクルに関する市町村の責任を再配分する趣旨です。環境基本法で図られた事業者責任の拡充を、循環型社会形成推進基本法で日本型の拡大生産者責任にまで高めたものと評価できるでしょう。しかし、本法では費用負担には直接触れていません。本来なら処理やリサイクル費用も製品の価格に内部化すべきものですが、そこは個別のリサイクル立法に委ねるということでしょう。個別のリサイクル立法では、さまざまな対応が図られています。

なお、第4次環境基本計画では、「製品の生産者が物理的、財政的に製品のライフサイクルにおける使用後の段階まで一定の責任を果たすという、「拡大生産者責任」の考え方や、製品等の設計や製法に工夫を加え、汚染物質や廃棄物をそもそもできる限り排出しないようにしていく、という「源流対策の原則」なども活用していくことが重要」としています。

8　協働原則、参加と情報公開

協働原則とは、環境問題の解決にはあらゆる主体の適切な役割分担と協力が不可欠で、さまざまな社会勢力が環境政策の形成に早い段階から参加できるようにする必要があるということです。環境基本法では明示の原則としては必ずしも取り上げていませんが、4条において、持続可能な社会の構築のためには「すべての者の公平な役割分担の下に自主的かつ積極的に行われるようになること」が必要とし、すべての主体の努力の結集が重要との趣旨の下、いわば、協働原則の動機づけとも言える表現が盛り込まれています。

あらゆる主体の適切な役割分担ということになれば、参加と情報公開の問題とも関係してきます。近年の複雑な環境問題への解決のためには関係者の積極的な参加が必要です。特に環境情報への適切なアクセスは重要です。リオ宣言の第10原則では「環境問題はそれぞれのレベルで関心のあるすべての市民が参加することにより最も適切に扱われる」とされ、そのため「国内レベルでは、各個人が、……環境関連情報を適切に入手し、……意思決定過程に参加する機会を有しなくてはならない」とされています。環境基本法では、26条で各主体の自発的な取り組みを、27条で自発的な取り組みのための情報提供を規定していますが、これらは政府の講じる施策の側からの規定に留まっており、国民の側、市民の側からの、例えば権利関係とか手続き的に保障するような規定にはなっていません。法律的な参加と情報公開という点は、行政手続法39条の意見公募手続き（パブリックコメント）や情報公開法による一般的手続きによるということになります。しかし、環境という公益は所与のものというよりも様々な主体によるコミュニケーションによって形成されることもあります。こうした参加や情報公開を手続き的に保障することについて、環境権の理論も踏まえ、さらに議論されることが望まれます。なお、最近の行政実務においては、化学物質関係についてリスクコミュニケーションの重要性が説かれたり、また、重要な国際会議に専門のNGOの参加を求めたりすることが多く見られます。

【20】 ブルントラント委員会

後にノルウェーの首相を務めたブルントラント女史が委員長であったことからこう呼ばれています。

【21】 リオ宣言

リオ宣言の第3、第5、第7の原則は次の通りです。

第3原則「開発の権利は、現在および将来の世代の開発及び環境上の必要性を公平に充たすことができるよう行使されなければならない」。

第5原則「すべての国及びすべての国民は、生活水準の格差を減少し、世界の大部分の人々の必要性をより良く充たすため、持続可能な開発に必要不可欠なものとして、貧困の撲滅という重要な課題において協力しなければならない」。

第7原則「各国は、地球の生態系の健全性及び完全性を、保全、保護及び修復するグローバル・パートナーシップの精神に則り、協力しなければならない。地球環境の悪化への異なった寄与という観点から、各国は共通のしかし差異のある責任を有する。先進諸国は、彼等の社会が地球環境へかけている圧力及び彼等の支配している技術及び財源の観点から、持続可能な開発の国際的な追及において有している義務を認識する」。

【22】 リオ宣言第10原則

「環境問題は、それぞれのレベルで、関心のあるすべての市民が参加することにより最も適切に扱われる。国内レベルでは、各個人が、有害物質や地域社会における活動の情報を含め、公共機関が有している環境関連情報を適切に入手し、そして、意思決定過程に参加する機会を有しなくてはならない。各国は、情報を広く行き渡らせることにより、国民の啓発と参加を促進しかつ奨励しなくてはならない。賠償、救済を含む司法及び行政手続きへの効果的なアクセスが与えられなければならない」。

【23】 リオ宣言第16原則

「国の機関は、汚染者が原則として汚染による費用を負担するとの方策を考慮しつつ、また、公益に適切に配慮し、国際的な貿易及び投資を歪めることなく、環境費用の内部化と経済的手段の使用の促進に努めるべきである」。

第3節　環境基本法の新しい政策手段

1　環境影響評価

環境基本法では環境保全のためにさまざまな施策のための条文が用意されています。

まず、20条です。環境影響評価（アセスメント）という手法です。アメリカの国家環境政策法（National Environmental Policy Act of 1969）に始まるとされ、その後先進国に広がり、日本でもその必要性が説かれるようになりました。1972年には「各種公共事業に係る環境保全対策について」が閣議了解され、公共事業においてはあらかじめ必要に応じ環境に及ぼす影響等を調査検討するよう求められました。1973年には港湾法、公有水面埋立法、工場立地法等の改正で行政決定への事前評価がもりこまれ、事業所管省庁においては、1977年から78年にかけ、当時の通商産業省が「発電所アセスについて」、建設省が「所管事業アセスについて」、運輸省が「整備新幹線アセスについて」と決定または通達を発出しています。しかし、どれも住民手続がないなど制度的には不完全でしたので、省庁横断的・統一的な制度の構築が望まれていました。

既に自治体レベルでは、1976年の川崎市環境影響評価に関する条例をはじめ、多くの自治体が条例、要綱を定めて実質的な環境影響評価に踏み出していました。国においても、法制化の検討が1975年ごろから進められました。しかし、環境影響評価により用地買収が困難になるのではないか、差し止め等の訴訟が頻繁に起こって事業が遅延するのではないか、公衆参加といっても政治的に利用されないか、明確な評価の基準があるのか、などなど各界の懸念、反対が噴出していました。担当していた環境庁では、なんとか成案を得たいと各界と勢力的に議論をし、1981年にようやく成案を取りまとめ、国会に提案しました。しかし、当時、与党でも法律の成立に消極的であり、野党は内容的に不十分で開発の免罪符になるのではないか、ということで反対し、結局1984年に衆議院の解散により審議未了・廃案になってしまいました。法案作成の関係者は言うに言われぬ努力をしてきただけに大変悔しい思いをしたということです。

法案が廃案になったことを受け、政府では「環境影響評価の実施について」という閣議決定をし、この決定により一定の事業について環境影響評価を行うことになりました。とりあえず実績を積み重ねて行こうということです。

環境基本法作成時にも、様々な経緯を有する環境影響評価の取り扱いは大きな争点となりました。20条では「事業を行う事業者が、……あらかじめその事業に係る環境への影響について自ら適正に調査、予測、評価」として、アセスの主体は事業者であることを明確にしました。そして、法制化については「国は……必要な措置を講ずる」という表現に留められましたが、法案審議においてこの「必要な措置」には「法的措置」も含まれるとしました。各地の自治体で条例化が進んでいたこともあり、いよいよ法制化の議論が始まることになります。環境基本法が法律上の具体的な施策の進展を促す役割を果たしたという意味で象徴的な事例と言えましょう。

環境影響評価法は1997年に制定されます。先進国の中で最後の制定であったと言います。当時既に世界では50か国以上の国で法律が制定されていましたので、環境影響評価という点では世界水準に後れをとったことは否めません。

2　経済的措置の導入

次に22条の経済的措置です。1項で「経済的助成」を、2項で「経済的負担」について規定しています。経済的助成はもともと脱硫装置とか脱硝装置等の公害防止設備への補助金等による助成のことでしたが、近年では、経済対策の一環としても有効であったエコポイントによる環境配慮製品の普及やエコカーへの税制優遇等に見られます。

経済的負担は、いわゆる環境税やリサイクル費用の負担に現れます。1989年に成立した土地基本法では、当時議論のあった地価税を意識してか、直接的に「その価値の増加に伴う利益に応じて適切な負担が求められる」とされています。環境基本法でも当時議論のあった環境税を意識しているように見受けられます。経済的措置には、排出権取引のような仕組みも考えられるところですが、その性格付けや方向付けに本条は必ずしも寄与していません。

立案段階で環境税が想定されていたため、環境税導入に向けての積極派は速やかに実現できるような表現を求め、消極派はその施策を実施するための条件程度に止めたいという思惑がありました。両者のせめぎ合いの中で条文自体は大変読みにくいものとなっています。土地基本法のような直接的な表現にはなっていません。条文では、まず経済的措置の定義的な規定として、「負荷活動を行う者に対し適正かつ公平な経済的負担を課すことによりその者が自らその負荷活動に係る環境への負荷の低減に努めることとなるように誘導することを目的とする施策」とされました。そして、その施策が「多面の有効性を期待され、国際的にも推奨されている」ことにかんがみて、国は、①「措置を講じた場合における……効果……影響等を適切に調査及び研究する」こと、②「講ずる必要がある場合に……国民の理解と協力を得るように努める」ものとされました。そして、国は③「その措置が地球環境保全のための施策に係るものであるときには、……国際的な連携に配慮する」ものともされました。

条文の構成はわかりにくくなりましたが、経済的措置ということでいわゆる経済的手法について一応の位置づけを確保したことにはなります。2012年度の税制改正では「地球温暖化対策を推進する観点からの石油石炭税の税率の特例」制度ができましたし、「再生可能エネルギーの固定価格買い取り制度（Feed-in Tariff）」も2012年7月から実施されています。

3　規制的措置と経済的措置

環境基本法21条では公害対策基本法を受け継ぎ従来型の規制的措置について規定しています。「大気の汚染、水質の汚濁……の原因となる物質の排出……に関し、……必要な規制の措置」を講じなければならないとしています。環境基本計画では規制的措置を直接規制と枠組規制に分けています。枠組規制とは、目

削減費用の経済学的説明

下の図の横軸は汚染物の排出量、縦軸は排出量を減らすための費用とします。一単位減らすための対策費用、限界対策費用が右下がりの線で表わされています。右から左へ排出量を減らすのにどれだけ費用がかかるか、というものです。一単位減らすのに排出量が大きいときは少ない対策費用で済みますが、排出量が小さくなるとより多くの対策費用をかけなければならないことを示しています。

効率的な企業Aと非効率的な企業Bがあるとします。何もなければ排出量は、企業Aではb、企業Bではaのところです。これを規制によりhとgのところまで排出量を減らすとします。企業規制による排出削減費用は、企業Aではj－h－b、企業Bではi－g－aです。同じ排出量になるように（dh＝gc）税率Tで課税したとします。対策費用は企業Aではf－d－b、企業Bではe－c－aです。税をかけた場合の方が企業Aではf－d－h－j分費用がかさみますが、企業Bではi－g－c－e分費用が節約できます。二つの企業を合わせた社会全体では節約分の方が大きいので課税による対策の方が効率的ということがわかります。

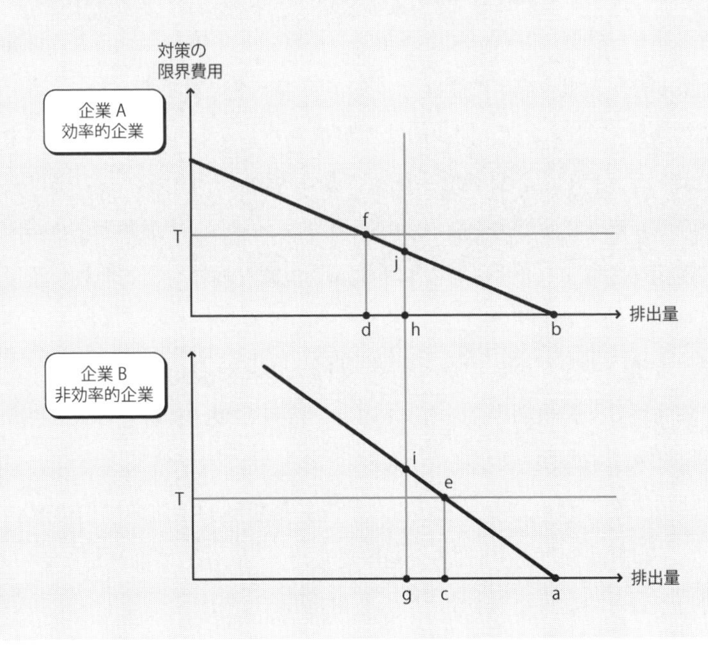

標を示してその達成を義務付ける、一定の手順などを義務づけることで目標を達成しようとするものです。一般的には汚染物質の汚染度、因果関係が明らかでないため、直接規制に至らないものについて用いられます。

大気汚染防止法の有害大気汚染物質対策は予防原則による枠組規制と説明されることが多いようです。これは多くの有害大気汚染物質をリストアップして、科学的知見の充実にしたがい、環境基準設定レベルのもの、指針値設定レベルのもの、その他レベルのものに分け、対策を取ろうとするものです。環境基準設定レベルのものにはジクロロメタンを除き排出の抑制基準がありますが、行政側の措置は勧告に留まっています。

従来型の施策は、規制的措置、環境基本計画では規制的手法と言っていますが、規制的手法にはいくつかの課題があるとされています。①削減費用、②削減への継続的インセンティブ、③監視体制です。①汚染物質の削減コストは個別の企業ごとに様々です。効率的に削減できる企業もあれば一単位の削減に大きな経費のかかる企業もあります。規制的手法では基本的に一律規制ですので、こうした個別の企業の事情は無視され、社会的費用が浪費されるとされます。②汚染削減へのインセンティブです。規制的手法では規制基準まで汚染物質の排出を抑えればいいので、そうした努力を継続的に行うインセンティブが働きません。汚染削減の技術開発も進まないことになります。③規制を順守させるための監視体制です。規制基準以下の排出量であるかどうかの監視をだれがするのか、公的機関のみでは多額の費用がかかってとても手がまわりません。

一方、経済的措置、経済的手法とも言います。まず、環境負荷を与えるようなすべての行為は外部不経済を生み出していると考えます。したがって、その対価は原則として支払わなければなりません。前述した規制的手法の課題の解決に役立ちます。①の削減費用ですが、各企業は削減コストに応じて削減しますので、社会的費用の浪費は少なくなります。②の継続的なインセンティブも、削減すればするほど汚染の対価を減らすことができますので、継続的に削減しようということになります。③の監視費用も個別企業の排出量を監視する必要はありません。

いいこと尽くめのようですが、経済的手法にも課題はあります。根本的な課題ですが、どの程度の外部不経済が発生しているのかわからないことです。それぞれ一長一短があるということでしょう。

経済的手法の代表例、①補助金、②賦課金、③排出枠取引についてここで整理しておきましょう。①補助金は一般に公害防止用設備の導入促進など短期的対策に有効です。しかし汚染者に補助するということから、汚染者負担の原則に反するのではないか、とか、産業界全体で見るとそれぞれ公害防止用設備を整備したとしても排出量が増えてしまうのではないか、と言われています。②一方、賦課金は地域の公害への短期的、緊急的対策には向かないと言われていますが、長期的には企業にとって対策の予測可能性も高く、更なる対策など自主的な取り組みを促す効果があります。しかし、排出量全体、総量を削減するには限界があるとも言われています。③排出枠取引も同様に長期的対策に有効とされているうえ、総量を一定程度に抑えるにも効果があると言われています。ただ、取り引きのための取り引きにならないような管理システムが必要で、そのための継続的なモニタリング、検証が必要です。

4　経済的手法の経済学的位置づけ

ア　外部不経済

簡単に外部不経済について整理してみます。市場では、ある財を売りたい人と買いたい人が価格についてのお互いの合意によって売買が成立しますが、経済学で言う外部性とは、ある活動が市場を経由しないで取引者以外の第三者に影響を及ぼすことを言います。第三者に利益になるような影響、例えば養蜂業者のミツバチが果樹園の受粉を手伝うような影響を外部経済と言います。養蜂業者が果樹園の経営者から頼まれて受粉を手伝っている訳ではありません。第三者に不利益を与えるような影響、例えば工場の排煙で洗濯物が汚れるような影響を外部不経済と言います。

下記の図は経済学の教科書によく出てくるグラフです（図3-3-1）。ある財の供給量が価格によって決定されることを示したものです。S線が供給線。限界費用逓増で右上がりです。供給量を一単位増やそうとすればそれに係る費用は逓増するという考えです。一反あたりの米の収穫量を増やそうとして肥料を大量にまいても肥料を増やしたほどには収穫できないということです。それに対してD線は需要線。限界効用逓減で右下がりです。需要量を増やしてもそれに見合うように効用は増えないという考えです。ごはんを二杯三杯食べたとき、空腹のときの一杯目ほどおいしく感じられないということです。その交わるところで価格が決定され供給量も決まります。D線とS線の交点をQとします。三角形a1－a3－Qを見てください。D線と価格の間は消費者側にとって自分の欲する価格より実際の価格が安い範囲ですので、三角形a1－P－Qは消費者にとっての効用の余剰となっています。これを消費者余剰と言います。一方、同様に生産者にとっての余剰は三角形a3－P－Qです。合計が社会にとっての余剰ということになります。

では外部費用、環境への悪影響を含めた供給線をS′線としましょう。外部費

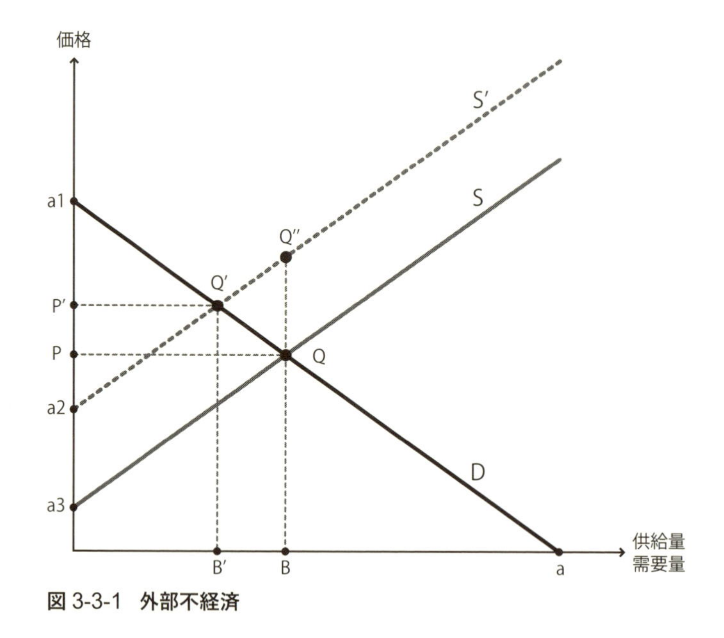

図 3-3-1　外部不経済

用を含めますので同じ供給線でも外部費用のない場合に比べ費用が高くなります。供給線が上にシフトするということです。需要線D線とS′線の交点をQ′とします。本来なら価格P′で決定し、供給量はB′で社会的余剰は三角形a1－Q′－a2になるはずですが、外部費用は市場では評価されませんから、価格はもとに戻ってPで決まり供給量はBです。本来の供給量B′より多く生産され、過剰供給されることになります。見かけの生産者余剰と消費者余剰は先ほどのグラフと同じです。しかし生産に伴う外部費用が発生します。a2－a3－Q－Q″（BとS′の交点をQ″とします）の部分です。社会的余剰a1－a3－Qから外部費用a2－a3－Q－Q″の部分を控除しなければなりません。価格P′供給量B′の場合に比べ、Q′－Q″－Qが社会的損失となります（経済学的説明は倉阪秀史『エコロジカルな経済学』〔ちくま新書〕参照）。

イ　ピグー課税等のいわゆる環境税

外部不経済である社会的費用は、私的費用と違って市場で財を取り引きしている当事者にはなかなか見えません。単位生産量あたりの私的費用は当然市場で評価されますが、社会的費用は考慮されません。市場での取り引きに委ねていたのでは過大な生産・消費が促されることになります。そこで、その社会的費用と私的費用のかい離を公的な手段、何等かの政策によって埋められないか、と考えられたのがいわゆるピグー課税、イギリス経済学者ピグーが考案した課税です。外部不経済の費用に相当する税額を単位生産量に賦課して税込の市場価格を引き上げて生産量を最適にするという政策です。先ほどのグラフで言えば、供給線をS線ではなく、目に見える形でS′線にするというものです。

しかし、ピグー課税の実行には外部費用を数量的に把握し、適切な税率を決定しなければなりません。これは大変困難な作業です。そこで、当面は恣意的でも受け入れられそうな環境目標をたてて、税率を決定し、当初の課税水準で目標が達成されない場合は改めて税率を引き上げるという方法も考えられます。ボーモルとオーツという経済学者による提案としてボーモル・オーツ税とも言います。

なお、こうした課税を外部不経済の内部化と捉えるのではなく、税制全体の中での公正課税という指導原理として、応益課税や応能課税【24】と並ぶ第三の指導原理と捉える考え方もあります。つまり、空気や水などの環境の価値である社会的共通資本から生み出されるサービスは原則として無料かきわめて低廉な価格で供給されるため、一般的に多くの人が消費しようとし、いわゆる混雑現象がおきます。社会的共通資本から生み出されるサービスを社会に効率的に配分するには、混雑現象に対して何等かの料金が課されなければならないとするものです。

5　地球温暖化対策のための税と環境税

ア　地球温暖化対策のための税

我が国で環境税といっても税法上そういう名前の税金があるわけではありません。しかし、さまざまな政策目的を持った税の中で環境保全に資することを目的とする税制は多くあります。地球温暖化対策のための税、自動車の車体課税、再生可能エネルギー関係の特例、公害防止用設備に関する特例、地方税の産業廃棄物税や森林環境税などです。

はじめに地球温暖化対策のための税についてです。もともとは「環境税」という名称で議論されていました。地球温暖化対策の一環として石油を中心とする化石燃料に対して課税しようという発想です。1990年代のはじめごろから、フィンランドやスウェーデンなど北欧を中心に炭素税あるいは二酸化炭素税として導入されました。1992年に気候変動枠組条約が採択されますとオランダ、ドイツ、英国などでも導入されます。既存の鉱油税などを引き上げたり、気候変動税やエネルギー税などを新たに導入したりしました。2003年には「エネルギー製品と電力に対する課税に関するEU指令」も公布されています。課税方式などは各国まちまちです。税収を一般財源としたり、または社会保障費に充当したりしている例もあるように、単にピグー課税としての導入という意味のみならず、付加価値税率の高い北欧をはじめとする国々では財源確保の一環であったことも否めません。

そういう世界的な動きを背景に、日本でもいわゆる環境税としての炭素税が二酸化炭素の排出を抑える働きを持つ税として注目されはじめていました。環境省がはじめて環境税の具体案を示して世に問うたのが2004年です。当時、二酸化炭素を中心とする温室効果ガスの排出量が伸びていて（8%増)、このままではとても京都議定書で約束した基準年比6%削減が達成されないという危機感もありました。課税の仕組みです。揮発油、軽油、灯油、LPGは石油精製会社に課税し、石炭、重油、ガス、電気などは消費時点で課税することとし、税率は2,400円/炭素トン、一世帯当たり年間3,000円、月額250円、コーヒー一杯分です。税収は4,900億円で、その使途は温暖化対策に3,400億円、社会保障料の軽減などに1,500億円です。地方公共団体へ環境譲与税として配分する仕組みも設けていました。

環境保全に資する効果として3つの効果があるとされています。①ピグー課税的効果、価格効果とも言います。いわゆる外部不経済の内部化により環境汚染の排出を抑制しようというものです。当時の提案では温室効果ガスを４％削減させる効果があると計算されていました。②アナウンスメント効果、政策変更の事前のアナウンスによりそれぞれの主体の行動に変化を生じさせようとする効果のことです。課税するという行為自体が環境汚染を抑制させるというシグナリング効果も含まれます。③財源調達機能としての効果、短期的には税収を環境汚染防止の対策費用に充て、長期的には税収を技術開発に充てて技術革新を呼び起こし、排出削減に繋げるという効果のことです。

しかし、この提案は産業界からの反発もあり、温暖化対策の他の政策手段との関係が必ずしも明確ではない、ということで実現するに至らず、今後の検討とされました。この提案はその後支持者を増やすという意味もあり、税収の使途に二酸化炭素の吸収源である森林整備を入れたり、また、国際競争力確保のための配慮を加えたりしましたが、なかなか実現しませんでした。

2009年の総選挙で民主党政権が誕生しました。流行語年間大賞に「政権交代」という言葉が選ばれるほど期待される政権の誕生でした。これまでの「環境税」

という名称もより直接的に「地球温暖化対策税」とし、税収額2兆円規模、揮発油税の暫定税率による上乗せ分（2008年度までは道路財源）を廃止し、実質税収増は6,500億円程度の税です。新しい政権の下での実現に期待がよせられました。しかし、産業界からの巻き返しも激しく、2010年には実現せず、2011年にやっと成案が得られました。調整が難航したため揮発油税には手を加えず、規模も2,600億円程度と大幅に縮小しました。具体的には、新しい税金を創設するのではなく、既にある石油石炭税に一律に289円/CO_2トンを上乗せするものです。環境派の団体からは「環境税」と呼べるものではないとの批判もありました。2008年のリーマンショック後の日本経済の動向の中で、温室効果ガスの排出量も大幅に減っていて、それほど強いピグー課税をしなくても京都議定書の目標は達成できるのでは、と考えられた面もあります。税金の名称は石油石炭税ですが、一応「地球温暖化対策のための税」と名付けられました。税収は石油石炭税の特別会計の収入になります。再生可能エネルギーや省エネ対策に使用されることとなり、ピグー課税というよりも温暖化対策のための財源確保という面が色濃く出ているようです。

イ　その他のいわゆる環境税

はじめに自動車の車体課税についてです。日本の自動車の車体への課税は国税である①自動車重量税、地方税の②自動車取得税、③自動車税、④軽自動車税があります。もともとの性格を言えば、自動車税は移動する資産に対する課税で固定資産税的な性格を持つものであり、税制の成立当初から税収は一般財源として扱われています。また、軽自動車税は自転車が高級品だったころの自転車荷車税がそのルーツで、これも一般財源です。一方、自動車重量税と自動車取得税は、道路の維持管理等に多額の費用がかかることから原因者負担、受益者負担の観点を踏まえ2008年度まで道路財源に充当することとされていました。特に自動車重量税はその一部を公害健康被害補償財源の自動車寄与分に充当されています。

2013年度税制改正から消費税率の引き上げが政府全体の中では大きな議論を呼んでいます。自動車取得時の消費税も上がることから、自動車の車体にかかるさまざまな税についての見直しが行われています。その一環として、環境にやさしい自動車、排ガスが少なくCO_2対策として燃費のいい自動車についてさまざまな特例が講じられています。①自動車重量税については環境性能基準を満たしているものには暫定税率による上乗せを廃止し本則税率とするとともに、さらに環境性能のいい車については免税から50%軽減までのいわゆるエコカー減税を実施しています。②自動車取得税については環境性能のいい車の負担を軽減するとともに、消費税を10%引き上げるときには廃止することとされています。③自動車税については、排ガスや燃費等の環境性能に応じて、税収中立を前提に環境負荷の小さい車の税を軽くし（軽課)、負荷の大きい車の税を重くする（重課）いわゆるグリーン化特例が行われています。これは2001年の改正で導入されたものですが、ともすればそれまでの環境税が環境にやさしいものに軽減するのみの傾向がありましたので、重課の部分は画期的な環境税の創設とも言えます。外部不経済の内部化という意味では重課の部分はピグー課税的と言えますが、軽課の部分は補助金と同じようないわゆる政策的な誘導税制と評価できます。④軽自動車税については、当初導入されたころと違い自動車税対象の車と遜色のない軽自動車が発売されています。税率差も大きいこともあって2014年度税制改正において税負担を引き上げることとし、その一方で自動車税と類似のグリーン化特例を入れています。

その他の環境税として、租税特別措置による税制があります。バイオ由来の燃料を混合したガソリンの税金を軽減する、再生可能エネルギー発電設備や公害防止用設備に係る税金を軽減するなど、環境にやさしくなるように誘導するために補助金を出すような考え方です。

また、地方の環境税として、産業廃棄物税等と呼ばれるものがあり、産業廃棄物の最終処分場への搬入に課税しています。多くは都道府県の目的税として導入されていて産業廃棄物行政に係る費用に充当されています(27の自治体で課税)。

また、森林環境税という名称で県民税の超過課税をするところも増えてきています（35県で実施）。水源地の森林環境保全に資するということですが、こちらは普通税としています。なお、2000年の分権一括法の改正前は、法定外の税目は普通税、一般財源とされていましたが、現在では目的税もあります。また、環境税という性格を与えるのがいいのかどうかわかりませんが、原子力発電所等の所在県では様々な課税方式で核燃料税等を徴収し、周辺地域の安全対策などにその税収を活用しています。

6　いわゆる「ソフトな手法」の活用

ア　グリーン購入

環境基本法では従来のような規制的手法では限界があると考え、経済的手法をはじめ様々な手法を取り入れています。①環境保全に努めている団体を認定する、②民間に義務付けることはしないが、国や独立行政法人等が率先して実行することでそういった活動を推奨する、というような方法です。これらは法律で細部まで決めて行わせるという性質のものではありません。「ソフトな手法」とも呼ばれています。

はじめに環境基本法24条、環境物品の利用の促進といういわゆるグリーン購入の規定です。2000年がリサイクル元年と言われますが、この年にリサイクル関係の法律とともにグリーン購入法（国等による環境物品等の調達の推進等に関する法律）が成立しています。国や独立行政法人に対して環境に配慮された物品等の購入を促すものですが、環境物品の判断基準等を通じて民間の物品の調達や製造等に大きな影響を与えました。環境物品であるかどうか明らかにするという取り組みも盛んになり、物品についての情報提供ということで、環境ラベリング活動も盛んになりました。これまでの環境政策の中心であった規制的手法に代わる方法で環境配慮の浸透に成功した事例でしょう。

また、2007年にはグリーン契約法（国等における温室効果ガス等の排出の削減に配慮した契約の推進に関する法律）が成立しています。これは国等の会計法が一般競争入札を前提にしていることを踏まえ、契約を結ぶにあたり価格のみが重視されがちであることへの問題意識から生まれたものです。国や独立行政法人に対して契約を結ぶにあたっては環境配慮をするように促すもので、電気の受給契約、自動車等の購入契約、ESCO（Energy Service Company）事業契約、建築物に関する契約等が基本方針として定められています。

イ　環境教育

環境基本法25条は環境教育、学習に関する規定です。2003年に成立したいわゆる環境教育法（当初の法律は「環境保全のための意欲の増進及び環境教育の推進に関する法律」でしたが、2011年改正で「環境教育等による環境保全の取り組みの促進に関する法律」と改称されています）による取り組みが行われています。環境教育活動を行う人材認定事業の登録や拠点の整備等で民間活動の促進を図っています。2011年改正では民間団体の環境行政への参加、協働取組の推進を図る規定も盛り込まれています。

ウ　自主的取組手法、情報的手法、手続き的手法

環境基本法26条は民間団体等の自発的な活動を促進するための規定で、27条は国の情報提供に関する規定です。第4次環境基本計画では、これらの新しい手法について「規制的手法」や「経済的手法」以外に、ⅰ）自主的取組手法、ⅱ）情報的手法、ⅲ）手続き的手法の3つの手法を提示しています。

ⅰ）自主的取組手法

自主的ということから政策とは言えないとの考えもありますが、環境基本計画に従い環境政策の新しい手法の一つとして扱います。これは事業者等が自らの行動に一定の努力目標を設けて対策を実施することで政策目標を達成しようとする手法と言われています。事業者の創意工夫を生かしながら迅速柔軟に対処する場合に効果が発揮されるとしています。努力目標が公表されれば、一種の社会的公約になり、政府などの点検があれば、さらに効果が発揮されます。

努力目標の設定方法ですが、大きく3つあります。①交渉協定。政府と業界団体等が協定を結んで設定する方式です。ヨーロッパでよく用いられています。②公共的自主プログラム。行政の示した基準に事業者が一方的に合わせるものです。エコラベルなどのラベリングもこの例と言えます。③一方的公約。日本で行われている経団連の環境自主行動計画がこの例です。温暖化対策に関しては中央環境審議会の点検を受けながら行われています。目標が達成できなければ更なる規制が発動されるかもしれないという規制の前段階的役割を果たしているとも言えます。

自主的取組手法のもう一つの側面として個別の事業者が取り組む環境マネジメントシステムがあります。これは国際規格であるISO（International Organization for Standardization）シリーズの14000が有名です。事業者が自ら環境配慮方針を策定し、それが遵守されているかを事業者自らチェックする仕組みを構築することです。PDCAサイクル、Plan Do Check Action、計画し、実行し、チェックし、改善のための行動をするということです。本来事業者自らの取り組みですが、認証機関による認証を受けることで信頼性の確保が図られています。

それぞれの事業者が行う自主的取り組みを促す方法として、公害防止協定の締結という方法もあります。主に工場立地のような場合に、地元自治体と、あるいは住民も交え、協定を締結して事前に公害の防止を図ろうというものです。1964年に横浜市と電源開発の間で締結された公害防止協定（横浜方式）が有名で、その後同じような協定が各地で結ばれるようになっています。

1960年代というのは、それ以前からの高度経済成長による公害問題が各地で発生していました。国による法律も追いつかず、各地方公共団体で独自に解決を迫られる課題でした。先行的、試行的に条例を制定して対応した自治体もありましたが、当時は戦前からの地方団体公共事業団体観とでもいうような見方もあり法律にない事項について条例のみで規制することはためらわれていました。したがって、条例での対応も不十分と言わざるをえません。そこで、考案されたのが公害防止協定です。合意という形式で規制的要素を取り入れたのです。「横浜方式」は飛鳥田市政誕生も大きな要因だったでしょう。電源開発の磯子発電所の建設にあたり複合汚染による住民への影響が大変心配されていましたが、神奈川県の条例では対応できず、科学的データの収集と世論づくりにより合意まで持って行ったと言います。合意内容は、煙突の高さ等の設備等について規制するとともに、法的な権限のない中、横浜市当局が立ち入り検査できるという画期的なものでした。

協定の効力について議論となることがあります。必要な事項は法律で規制されるはずであるとして、協定は単に紳士協定にすぎず、それをもって事業者に履行を強制する効力はないという説もありました。しかし、現在では、おおむね協定は契約と評価され、契約としての効力から履行を強制する効力も有すると解されています。協定上の文言としてしばしば抽象的な表現が使われることがあります。「町の行政に協力すること」などという表現です。しかし、これでは相手方にとって何を求められているか不明です。契約であるからといって町当局の要求が一方的に認められるものではないでしょう。

協定には、さまざまな利点があるとされています。工場立地など個別の事案ごとに結ばれますので、地域の実情を踏まえた個別対応が可能になります。一律的な規制は過剰規制になりがちですが、それも防げます。また、個別対応ですので技術進歩に応じた機敏な対応も可能になるでしょう。さらに、政治的に規制条例が困難な場合にも対応可能ですし、一方、事業者側にとってみても地域の理解を得るための積極的姿勢を示すことにもなります。住民を交えた協定を目指せば、住民側との紛争の予防にも資するでしょう。しかし、行政手続きの明確化という流れの中で、行政側の一方的な押し付けのような協定は問題も生じます。いわゆる要綱行政と言われるような裁量による行政の問題です。事業者にある種の制約を強いることになりますので、本来は条例で対処すべきではないか、という議論もあります。

ⅱ）情報的手法

事業活動や製品に関する環境負荷について、情報の開示・提供を進めることです。そのことで、それぞれの主体が投資や購入する際に環境配慮を組み込んだものを選択できるようになります。環境基本法27条は国による情報提供ですが、24条の環境負荷低減に資する製品の使用促進の規定も関係します。情報の公開により環境配慮をしている事業者が社会的に評価され競争上有利になる一方、そうでない事業者は不利になり、社会全体として環境配慮が進むことを促す政策手法です。

このことに関する法律として、環境配慮法（環境情報の提供の促進等による特定事業者の環境に配慮した事業活動の促進に関する法律）が2004年に制定されています。これは環境報告書の公表により自らの行動の環境配慮状況を示し、そのことにより自らの事業活動のみならず消費者の行動にも環境配慮を取り入れ、社会全体に及ぼしていこうという壮大な考えで立案されたものです。しかし、産業界は、大企業は既に自主的に行っており義務づけする必要がないということで反対でした。結局、グリーン購入法と同じような手法で、国や独立行政法人等にのみ環境報告書の公表を義務づけることで民間企業に環境報告書の公表を促そうというものになりました。環境報告書はその後上場企業の多くで公表されるようになりましたが、最近では単に環境面での配慮のみならず社会的課題全般に関する配慮状況を示すCSR（Corporate Social Responsibility）報告書として公表されているケースが多くなってきています。

企業のさまざまな情報を報告させて行政側が公表することで、それぞれの企業活動に環境配慮が組み込まれることを促す政策もあります。地球温暖化対策推進法では、それぞれの事業者から報告を受けたCO_2などの温室効果ガスの排出量を公表することとしています。またPRTR法（化学物質排出把握管理促進法、化管法とも略称されます）でも、事業者から報告を受けた一定の化学物質の排出量や廃棄のための移動量を公表することとしています。環境などへの排出量を公表することで関係者とのリスクコミュニケーションの一助ともなり、また、できる限り排出量を抑えていこうというインセンティブが働くとされています。

iii）手続き的手法

それぞれの主体の意思決定過程に環境配慮のための判断を行う手続きと判断基準を組み込んでいく手法です。環境影響評価法による手続きなどはその例です。PRTR法による公表制度は情報的手法と、ISO14000シリーズによる手続きは自主的取組手法と重なりますが手続き的手法の一つとも考えられます。

以上のように、環境基本法にはさまざまな多様な手法を環境政策の手法として取り入れています。しかしながら、それらの多様な手法の活用そのものについての説明的規定、基本的考え方を示す規定がなく、いろいろな手法の組み合わせなどは試行錯誤の域を出ていないようです。今後の検討が期待されます。ただ、実定法レベルでは揮発性有機化合物（VOC）対策に係る大気汚染防止法の規定では2条6項、17条の3に、いわゆるベストミックス、規制的手法と事業者の自主的な取り組みの組み合わせについての規定があります。これは、VOCがさまざまな場所で使用されており公平に排出抑制を図るには規制的手法のみではうまくいかないという側面があるからですが、自主的取組を組み入れ、目標に到達できない場合は更なる規制を入れることを予定するという側面も含め立案された政策です。

【24】 応益課税と応能課税

応益課税、応能課税という言葉は一般的に課税の根拠を説明するのに用いられています。応益課税は行政が提供するサービスの対価として税を納めるという考え方であるのに対し、応能課税は各個人の能力に応じて税を納めるという考え方です。

第４節　従来型の政策手法

1　環境基準

ア　環境基準の導入

環境基本法16条は環境基準について定めています。これは従前の公害対策基本法から引き継いだものです。企業からの排出規制のみでは複数の企業の排出による複合的重合的汚染に対処できません。地域全体の環境保全、環境管理の手法として導入されました。1項では「人の健康を保護し、及び生活環境を保全する上で維持されることが望ましい基準」とされていますので、環境基準は環境管理の目標値と考えられています。環境基準が汚染の許容限度というのであれば健康維持上の最低限度にせざるをえませんが、目標値ということから基準値を環境管理上さらに高めに設定することもできると言われています。3項では「基準

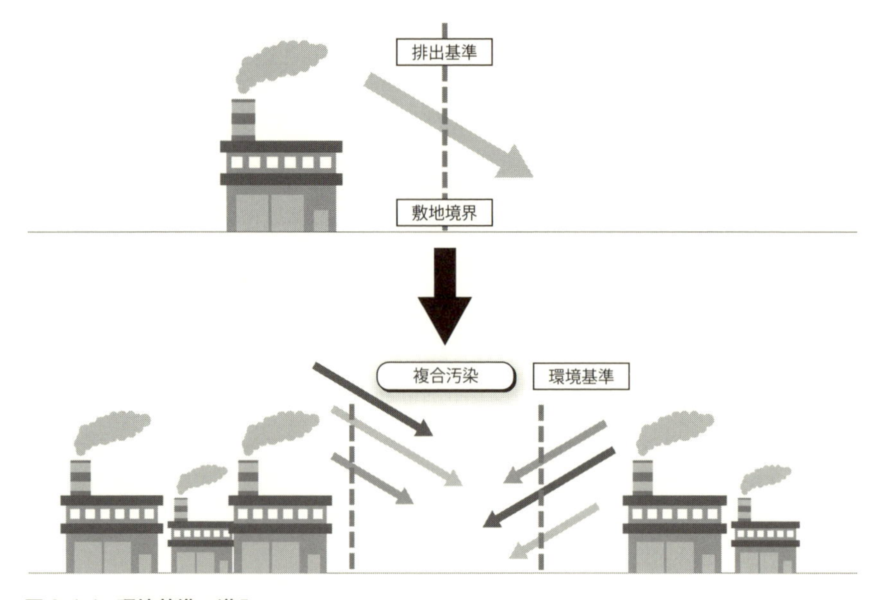

図 3-4-1　環境基準の導入

については、常に適切な科学的判断が加えられ、必要な改定がなされなければならない」とし、科学的知見の充実にともない不断の見直しの必要性が述べられています（図3-4-1）。

環境基準の法的性格ですが、4項では「政府は、……公害の防止に関する施策を……講ずることにより、第1項の基準が確保されるように努めなければならない」としていますので、1項と合わせ読むならば、行政上の努力目標と考えられます。国民の権利義務に直接関係するものではなく、その水準の環境でいることが国民の具体的権利ではないと解されています。環境基準が達成されない場合でも直ちに規制を強化しなくてはならないという性格のものではないということです。環境基準の設定行為が行政事件訴訟法上の抗告訴訟の対象となる処分性を持つか争われた事案があります。これは二酸化窒素に係る環境基準が緩和されたときに、基準緩和で法的不利益が発生するか、という論点で争われました。この事案では基準緩和により規制基準に影響はありうるものの基準の設定行為自体に処分性は持たないと判示されました（百選10）。1987年の判決です。2004年の行政事件訴訟法の改正により、いわゆる実質的当事者訴訟として当事者間の公法上の法律関係の確認の訴えが明記されました。今後、環境基準の設定行為についてもその確認という形での訴えが認められやすくなるのでは、との議論もあるところです。特に、大気保全のための総量規制基準や水質保全のための水質の排水規制基準が環境基準を基に決められている現状を踏まえれば、実質的当事者訴訟の活用が望まれます。

イ　環境基準の効用

環境基準は手続き的には国の中央環境審議会の答申を得て決めています。①健康を守る観点からは全国一律に大気、水質、土壌について、②生活環境を守る観点からは水質について河川、湖沼、海域の類型ごとに利水目的に照らして、③騒音については生活妨害の観点から、決められています。④その他、振動、悪臭、地盤沈下については、測定体制の問題などもあり当面個別規制で対応することとし、環境基準は決められていません。ただし、⑤ダイオキシン類についてはダイオキシン類対策特別措置法で定められている「耐容一日摂取量」に基づき、大気、水質、土壌について定められています。

このように環境基準は沿革的に公害の項目、環境媒体ごとに決められています。しかし、ダイオキシン類の耐容一日摂取量のように環境媒体ごとではなく、統合的に環境リスクを管理していこうという観点からみますと窮屈に感じられることもあります。今後環境保全のための行政目標をどう設定するか、ということにも関係しますが、環境基準についても環境媒体ごとに独立したものではなく、統合的環境管理の考え方で体系化していく作業が求められるでしょう。

環境基準は法的には行政上の目標という考え方が支配的ですが、更なる役割を持たせるべきとの議論もあります。実際、大気の総量規制基準は大気の環境基準の確保のためにその水準を設定されますし、水質汚濁防止法の排水基準も10倍に希釈して環境基準を満たすものとして設定されています。また、環境影響評価法の評価にあたり環境保全目標として環境基準が用いられることが一般的になっています。かつて、公害健康被害補償法の大気汚染に係る指定地域の目安として環境基準のおおむね2.5倍程度の汚染とされていました。救済を求める被害者との関係から、環境基準の値自体が論争の原因となったこともあります。

また、裁判で環境基準が援用されることもあります。民事上の差し止め訴訟において差し止めの基準は加害行為の違法性、いわゆる受忍限度超と一般的には解されますが、では受忍限度超とはどういった状況でしょうか。加害行為の態様も勘案してといっても具体的に線を引くことは簡単ではありません。そこで、一つの目安として環境基準が援用されるケースが多々あります。しかし、判例の蓄積も未だ十分ではないように見受けられます。特に発がん物質でよくありますが、化学物質の中にはいわゆる閾値、ここから先は大丈夫という線引きのできない物質があります。そのような場合は安全サイドにみて、例えば10万人に1人の割合で発症するレベルで基準を求めたりしていますが、受忍限度超をそうした値でいいかどうか、議論の分かれるところです。また、そもそも検出困難で基準の設定ができないような化学物質過敏症のような場合にどうするか、今後の判例の蓄積に待たざるをえないでしょう。

2　環境基本計画

環境基本法15条では「政府は、環境保全に関する施策の総合的かつ計画的な推進を図るため、環境保全に関する基本的な計画を定めなければならない」とされています。公害対策基本法では地域的な公害防止のための計画を求めていましたが、環境基本法ではそれとともに政府に対してさまざまな政策の指針的役割を持つ計画策定を求めました。「総合的」、「計画的」とありますように分野的にも時間的にも広がりが求められ、そして、さまざまな政策手法によりそれぞれの主体の総合的取組が求められています。閣議決定を要しますので、政府の各種施策の基本的方向を示すもので、また、政府の行政計画の中で環境保全を担保するものでもあります。計画の名宛人は政府ですが、自治体、事業者、国民などあらゆる主体の取り組みを促すものとなっています。

1994年に策定された第1次環境基本計画では「循環」「共生」「参加」「国際的取組」の四つのコンセプトを挙げました。2000年の第2次計画では11の戦略プログラムを特記し、2006年の第3次計画では定量的目標・指標による点検、管理に重点を置き、2012年の第4次計画では環境政策の展開方向と9つの重点分野に特徴があります。

3　施設整備

環境基本法23条は環境保全に関する施設の整備等についての規定です。公害対策基本法でも緩衝緑地や下水道等について触れられていましたが、自然環境の整備についても取り入れ、さらに発展させた規定となっています。2002年には自然再生推進法、2010年には地域における多様な主体の連携による生物多様性保全のための促進等に関する法律が制定されています。

4　紛争処理、被害救済、原因者負担、受益者負担、財政支援

環境基本法31条は紛争処理、被害救済の規定です。紛争処理としては1971年に公害紛争処理法、被害救済としては1974年に公害健康被害補償法、2007年に石綿健康被害救済法、2009年に水俣病被害者救済特別措置法が制定されています。37条は原因者負担の規定ですが、これに関しては1970年の公害防止事業費事業者負担法があります。38条は受益者負担の規定で、2014年に制定された地域自然資産保全利用促進法にある入域料等に表れています。39条は財政支援の規定ですが、1971年にいわゆる公害財特法（公害の防止に関する事業に係る国の財政上の特別措置に関する法律）が制定されていて、地域的な公害防止計画に基づく公害防止事業には補助率のかさ上げ等の特別な措置が講じられています。

5　地方公共団体の施策、法律と条例

環境基本法36条では地方公共団体の施策について規定しています。地方公共団体は、国の施策に準じた施策および区域の自然的社会的条件に応じた環境保全のために必要な施策を実施するものとされています。地方公共団体の施策展開には国と同じように様々方法があり、必ずしも条例による施策のみではありません。しかし、行政手続きの明確化、透明化の流れの中で条例による施策展開が増加すると考えられます。ここでは法律と条例の関係について整理してみましょう。

憲法94条では「地方公共団体は……法律の範囲内で条例を制定することができる」とされ、地方自治法14条1項にも「地方公共団体は、法令に違反しない限りにおいて……条例を制定することができる」とされています。この「法律の範囲内」とか「法令に違反しない限り」の部分をどう解釈するかという問題です。古くは法律先占論といって法律が対象としている事項は法律の委任があれば格別、委任のない限り条例を制定できない、という考えが支配的でした。しかし、1960年代に先行的に公害防止条例が各地で制定され、後追いで法律が制定されると、この法律先占論に疑問が出てきました。法律のない間は条例で規制できる

のに、法律ができると法律以上の規制ができなくなるのでは、住民の健康保護のための施策が後退しかねない、ということです。

判例では、環境問題の事例ではありませんが、1975年に徳島市公安条例と道路交通法の関係についての最高裁判決があります。①法令の目的が全国一律に規制する趣旨ではない場合、②法令と条例の目的が相違し条例の適用によって法令の意図する目的と効果を阻害しない限り、条例の規制は法令に違反しない、と判示されました。法令と条例が抵触するかどうかについては法律先占論ではなく、法令の趣旨、目的を勘案すべきということです。

法律との関係では様々な条例があります。①法令より厳しい規制を定める上乗せ条例、②法令の裾切り部分も対象にする裾切り条例、③法令で規制のない項目も対象とする横出し条例などです。大気汚染防止法や水質汚濁防止法の立案時には地方公共団体で既にさまざまな条例がありましたので、明文の規定を設けて条例との関係を整理しています。(大気汚染防止法4条、32条、水質汚濁法3条、29条)。法律以上の規制を条例でする場合に、解釈論として、①法律に規定のない事項についてのいわゆる「横出し条例」は認められても、法律で規制されている事項についての「上乗せ条例」は認められないという考えもありますが、②法律による規制が排他的に最大値を定めるという趣旨のものか、ナショナルミニマムとしての最低値を定めたものかを検討し判断しようとする考えが一般的になってきています。公害関係の法律は、おおむねナショナルミニマムを定めたものと考えられますので、条例による独自規制も認められやすいと考えられます。なお、条例による規制が勧告などの行政指導に留まる場合には法令違反の問題は生じないことは言うまでもありません。

1999年の地方分権一括法による地方制度改正は地方公共団体にとって事務のあり方を大きく変えるものでした。特に都道府県は事務の7割程度が国からの機関委任による事務（第2章第1節【11】〔p.58〕参照）でしたが、それらがすべて廃止されて地方の事務とされ、国の関与が一定程度残る法定受託事務とそれ以外の自治事務に整理されました。改正後の地方自治法2条11項、12項では国の配慮事項を定め、立法にあたってもまた法令の解釈運用にあたっても、地方自治の本旨を踏まえ、国と地方の適切な役割分担を踏まえたものでなければならない、とされました。条例についても明示的に法律に反するものは格別、大幅に条例で定められる範囲が拡大したものと考えられています。

しかしながら、環境保全に関する具体的事項を条例で規制する場合には、発生するおそれのある被害との関係において適切な措置であることを求める比例原則は必要とされます。環境法関係で問題になるのは手続き的規定です。例えば環境影響評価法の縦覧手続きにおいて公聴会や説明会の開催を義務付けたり、縦覧期間を延長したりできるか、ということです。立法者の見解は事業者に負担を強いるような手続きの追加は避けたいということのようです。しかし、知事の意見形成のための公聴会の開催や準備書意見に対する見解書の説明会の開催など地域の実情を踏まえて必要なケースは認められるのでは、と解されています。

また、廃棄物処理施設の立地許可に関し、事業者に周辺住民の同意を求めるケースがあります。地方公共団体からすればこうした施設は住民の間で賛成反対の意見が分かれることが多く、それを避けるための手段として利用されます【25】。しかし、施設の環境や安全についての問題ではなく、周辺住民に単なる拒否権を付与するような条例は憲法で保障する財産権の侵害ではないか、という疑義があります。鳥取県では、廃棄物処理施設について住民同意を絶対に必要なものとするのではなく、事業者側に許可申請前の手続きとして、住民同意を得るための努力がどのように行われたかを県当局が評価するという条例を作っています（廃棄物処理施設の設置に係る手続きの適正化、紛争の予防・調整に関する条例）。現実的な行政の対応としてよく工夫された条例と言えます。

【25】 NIMBY（Not In My Backyard）
公益のために必要であることは理解できても自分の地域には反対という住民の姿勢を示す言葉。いわゆる迷惑施設の設置に当たって示されることが多い。

第５節　環境基本法の展望

1　地球環境問題

環境基本法において地球環境問題をどのように扱うかも一つの課題でした。国際的環境問題について、従前はいわゆる地域における越境汚染問題が中心で、環境基本法以前に国際的な環境問題に言及していた法令は環境庁組織令のみでした。組織令では「環境の保全（本邦と本邦以外の地域にまたがって広範かつ大規模に生じる環境の変化に係るものに限る。以下「地球環境の保全」と言う）」とされていました。しかし、人間活動が地球規模で行われるようになれば、地域的な環境汚染という捉え方ではなく地球全体の環境保全を総合的に図らなければなりません。地球環境問題に言及することは必須であると考えられましたが、なぜ国内法でそこまで言及できるか、が問題とされました。そこで環境基本法では、2条において、「地球環境の保全」について、①地球温暖化、オゾン層の破壊、海洋の汚染、野生生物の種の減少を例示し、地球全体あるいは地球規模の環境の保全と定義し、②人類益に貢献し、国民益に寄与するもの、とされました。「二重の独楽理論」と言われることもあります。人類益と国民益という二つの胴体を一つの軸に持つ独楽のようなものに例え、独楽を回せば国民益の部分のみならず人類益の部分も回ることになる、人類益と国民益は切り離せない、ということです（図3-5-1)。

そのことを踏まえて、5条の基本理念では、国際的協調による地球環境保全の積極的推進との表題のもと、地球環境保全について、①人類共通の課題であり、国民の福祉と我が国の経済社会に密接に関わる課題であることにかんがみ、②我が国の能力と国際的な地位を踏まえて国際的協調のもとに積極的に推進するもの、としています。そして第6節（32条から35条）で地球環境保全等に関する国際協力等という規定を置いています。32条1項では、①地球環境保全に関する国際協力を推進するとともに、②開発途上にある海外の地域の環境の保全等で、人類の福祉に貢献し、国民の福祉に寄与するものへの支援と国際協力を推進すること、が規定されています。立法当時途上国に対する国際協力について国内法で規定する必要はないのでは、という意見もありました。途上国の環境問題への対応能力（キャパシティビルディング）を先進国の協力により高めることは、地球全体に対する環境負荷の低減にも資し、それが人類益、国民益になるということで規定されました。

グローバリゼーションが進行している今日から見ますと、地球全体をあたかも一つの共同体として捉え、環境問題への対処を各国の役割分担のもとに行うような体系に再構成する時期に来ているのではないか、との意見もあります。特に国際的に認められているような考え方「共通だが差異ある責任（リオ第7原則）」「領域使用の管理責任（リオ第2原則）」【26】など国際社会ならではの原則を国内法であっても取り入れていく必要があるのではないでしょうか。

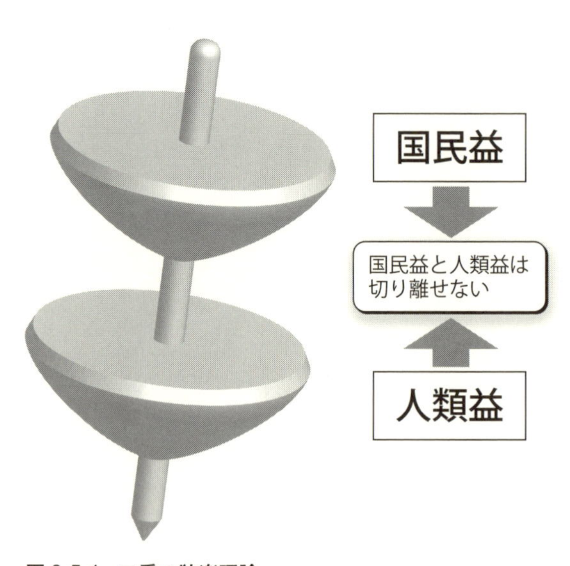

図 3-5-1　二重の独楽理論

2　分野基本法との関係

2000年に循環型社会形成推進基本法が、2008年に生物多様性基本法が成立しています。環境全般ということではなく、ある分野についての基本法です。「分野基本法」と呼んでおきます。2000年はリサイクル元年とでもいう年で、各種リサイクル法が成立した時期です。2008年は洞爺湖サミットの年で、名古屋市開催の2010年の生物多様性条約の締約国会議へのアピールという意味もありました。環境基本法でカバーしている部分について新たな分野基本法ができましたが、その関係をどのように整理するのか、という問題です。特に2010年に地球温暖化対策基本法案が国会に提出されたこともあり、その必要性も含めさまざまな議論を呼ぶことになりました。

条文から見ていきます。それぞれの分野基本法の目的規定には「環境基本法の基本理念にのっとり」との文言があり、分野基本法にある国の計画、循環型社会形成推進基本計画、生物多様性国家戦略の策定にあたっても「環境基本計画を基本として策定する」とされていますので、環境基本法がそれぞれの分野基本法の上位法の位置にあることがわかります。しかし、分野基本法にも基本原則、各主体の責務をはじめ教育・学習、自発的措置、情報提供などそれぞれの規定を有していて、環境基本法を通則的に位置づけようとの意識は見られません。最たるものは国会報告です。いわゆる白書として毎年、現状と政府の講じた施策などを国会に報告する規定がありますが、お互いに関係がありながら環境白書、循環型社会形成推進白書、生物多様性白書は規定上別々に報告することになっています。環境関係の白書がばらばらではさすがに無駄が多い、ということで現在は合本されて国会に報告されています。今後地球温暖化対策や化学物質対策に係る基本法案も検討されている中で、関係者から新しい法律の制定が望まれるのは当然ですが、さまざまな分野基本法が出されるということになれば、環境基本法の空洞化にもなりかねません。そうしたことを前提に、環境基本法を根本的に見直す時期に来ているのかもしれません。

3　環境基本法の果たした役割と今後の課題

この章の最後に、環境基本法の果たした役割と今後の課題を整理しておきましょう。

①「21世紀は環境の世紀」と言われますが、環境基本法は、そうした「環境の時代」を告げる役割を果たしたと言われています。「公害から環境へ」との表現にもあるように、環境の対象領域を広く捉える、あらゆる人の参加により問題解決を図る、まさに「全員野球の精神」です。こうした考え方を広めるのに大きな役割を果たしました。特に環境基本計画の策定は、各省縦割りではなく総合的な政策施策推進の基礎を築き、責務規定と相まって、各主体が積極的に取り組むことを促したと言えます。ただ、環境基本法は政府の中での上位法の位置付けはなく、環境配慮をどこまで求めるかという点など、議論が尽きないのが現状です。予算の策定にあたって各省担当の主計官がいるように、環境配慮という横断的な目線で各省の施策を評価する環境配慮官のような制度がほしいところです。予算をCO_2に置き換えて査定する役割があってもいいかもしれません。

②環境基本法は、持続可能な発展、汚染者負担原則などの環境に関する基本理念・原則の提示に成功したと言えます。しかし、予防原則、情報公開や公衆参加についての規定は不十分ではないか、環境権の明文規定がないことは時代遅れではないか、などさまざまな議論があります。消費者行政では認められている団体訴訟、環境団体訴訟についても今後の課題でしょう。

③政策・施策については、環境影響評価法の法制化をはじめ、リサイクルに係る諸法の制定、いわゆるソフトな政策手法の発展など一定の成果を上げたと言えます。経済的な手法についても、いまだ本格的なものとはなっていませんが同様でしょう。しかし、多様な政策施策の組み合わせに関する総論的考え方が示されていません。全体的な政策の中での具体的な施策展開の根拠づけという点は乏しく感じられます。社会全体を環境配慮型に変革していくためには、さまざまな政策の組み合わせは当然必要です。今後の課題として、そうした指針は欲しいところです。

また「公害から環境へ」といっても、健康懸念事案はいつでも発生しうる事案です。社会経済が発展し新しいサービスが登場してくればくるほど、未知の物質による影響なども含め、科学的知見の不足を補うための全体的な環境管理、環境リスク管理を促していくような仕組みの構築が大切です。このことも環境基本法に求められる一つの課題でしょう。

④環境基本法は、地球環境問題に視野を開いたという点で、大きな成果を上げたと言えます。ただ、今日的観点からすれば、そこでの認識は狭く、地球共同体的な視点での体系の構築が望まれます。いわゆるグリーン経済への経済原理の変革、将来世代とのシェアリングのあり方といった大きな課題についても指導的役割が望まれるのではないでしょうか。

⑤それぞれの分野基本法と環境基本法の関係が現状では不分明です。地球全体で低炭素な社会、循環型の社会、自然と共生する社会への変革が求められている今こそ、環境基本法の果たす役割の再検討が必要です。

【26】 共通だが差異ある責任と領域使用の管理責任

共通だが差異ある責任はリオ宣言第7原則にあり、気候変動枠組条約の考え方等に影響を与えています。また、領域使用の管理責任は生物多様性条約の考え方等に影響を与えています。なお、第2原則は以下の通りです。

「各国は、国連憲章及び国際法の原則に則り、自国の環境及び開発政策に従って、自国の資源を開発する主権的権利及びその管轄又は支配下における活動が他の国、又は自国の管轄権の限界を超えた地域の環境に損害を与えないようにする責任を有する」。

第4章

公害規制法

第1節　大気環境の保全

1　大気汚染防止法の制定

大気汚染防止法の前身は1962年のばい煙規制法です。四日市をはじめ重化学工業地帯における大気汚染が深刻な状況になり、地域的な個別の対応では不十分と考えられ法制化されたものです。1968年には、公害対策基本法の成立を受け、全面改正され大気汚染防止法となっています。しかし、全国一律の規制ではなく指定された地域でのみの規制であり、経済との調和条項も残り、担保措置についても命令前置の間接罰という仕組みでした。十分な効果を上げることができなかったと言います。1970年の公害国会で大幅に改正されます。まず規制対象を全国に改め、基準違反に対しては直罰といって、命令がなくても違反した事実のみで罰せられる仕組みとされました。経済との調和条項も削除されています。

大気汚染防止法は、事業活動に伴うばい煙の排出規制等により国民の健康保護と生活環境の保全を図ることを目的にしています。規制対象は、ばい煙（硫黄

<table>
<tr><td rowspan="7">固定発生源対策
（工場等）</td><td rowspan="2">ばい煙
SO_x、ばいじん、NO_x 等</td><td>ばい煙発生施設の届出
（排出基準、改善命令等）</td></tr>
<tr><td>指定ばい煙（$SO_χ$,$NO_χ$）
（総量規制基準、改善命令等）</td></tr>
<tr><td>VOC
揮発性有機化合物</td><td>VOC 発生施設の届出
（排出基準、改善命令等）</td></tr>
<tr><td rowspan="3">一般粉じん
特定粉じん
（アスベスト）</td><td>一般粉じん発生施設の届出
（構造・管理基準、基準適合命令等）</td></tr>
<tr><td>アスベスト発生施設の届出
（敷地境界基準と改善命令）</td></tr>
<tr><td>アスベスト排出作業の届出
（作業基準と基準適合命令等）</td></tr>
<tr><td>有害大気汚染物質
優先取組 23 物質</td><td>指定物質についての抑制基準、勧告等</td></tr>
<tr><td rowspan="3">移動発生源対策
（自動車等）</td><td colspan="2">新車対策（排ガス許容限度と道路運送車両法による担保）</td></tr>
<tr><td colspan="2">使用過程車対策（$NO_χ$・PM 法による地域的な規制と車検による担保）</td></tr>
<tr><td colspan="2">オフロード特殊車対策（オフロード法による排ガス規制）</td></tr>
</table>

図 4-1-1　大気汚染防止法等の概要

酸化物、ばいじん、窒素酸化物等の有害物質)、揮発性有機化合物、粉じん、石綿、有害大気汚染物質、自動車排ガスで、それぞれに応じた規制となっています。大気環境といってもここでは温室効果ガスは対象にされていません。温室効果ガスが地球全体に対して気候変動を通じて影響を与えるものであることから、公害規制というよりも別の独立した体系、地球温暖化対策推進法による対応ということです。(図4-1-1)。

2　環境基準による環境管理

大気環境については、一定の物質について環境基準が定められ、全国の測定局で常時監視されています。二酸化硫黄(SO_2)、二酸化窒素(NO_2)をはじめ浮遊粒子状物質(SPM：Suspended Particulate Matter)などについて環境基準が定められています。

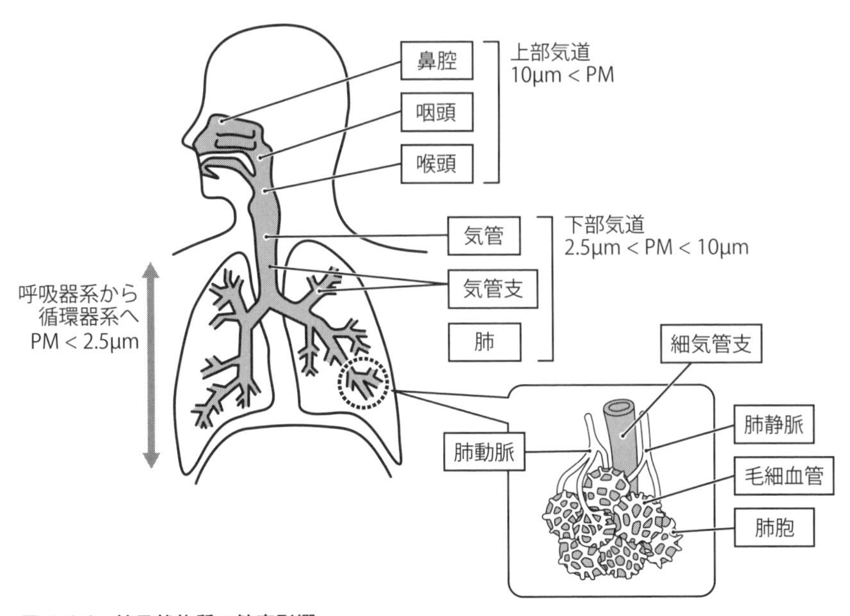

図 4-1-2　粒子状物質の健康影響

2009年には新たに微小粒子状物質（PM2.5）【27】についての環境基準が定められました。PM2.5は呼吸器系への影響だけではなく循環器系への影響も懸念されています（図4-1-2）。当初は関心も薄く、監視体制も十分ではありませんでした。しかし、中国北京市の粒子状物質による環境汚染が日本でも大変関心を呼び、測定局も2014年現在で全国870か所にまで増加しています。PM2.5の環境基準には年平均値と一日平均値しかありませんが、暫定指針として1時間値まで公表しています。午前中の早めの時間帯で1時間値85μg/㎥以上をレベルⅡとして「不要不急の外出や屋外での長時間の激しい運動をできるだけ減らす」よう注意喚起を行っています。

大気環境の状況は、住宅地などを対象とした一般環境大気測定局（一般局、約1,490局）と道路沿道を対象とした自動車排出ガス測定局（自排局、約420局）で全国を常時監視しています。環境省では大気汚染物資広域監視システム（愛称「そらまめ君」）を運用しています。リアルタイムで現在の大気環境の状況についてウェブを通じて見ることができます。近年の大気環境の状況は全体として改善傾向にあり、二酸化硫黄についてはほぼ100%環境基準を達成しています。二酸化窒素についても一般局では達成率ほぼ100%です。自排局でも99%以上を示すようになっています。浮遊粒子状物質については数年前まで大陸からの黄砂の影響もあり達成率が低い年もありましたが、この点についても様々な対策の効果により最近数年は90%以上を示しています。しかしながら、PM2.5については、まだ測定局が少ない状況ではありますが、達成率が低く2014年の測定で一般局38%、自排局26%（2013年度はそれぞれ、16%、13%）に留まっています。

3　固定発生源対策

ア　ばい煙規制

ばい煙とは、物の燃焼等に伴い発生する硫黄酸化物、ばいじん、窒素酸化物等の物質を指します。大気環境中に排出するばい煙については、排出口からの排出濃度を規制することで大気環境の保全を図っています。そのため、一定以上のばい煙を発生させるボイラー、ディーゼル機関などの施設について、ばい煙発生施設として原則都道府県に届出させて、排出濃度の測定・記録等の管理を事業者にさせることにしています。ばい煙発生施設は全国で約22万あります。排出基準に適合しない排出は禁止とし、基準違反には直罰が課せられます。行政側も改善命令、一時使用停止命令等できることになっています。排出基準の中で硫黄酸化物に係るものはいわゆるK値規制が導入されています。工場が密集しているなど地域ごとにランク付けをした定数（K値）を導入し、さらに排出口の煙突の高さによって、排出口が高いほど地表面の濃度が低くなることを加味して、規制値を定めています。

全国一律の排出基準に加え、法律では汚染度合いに応じた規制も導入されています。まず、大気汚染の深刻な地域についてです。①国は硫黄酸化物とばいじんについて新設工場に限り特別の排出基準を設けることができます。次に、②自治体レベルで上乗せ基準を定められるものとして、ばいじんと窒素酸化物等の有害物質が挙げられています。そして、③これらの措置のみでは環境基準の確保が困難と認められる地域は、硫黄酸化物と窒素酸化物について自治体レベル

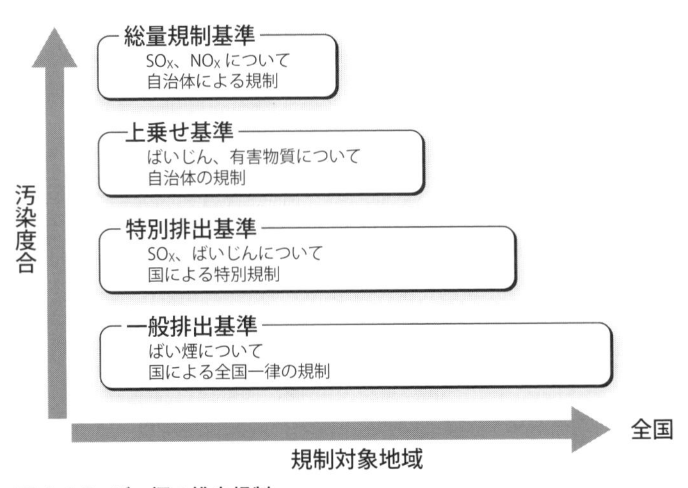

図 4-1-3　ばい煙の排出規制

で総量削減計画を立て総量規制基準を設けることとしています（図4-1-3）。

また、ばい煙規制の中には事故時の措置があります。これは、ばい煙のみならず一定の有害物質について、本来大気中に排出されるものではないものでも、事故等の場合には大気中に飛散するおそれのあることから設けられた規定です。事業者は事故時には応急措置等を講じるとともに、都道府県へ通報しなければなりません。

なお、公害問題が厳しい時代に採用された人材が退職し、公害防止管理の人材が不足がちになっていると聞きます。熟練した技術者がいなくなり、公害管理も疎かになっていないか心配です。モニタリング記録に改ざんを加えるという事件も発生しました。2010年の法改正では虚偽の記録等に罰則が設けられました。

イ　揮発性有機化合物（VOC：Volatile Organic Compounds）規制

VOCは様々な揮発性の有機化合物の総称でトルエンやキシレンなど多くの種類があり、塗料、接着剤、インクなどの溶剤やIT機器の洗浄剤として多く使用されています。石油製品からも出てきます。大気中に排出されますと光化学反応により光化学オキシダントや浮遊粒子状物質の生成に寄与します。

2000年代のはじめのころから浮遊粒子状物質について環境基準の達成状況が思わしくなく、対策の必要性が議論されていました。VOCは工場等の排出口からのみならず、屋外の造船所での塗装工程からも排出されるため、規制方法が難しいのではないか、とされていました。そこで、新しいタイプの規制方法として政策の組み合わせ、ベストミックスによる方法を採用することになりました。排出口からの排出など規制できるところは規制し、屋外など規制になじまないところは自主的な取り組みをお願いするという方法です。具体的には法規制と自主的な取り組みにより排出量削減を進め、2000年基準で3割削減という目標が達成できない場合は再度規制のあり方を見直そうというものです。結果は4割以上の削減となり、大変有効な手段であったことがわかりました。

ベストミックスという規制方法であることから、規制値についても事業者や専門家により最高の技術（BAT：Best Available Technic）を利用した場合に達成できる基準を、という観点で基準値が決められました。

ウ　粉じん規制

粉じんとは物の破砕、選別等の機械的処理等に伴い発生したり飛散したりするものです。石綿（アスベスト）以外を一般粉じん、石綿を特定粉じんと呼んでいます。

一般粉じんについては鉱物の堆積場、ベルトコンベア、岩石の破砕機など一般粉じん発生施設について構造、使用、管理についての基準を定め、その遵守を求めています。

特定粉じんについては石綿製品製造施設などの石綿発生施設について敷地境界基準10本/Lの遵守を求めています。石綿の新規使用が2006年に禁止されたこともあり2007年までにこれらの施設は全廃されています。また、石綿使用建築物などの解体作業についても石綿の飛散防止方法を定めた作業基準を遵守することを求めています。この作業基準が導入されたのは1996年です。阪神淡路大震災により被災した建物の解体工事が増加し、石綿飛散の事例もあり、そのための対策として制度化されました。2011年に発生した東日本大震災によっても多くの建物が被災しました。それまでの経験を踏まえ、今後増加する石綿使用建物の解体工事に対応して、2013年に法改正が行われ規制の強化が図られました。解体工事の事前届出は解体工事者が届け出ることになっていましたが、石綿使用建物であるにもかかわらず、届出なく解体工事が行われる事例がありましたので、届出主体を発注者側に変更することとされました。排出者責任の観点からは、発注者は解体工事で石綿を排出するわけではないので異例の対応のように見えますが、実質的な原因者である発注者にもそれ相応の役割があってしかるべきとの判断で導入されました。解体作業の現実を踏まえた制度として評価できます。

エ　有害大気汚染物質規制

低濃度でも長期曝露することによって健康影響が懸念される物質があります。

大気汚染防止法では「有害大気汚染物質」としての一定の枠組みが定められています。これらは総じて科学的知見に乏しいものが多く、今後の知見の充実が待たれる物質です。1996年に制度化されました。早急に対応すべきものとして、発がん性が指摘されるベンゼン、トリクロロエチレン、テトラクロロエチレンについては排出抑制基準を公表し、必要なときは勧告できるという仕組みです。

有害大気汚染物質には多くの物質があります。248物質についてリスト化され、そのうち健康リスクがある程度高いと考えられる23物質が優先取組物質として選ばれています。優先取組物質のうち排出抑制の対象である3物質のほかジクロロメタンについては環境基準が設定されていますが、その他の物質については科学的知見が十分ではないということも踏まえ、9物質（アクリルニトリル、塩ビモノマー、水銀、ニッケル化合物、クロロホルム、1-2ジクロロエタン、1-3ブタジエン、ヒ素、マンガン）について参考となる指針値を設けています。優先取組物質については科学的知見の集積次第順次指針値または環境基準を設定することにしています。

有害大気汚染物質については、科学的知見が未だ不十分な中での取り組みで、予防原則を具体化したものと見ることもできます。科学的知見が充実するにつれ、当初は単なるリスト化から始まり、指針値の設定、環境基準の設定、排出抑制と順次規制を強化する体系になっています。いわゆる枠組規制の一種です。

4　移動発生源対策

ア　自動車単体の排ガス規制

大気汚染の主要原因の一つである自動車排ガスについては、①自動車単体（自動車ごと）の排ガス規制、②自動車NO_X・PM法による特定地域における対策、③低公害車の普及促進を3本柱として対策を行っています。

自動車単体の排ガス規制は、1966年の一酸化炭素の規制が最初で、大気汚染防止法による規制は1968年からです。大気汚染防止法で自動車単体の排ガスの許容限度を定め、道路運送車両法の技術基準等で担保しています。新車への規制となります。

自動車単体の排ガス規制ではアメリカでのマスキー法の提案と日本の対応に触れなければなりません。1970年アメリカのエドモンド・マスキー上院議員が大気浄化法（Clean Ear Act）の改正法案を提出しました。これは自動車の排ガスについて一酸化炭素（CO）、炭化水素（HC）、二酸化窒素（NO_2）の規制値をそれまでの10分の1にするという大変厳しいものです。当時、実現は不可能ではないかと言われていました。一度議会を通った法案もアメリカの自動車メーカービッグスリーの反発でその実施を延期され、1974年には事実上の廃案とも言える大幅な修正が加えられました。一方、日本でも、マスキー法と同レベルの規制値を目指して検討されました。日本ではマツダのロータリーエンジンやホンダのCVCCエンジンの開発により規制値達成の目途がついたのです。1978年規制は日本版マスキー法と言われています。大変厳しい排ガス規制です。こうして厳しい排ガス規制値をクリアしたことが、その後の日本の自動車産業にとって、アメリカへの進出に繋がり、大きな成長に資したと言われています。

ガソリン乗用車の規制は、規制が始まった1973年規制を100とした場合、1978年規制で約10まで規制強化され、現状ではHCが1.7、NO_X（窒素酸化物）が2.3という厳しい規制となっています。ディーゼル車についても1974年から規制が始まっています。ディーゼル車の排ガスの特徴である粒子状物質（PM）規制が始まったのは1991年規制からです。トラック・バスの規制ということで、短期的な目標としての「短期規制」と、4~5年先の目標としての「長期規制」に分けて規制されました。最近の規制値ですが、1994年規制を100とした場合、NO_Xについては2009年規制（ポスト新長期規制とも言われています）では12、2016年規制では7にまで、PM（粒子状物質）については2009年規制で1にまで低減とされています。PMフリーとも言えます。NO_XとPMの関係ですが、空気を取り込んでよく燃やせばPMは減りますがNO_Xが増えます。逆に燃焼を抑えればNO_Xは減りますがPMが増えるという関係にあります。自動車業界の絶えざる努力により、近年ではPMについてはDPF（Diesel Particulate Filter）などの後付装置の開発、NO_Xについても尿素SCR（Selective Catalytic Reduction）など低減装置の開発により、厳しい基準値をクリアすることができるようになったと聞きます。

自動車の排ガス規制は世界的に見れば、ヨーロッパ方式、アメリカ方式、日本方式に分けられます。アメリカの規制はメーカーによる平均値を採用するなど基本的考え方が違っていますが、ヨーロッパと日本は類似点が多くあります。排ガスの試験法は自動車の走行実態に応じて決められますので、日本とヨーロッパでは走行実態から異なるものとなっています。しかし、自動車業界は全世界で活動しています。今後、規制方式、試験方法について国際協調が求められます。

イ　自動車NO_X・PM法

自動車交通が集中する大都市地域においては自動車単体の排ガス規制のみでは不十分です。そこで、地域におけるいわば深堀の制度として、排ガスの排出総量を抑制するための法律として1992年に自動車NO_X法が制定されました。当初は窒素酸化物のみの規制でしたが、2002年に改正され、粒子状物質も規制対象となりました。自動車NO_X・PM法（自動車から排出される窒素酸化物及び粒子状物質の特定地域における総量の削減等に関する特別措置法）です。

自動車NO_X・PM法は大都市地域の深堀制度ですので、三大都市圏の地域が法の対象です。法律の用意している手法は、①総量削減計画と②使用過程車についての規制を柱として、その他、③事業者の排出抑制を促す取り組みや局地汚染対策についての取り組みなどです。

はじめに①総量削減計画です。三大都市圏の都道府県が作成することとされていますが、対策として法にある規制以外にも低公害車の普及、人流対策、交通流対策、局地汚染対策などが示されています。

次の②使用過程車への規制です。一定の排ガス性能を有しない古い自動車については使用を禁止しています。車検で担保する方法を採用していますので、地域内で登録された車が対象になります。地域外で登録された車が地域内に入ってくることまでを規制するものではありません。規制が始まった当初、車の登録地を地域外に移す、いわゆる車庫飛ばしが問題となりましたが、現在では登録すべき地域について実態に合わせ厳しく判断されています。

1999年に東京都知事に就任した石原知事が記者会見で排ガス由来の微粒子を入れたペットボトルを振ってみせました。ディーゼル排ガスがいかに健康に悪影響を与えているか、ということを示し大変な衝撃を与えました。東京都もPM対策に乗り出します。国としても法律改正を行い、NO_XのみならずPMを規制対象としましたが、規制対象となる使用過程車は法の枠組みでは地域内で登録された、地域内に使用の本拠を有する車に限られました。東京都は都内に流入する車への規制を期待していましたので、国の対策のみでは不十分です。PMについては条例でも規制することになりました。対象となる車は使用の本拠によるのではなく、地域内を運行する車です。東京都では条例施行当初、路上検査や立ち入り検査を頻繁に行い、司法警察権はありませんが、いわゆる環境Gメンを任命することなども行われました。当時、東京都は国の措置について不十分であると強く批判していました。

地域の環境のための自動車排ガス規制ということであれば、本来地域内では基準にあわない車の通行を禁止するか、あるいは制限するべきでしょう。しかし、地域内に流入する自動車を地域の境界線のすべての道路で検問でもしない限り法律の実施を担保できません。2002年の改正はやむをえない面があったと考えられます。イギリスのロンドンで行われている混雑税（Congestion Charge）は参考になります。これは、もともと都心の交通量を減らすことで公共交通機関や自転車など代替的な交通手段へシフトさせていこうという政策から生まれた制度です。対象エリアはロンドンの中心部で、対象エリアに流入する自動車に対して1日11.5ポンド課金する制度です。居住者にも課金されますが居住者は90%オフです。低公害車には課金が免除されています。ロンドンでは市内のあらゆる所に監視カメラが設置されていて、自動車ナンバーを読み取ることで課金逃れを防ぐ仕組みとしています。治安上設けられた監視カメラがあってできた制度と言えます【28】。

ウ　低公害車の普及

閣議決定された「日本再興戦略」（2014年）では環境性能の優れた次世代自動車についての目標が掲げられています。2030年までに5割～7割に引き上げていこうというものです。そのための施策として低公害車を導入する場合の補助金、自動車関連税制の特例、低利融資、エコカー関係のイベントによる普及啓発などがあります。

エ　オフロード車排ガス規制法

オフロード車排ガス規制法（特定特殊自動車排出ガス規制等に関する法律）は2005年に制定されました。当時さまざまな大気汚染防止対策を行っていましたが、公道を走行しない建設機械など、いわゆるオフロード車、フォークリフト、コンバイン、ブルドーザーなどですが、これらの排ガスが寄与率として無視できない状況でした。ただ、これらの自動車は公道を走行しないことから道路運送車両法上の車検制度がなく、規制をどのように担保するのかが大きな争点でした。これらの自動車は同じ型式のエンジンを載せながらもアタッチメントを変えることで、建設機械にも、農業機械にも林業機械にもなります。エンジンについての型式指定と組み立てられた自動車についての型式届けという仕組みで規制することとされました。

縦割り行政の弊害の一例ではありますが、エンジン規制なら経済産業省、自動車規制なら国土交通省の旧運輸関係、建設機械規制なら国土交通省の旧建設関係と複雑な権限関係にありました。いわば大気汚染防止という目的から環境省が間に入ってまとめた法律とも言えます。行政側の実務は環境省主導で行っています。

なお、2011年、2014年と更なる規制強化が実施されています。PMもNO_Xも当初の規制値の9割削減となっています。

5　大気環境のその他の課題

ア　光化学オキシダント対策

光化学オキシダントはいわゆる光化学スモッグの原因物質です。1970年代、小・中学校の運動場で活動している子供たちに影響が出ていたころに比べ、注意報や警報の発令日数は減少傾向にあります。しかし、環境基準を達成している測定局がほとんどないという状況に加え、大気中のオキシダント濃度が最近上昇傾向であることには注意を払わなければなりません。越境大気汚染による影響が大きいのでは、と言われていますが、今後とも注視していく必要があります。

オキシダントの原因物質としてはNO_XやVOCなどが考えられます。定期的に開催されています日中韓環境大臣会合などの場を通じてオキシダント汚染メカニズムに関する研究などが行われています。

イ　酸性雨対策

東アジアの急速な発展により越境大気汚染問題が顕在化してきています。酸性雨問題については、「東アジア酸性雨モニタリングネットワーク（EANET：Acid Deposition Monitoring Network in East Asia)」を立ち上げ、東アジアから13か国の参加を得て共通手法によるモニタリングを実施しているところです。このネットワークはバンコクにあるUNEPアジア太平洋地域資源センターが事務局として政府間会合の調整をしていますが、モニタリングデータの収集は新潟市にあるアジア大気汚染研究センターで行っています。日本国内にも27か所の酸性雨のモニタリングポイントがあります。

なお、ヨーロッパでは国連の欧州委員会が中心になって1979年に長距離越境大気汚染条約が結ばれています（発効は1983年)。SO_X、NO_X、VOC規制など8つの議定書で強化され、加盟国に対してモニタリングはもとより対策の強化も求めています。将来的にアジアでも同じような枠組みが望まれるところです。

ウ　黄砂問題への対応

近年、黄砂の飛来頻度が増加するにつれ国民の関心が高まっています。2002年から黄砂の物理的、化学的性状を把握するための調査が実施され、ライダーシステム（レーザー光線による粒子状物質の観測）により全国的な黄砂モニタリングネットワークを整備して観測しています。黄砂についても日中韓環境大臣会合の場を通じて共同研究をすることになっています。

エ　ヒートアイランド対策

都市部の気温が郊外に比べて高くなる現象のことを言います。都市の空調機や自動車排ガスなどの人工排熱の増加、コンクリート面の拡大などの地表面の人工化、建物の密集による天空率（天空の見える割合）の低下など都市形態の高密化によると言われています。ヒートアイランド現象により熱中症などの健康影響も懸念されます。熱対流現象により大気の拡散が妨げられ、大気汚染濃度の上昇も心配です。

2012年にヒートアイランド対策ガイドラインが改定されています。屋上緑化、保水性舗装、屋根面の高反射化、建物排熱の減少、その他風の利用などの対策が推奨されています。

【27】　PM2.5とSPM

PM2.5は大気中に漂う粒子状物質（PM）の中で粒径が2.5 μm以下の小さいもののことを言います。SPMは粒径が10 μm以下のものです

【28】　ロンドンの混雑税

ロンドンでは、監視カメラに写ったナンバープレートの番号と課金が納付された自動車の番号を突合することで制度を担保しています。カメラに写っている番号からの納付がなければ課徴金（14日以内で65ポンド、28日以内で130ポンド、さらに納付がなければその後14日以内195ポンド）ということになりますが、写ってない車から納付されていてもそれは問題にしないそうです。

第２節　騒音、振動、悪臭対策

1　騒音、振動、悪臭規制

騒音、振動、悪臭は一般的に局地性を有し一過性のものと考えられています。したがって、規制を定める場合、規制区域は一定の指定区域に限られ、規制基準も全国一律というよりは地域ごとにその自然的、社会的条件に応じて定めることとされています。規制基準違反について直罰制は採用されていません。環境基準があるのは騒音だけです。①地域類型による基準として、静謐を要する地域か、商業地域かなどに分け、昼夜の基準を設けています。②道路に面する地域の基準として、住専地域か、幹線道路かなどに分け基準を設けています。その他、③航空機騒音の基準、新幹線騒音の基準が設けられています。

2　騒音規制法

規制対象とする地域を都道府県で指定し、規制の実施は都道府県と市町村で行います。当該地域では、工場騒音については特定施設を届出させ、基準を定めています。建設作業騒音についても届出させます。いずれも問題があれば改善命令が出せます。自動車騒音については単体規制として自動車単体の許容限度を定め、道路運送車両法の保安基準で遵守を求めることは大気汚染防止法の仕組みとほぼ同様です。また、特に道路周辺の生活環境が著しく損なわれているときは交通規制の要請ができることにもなっています。また、深夜騒音についての規制規定もあり自治体による対応が求められています。

3　悪臭防止法

規制対象とする地域を都道府県が指定し、規制の実施は市町村で行います。

当該地域について、事業場の敷地境界や排出口の規制基準を定めます。規制基準は悪臭物質ごとに決めることもできますが、においは人の感覚として総体的に感じるものです。臭気指数として総体的に決めることもできるようになっています。規制基準の遵守を求めるに当たり改善命令を出せるようになっています。

臭気指数は人の嗅覚に従い決めるものです。物質ごとの規制では対応できない複合臭対策にも効果的ですし、また住民の被害感覚にも合うものとなっています。試験法も高価な装置が必要ないことから、これから悪臭対策を導入しようという途上国には期待できるツールです。

第３節　水環境の保全

1　水質汚濁防止法の制定

水質汚濁防止法の前身は1958年に制定された水質保全法と工場排水規制法、いわゆる水質二法です。これは浦安事件（黒い水事件とも言われます）といって、製紙工場の廃水により漁業被害を受けた浦安漁協の漁民が工場に乱入して流血の騒ぎになった事件が契機になっています。首都近郊で起きたことからマスコミにも大々的に報道され、法制定に結びつきました。当初は地域指定制であり、経済との調和条項もあり、規制の担保手段も命令前置の間接罰でしたので、十分な効果を上げることができませんでした。既に大きな社会問題となっていた水俣病問題については無力であったと言います。そこで1970年の公害国会において、新しく水質汚濁防止法が制定されました。全国一律の規制に改め、違反に対しては直罰とし、経済との調和条項も削除されました。

水質汚濁防止法は、公共用水域への工場、事業場からの廃水規制等により国民の健康保護と生活環境の保全を図ることを目的にしています。汚水または廃液を排出する施設を特定施設として原則都道府県に届出させ、排出水の濃度を測定、記録させ、排水基準を遵守させる仕組みとなっています。対象物質は環境基準の健康項目に対応して28物質（有機燐化合物は検出されないため環境基準の設定はされていません）、生活環境項目に対応して15項目です。対象施設は全国で約28万あります。届出により都道府県は施設を把握でき、問題があれば改善命令を出せることになっています。一方、排水基準違反については直罰もかかります。大気汚染防止法と同様に事故時の措置も定められていて、通常は公共用水に排出されないため規制対象とされていない物質でもいざというときに通報させる必要があることから、特別に指定物質として指定しています。貯油施設の油なども入ります（図4-3-1）。

2　環境基準による環境管理

水の環境基準は健康項目と生活環境項目に分けて定められています。健康項目はカドミウム、全シアン、鉛、六価クロム、ヒ素など27物質です。生活環境項目は河川、湖沼、海域それぞれについて類型を分け、水素イオン濃度、生物化学的酸素要求量（BOD：Biochemical Oxygen Demand、河川について）、化学的酸素要求量（COD：Chemical Oxygen Demand、湖沼と海域について）、浮遊物質、溶存酸素量、大腸菌群数が定められています。湖沼、海域では全窒素、全燐が、海域では油分なども定められています。また、水生生物生息状況の適応性として全亜鉛、ノニフェノール、低層溶存酸素量等がそれぞれ、河川、湖沼、海域ごと、生物類型ごとに定められています。

環境基準ですが、健康項目はほぼ全国的に達成されています。生活環境項目は、河川はここ数年達成率90％以上ですが、海域は約8割、湖沼は約5割の達成率に留まっています。

環境基準（公共用水域） （河川、湖沼、海域） 健康項目 27 物質 生活環境項目 （類型ごと）	公共用水域 河川、湖沼、港湾、沿岸海域	特定施設の届出 （排水基準、改善命令等） 指定物質の届出 （事故時の措置）
	閉鎖性海域対策 （東京湾、伊勢湾、瀬戸内海等）	総量削減計画 発生源別汚濁負荷量の削減目標 規制以外で下水道整備等 瀬戸内海環境保全臨時措置法 有明海・八代海再生特別措置法
	指定湖沼対策（11 湖沼）	湖沼水質保全特別措置法 汚濁負荷量削減目標、浄化槽整備等
	生活排水対策	生活排水対策推進計画
環境基準（地下水）	地下浸透防止	有害物質使用特定施設、 有害物質貯蔵指定施設の届出 （構造基準・点検管理） 浄化命令

図 4-3-1　水質汚濁法等の概要

3　地下に浸透する汚水の規制

地下水は目に見えず、その実態をなかなか把握できません。また、流速が緩慢で一度汚染されると表流水と違ってその回復が困難であると言われています。井戸を通じての調査ということになりますが、1980年代に飲用井戸で水道水の基準を超えるトリクロロエチレンやテトラクロロエチレンなどの有害物質が検出される地下水汚染が各地で見られました。

そこで、有害物質（28物質）を使用する施設等のある事業場からの一定の水について地下に浸透させてはならない、という法改正が1989年に行われました。1996年には人への健康影響が懸念される場合には浄化命令も出せることになりました。しかし、その後も事業場などからの地下水汚染事例が継続的に確認され、土壌汚染の現状からも未然防止策の強化が求められました。

2009年の土壌汚染対策法の改正時の委員会付帯決議で土壌汚染の未然防止策をより強化すべきであるとされました。それを受け中央環境審議会でも議論が行われ、2011年に法改正が行われます。まず、①有害物質を取り扱う施設や設置場所等の構造に関する基準の導入です。設備の配管を目視できるようにする、地下配管であれば検知器を設置する、施設設置場所の床面をコンクリート等にする、防液堤を設けるなどです。次に、②点検管理に関する措置として定期的な点検を義務付けることとしました。これに伴い、排水を伴わない貯蔵施設も対象とされました。

4　閉鎖性海域対策

排水基準による規制のみでは環境基準の確保が困難と見られる東京湾、伊勢湾、瀬戸内海等では、総量削減計画を策定しそれに基づく対策が取られています。COD、窒素、リンの汚濁負荷量の削減目標量を定め、目標達成のための方法を定めています。まず、排水規制で対応する分とそれ以外の方法により対応する分を割り振り、排水規制に関しては排出口ごとの濃度による規制ではなく業種ごとの汚濁負荷量による規制を行います。排水基準だけですと希釈により多くの汚濁物質の排出が可能となること、閉鎖性海域に流入する汚濁物質は都道府県域を超えていることから一都道府県での対策強化では不十分であること、などが考慮されたものです。また、排水規制以外による対策としては下水道整備、農業集落排水施設の整備をはじめ環境保全型農業として化学肥料の使用抑制等を求めています。

なお、瀬戸内海については1973年に制定された瀬戸内海環境保全特別措置法により、有明海、八代海については、2002年に制定された有明海及び八代海を再生するための特別措置に関する法律による取り組みが行われています。

排出規制とは違った新たな対策手法

事業活動にともなって出る汚染物質について環境中に飛散しないようにするには、①汚染物質を生成する段階で施設設備の構造を規制するのか、②施設から環境へ排出する段階で規制するのか、大きく分けて二つの方法があります。公害関係法の整備は1970年の公害国会の前から議論は行われていたものの、さまざまな事業活動に関するルール作りから遅れて立ち上がった感は否めません。事業所管省庁に環境保全、環境配慮の考えがまだそれほど浸透していない時代のことです。事業活動のあり方、その中に踏み込んでの規制、施設設備の構造を規制するのでは、事業所管省庁との関係から有効な対策は取れないのではと考えられました。そこで、施設の外である一般環境は事業所管省庁の所管ではないだろうと、当初の公害規制は排出口による排出規制、施設の外への排出を規制する方式が採用されました。大気関係では煙突からの排出について規制する、水関係でも事業場等からの排水について規制するということです。

汚染物質の環境への排出状況は様々です。対策がある程度進んできますと排出口では捕捉できない汚染物質の排出への対応が求められます。例えば、①地下水の漏えい、漏えいですから排出口という概念はありません。②VOC規制でも造船所の塗装のようにオープンスペースから大気への排出があります。③アスベストも建物の解体作業での大気への飛散があります。こうした課題には丁寧な対応が必要です。①地下水漏えいへの対応として、2011年の水質汚濁防止法改正で新たに構造基準と点検等の作業基準が導

5　生活排水対策

下水道の未整備地域を中心として、台所の水や洗濯水などのいわゆる生活排水による汚濁により公共用水域の水質状況に課題がありました。そこで1990年の法改正で生活排水対策の規定が導入されました。具体的には、都道府県の指定した重点地域において、市町村が生活排水対策推進計画を作成して対策を進めるというものです。下水道の整備、浄化槽の設置などの事業が中心で、規制的な内容を含むものとはなっていません。自治体では独自条例で対応しているところもあります。滋賀県では琵琶湖という湖沼を抱えていることもありますが、「生活排水対策推進条例」を制定し、住宅の新築等のときに合併処理浄化槽設置を義務付けています。

入されました。当初は敬遠されがちであった構造基準が所管省庁の理解を得て導入されたことは公害規制の中でも画期的な改正であったと評価されます。排出口を持たないことから規制が躊躇されていた汚染対策にも大きな一歩となります。②VOC規制では、排出口における濃度規制と事業者による自主的な取り組みの推進という政策の組み合わせ、ベストミックスによる対策が講じられています。大きな成果を上げていることは前述したとおりです。③解体作業に伴うアスベスト飛散防止は作業基準を設けて対応しています。これも排出口規制ではうまくいかないことからの対応です。作業基準というのは事後的検証の困難な規制です。実務的には隔離された前室等でアスベスト濃度の測定等の管理が必要です。

また、閉鎖性海域における対策でも触れましたが、閉鎖性海域の汚濁負荷の大きな部分は、家庭や小規模で規制対象にならない排出源、生活系や農業系の排水です。規制をいくら強化しても効果は限定的です。下水道の整備や浄化槽の設置による対策と一体的に対応することが求められます。規制で対応する部分とそれ以外の対策で対応する部分とを明確にした計画を策定して対応することになっています。この手法は湖沼水質保全特別措置法や自動車NO_X・PM法でも採用されている方策です。

（西尾哲茂「公害国会から40年　環境法における規制的手法の展望と再評価」『季刊環境研究』No.158参照）

6　湖沼水質保全特別措置法

湖沼の環境改善が一般対策のみではなかなか進まない現状から、湖沼水質保全特別措置法が1984年に制定され、環境基準の確保が緊要な湖沼についての特別の措置を講じることとされています。湖沼水質保全基本方針を定め、特別対策をとる湖沼として、八郎潟、釜房ダム貯水池、霞ヶ浦、印旛沼、手賀沼、野尻湖、諏訪湖、琵琶湖、児島湖、中海、宍道湖が指定されています。閉鎖性海域と同様、湖沼水質保全計画を策定し、規制による削減分については汚濁負荷削減目標量に基づく規制基準を定め、その遵守を求めるとともに、規制以外の削減分については下水道、し尿処理施設、浄化槽等の事業を推進することとしています。

2005年には、流出水対策を取り入れるなどの改正が行われています。湖沼への汚水の流入は事業場からのみではなく農地や市街地からのものもあり、これは事業場への規制強化のみでは湖沼水質保全に十分ではないと考えられたからです。具体的には対策地域を指定し、湖沼水質保全計画の中に流出水対策推進計画を盛り込んで対策を図ることになっています。

なお、2015年には琵琶湖の自然環境等の悪化に対し保全・利用を図るため、琵琶湖の保全及び再生に関する法律が成立しています。

7　海洋環境の保全

海洋環境の保全についても簡単に触れておきましょう。海洋環境については国際的に様々な条約が採択され、それに基づく議定書により加盟国に対策を求めています。海洋汚染防止法（海洋汚染等及び海上災害の防止に関する法律）は海洋汚染のみならず海洋災害防止もその目的ではありますが、海洋環境保全のための国際的な取り決めへの国内対策の中心です。船舶起因の汚染については1973年に採択されたマルポール条約とその議定書への対応として船舶からの油、有害物質、廃棄物の排出等は規制されています。また、陸上起因廃棄物等の海洋汚染については1972年に採択されたロンドン条約への対応として船舶等からの海洋投棄は原則禁止とされています。2011年に発生した東日本大震災において沿岸部の水産加工会社の倉庫が津波で被災し、大量の腐敗水産物が発生しました。廃棄物が動物性残さであったこと、陸上での処分場の確保が困難を極めたこともあり、特別の措置として沿岸部から50海里沖へ海洋投棄する処分が行われています。

また、海洋環境ではありませんが、海岸への漂着物対策も課題でありました。海岸漂着物は海岸景観を損ねるのみならず有害物質などによる影響も懸念されていました。大陸から流れてくるもの、国内の不法投棄された廃棄物が一度海に出て、再び海岸に戻ってくるものなど様々で、その責任の所在もはっきりしていません。2009年に海岸漂着物処理推進法（美しく豊かな自然を保護するための海岸における良好な景観及び環境の保全に係る海岸漂着物等の処理等の推進に関する法律）が制定されています。処理の責任を海岸管理者としつつ、市町村の協力や他地域からの流入漂着物への対策などを定めています。

第４節　土壌環境の保全

1　土壌汚染対策法の制定

ア　土壌汚染

土壌汚染は、大気汚染や水質汚濁とは違った特色があります。まず、①いわゆるストック汚染で、浄化しないことには永久的に汚染が継続して健康や生活環境への影響の懸念が続くということです。次に、②汚染の影響です。農作物の生育や人への皮膚接触のような場合は直接的に土壌汚染の影響が懸念されます。土壌汚染が地下水を経由するような場合には、その水を摂取することによる間接的な影響も重要です。最後に、ここが対策をとる場合の難しさにも関係しますが、③汚染されている土地の多くが私有地であるということです。大気や水などの環境媒体は公共財であり、汚染を外部不経済として捉えて対策を検討できますが、土壌汚染についてはどう考えるか、という問題があります。

イ　農用地土壌汚染防止法

土壌汚染に関する法律として最初に制定されたのは1970年の農用地土壌汚染防止法（農用地の土壌の汚染防止等に関する法律）です。これはカドミウムなどの農用地の土壌汚染により有害な農作物が生産されたり、農作物の生育が阻害されたりするのを防止することを目的にしています。1970年の公害国会において制定された法律です。富山県の神通川流域で発生したイタイイタイ病は、カドミウムに汚染されたお米の摂取による健康被害事案ですが、法制定の一つの端緒になっています。

法律の構造です。都道府県知事は、カドミウム、銅、ヒ素とその化合物で汚染されている農用地を有する地域を対策地域として指定し、農用地土壌汚染対策計画を策定して、客土など必要な公共事業を実施するというものです。2012年度末で約6,900ha、汚染農用地の90%以上の対策は終了しています。事業費の全部又は一部は公害防止事業事業者負担法により事業者がその責任の割合に応じて負担しています。未然防止策として大気染防止法や水質汚濁防止法の特別の排出基準の設定ができることとしているほか、農薬取締法による農薬管理も行われています。

ウ　市街地土壌汚染について

市街地の土壌汚染問題への対応は遅れていました。問題が発生していなかったわけではありません。東京都で六価クロムによる土壌汚染が大きな社会問題となったのは1973年です。同じころにアメリカでもラブキャナル運河における有害化学物質汚染事件というのがありました。1950年ごろに運河に投棄された有害化学物質が運河の埋め立て後に漏えいし、地下水土壌汚染を引き起こしたという事案です。小学校閉鎖、住民の一部強制疎開など大きな社会問題となりました。問題となったのが1978年ごろで、これを契機としていわゆるスーパーファンド法（1980年包括的環境対策補償責任法、1986年スーパーファンド修正法）が制定されました。事業に融資した金融関係者も含め、幅広く潜在的な責任者に浄化費用を負担させようとするもので、大変注目を浴びました。

日本でも頻発する市街地土壌汚染対策として水質汚濁防止法が改正されています。1989年改正で地下浸透規制が行われ、1996年改正で地下水浄化命令が発出できるようになりました。その後、主に廃棄物処理場でのダイオキシン問題に端を発し、1999年にはダイオキシン類対策特別措置法です。この法律では汚染土壌の除去に関し、民間主体で除去しようとする規制方式ではなく、行政が主体となって除去しようとする公共事業方式が採用されています。この間地方公共団体でも独自対策が要綱や条例の形で行われていました。建物建設や工場の移転時に土壌汚染対策を求めるものです。

なお、土壌についての環境基準は1991年に制定されました。水質に関する環境基準にならって27種の有害物質について定められています。

2　土壌汚染対策法

ア　法の制定

2001年に中央省庁の改革で環境省が発足しました。環境問題を一元的に対応するという方針のもと市街地土壌汚染対策についても本格的な対応が求められます。いわゆるブラウンフィールド問題も社会問題化しつつありました。ブラウンフィールドとは、土壌汚染の存在、その懸念から、本来、その土地が有する潜在的な価値よりも著しく低い用途での利用又は未利用となった土地のことです。汚染された土地が浄化されずに放置されることで、人の健康や生態系への影響が懸念されます。土地の十分な活用が阻害されることで、地域の活気や魅力が失われる、汚染されていない土地への過剰な開発圧力がかかる、という社会問題が生じることも懸念されました。

土壌汚染対策法は2002年に制定されます。土壌汚染の状況把握に関する措置、汚染による人の健康被害防止に関する措置を定め、土壌汚染対策の実施を図ることが目的とされました（図4-4-1）。

イ　調査の契機

土壌汚染は目に見えません。したがって、はじめに土壌が汚染されているかどうかを調査する必要があります。その調査の契機をどのように定めるかが一つの課題になります。制度創設当初は、①水質汚濁防止法の有害物質使用特定施設を廃止する時、②知事が健康被害の生じるおそれがあると認定する時、と二つ用意されていました。しかし、実際は、法律の要件とは関係なく土壌汚染が発覚した場合の損害の大きさから、土地の売買時における土壌調査が多く行われました。マンションの土地に土壌汚染が見つかり建て替えなど大変な費用のかかった例もあります。法律の範囲外での土壌調査が8割を占める状況にもなっていました。さらに、当初の法律の適用の問題もありました。東京都の卸売市場の移転ということで、江東区の埋め立て地、豊洲への移転が議論されていましたが、当該土地に土壌汚染が見つかったのです。当時の制度では、水濁法の特定施設の廃止が法施行前であれば法律の対象にならないということでしたので、社会問題化し、法に不備があるのではないか、と国会でも問題になりました。

そうした状況のもと2009年に法改正が行われます。まず、調査の契機についてです。当初の制度に加え、③3,000㎡以上の土地の形質変更時も一定の場合に調査の対象とし、さらに、④法律によらず行われた自主調査の結果も法律の枠組みに乗せることができるという改正が行われました。

土壌汚染対策法では調査の対象である有害物質を25種定めています。土壌環境基準のうち農用地の基準である銅を除くものについて、地下水経由での摂取リスクに対し土壌溶出量基準、直接摂取リスクに対し土壌含有量基準が定められています。土壌溶出量基準はすべての物質について決められていますが、土壌含有量基準は重金属等9物質について定められています。揮発性物質については土壌ガス調査も定められています。

土壌汚染調査の契機

①有害物質使用特定施設の廃止
②一定規模(3000㎡)以上の土地の形質変更
③知事が健康被害の恐れがあると認めるとき

①要措置区域

摂取経路あり
除去等の措置が必要
汚染除去等の措置の指示
土地の形質変更の禁止

②形質変更時要届出区域

摂取経路がなく
除去等の措置は必要なし
形質変更時届出

汚染除去等の措置

汚染土壌の適切管理
一般には封じ込め
特別に土壌浄化や除去

汚染土壌の搬出規制

①搬出の届出
②運搬基準
③管理票
④汚染土壌処理業

図4-4-1　土壌汚染対策法の概要

ウ　調査の義務者

土壌汚染対策法では、土壌汚染の調査の実施主体を土地の所有者、占有者、管理者と定めました。汚染の原因者でない者に負担を負わせてよいのか、という議論もありましたが、これは①調査は汚染の有無や汚染原因者の不明の段階で行われるものであること、②土地は私有財産であり所有者等は排他的に土地を支配しており、いわゆる状態責任、土地自体のリスクに対する土地支配者の責任があること、③土地に対する権限は所有者等にあること、が考慮されたものです。

エ　区域の指定

当初の法律では、汚染の状況により規制対象区域を指定し、人への健康被害のおそれがあれば知事が対策を命じることができるとされていました。想定していたのは、土壌汚染を除去するということより管理していこうということでした。しかし、実際は汚染された土壌の除去が行われ、区域外へ搬出することによる飛散のリスクが増えるような事態になっていました。対策方法が必ずしも明確ではなく、過剰対応になっていたのではと考えられます。

2009年改正では、必要な場合は別として、できるだけ掘削除去を回避し、汚染対策としては管理することを制度的に明確にしました。まず、土壌調査の結果、何等かの管理が必要な区域について、健康被害のおそれがあるかないかで、①要措置区域と②形質変更時要届出区域に分けます。①要措置区域は汚染状況が基準に適合せず、汚染の摂取経路があるため、健康被害のおそれがあり、汚染除去等の措置が必要な区域です。対策を取るまで土地の形質変更は禁止され、汚染除去等の措置が指示されます。②形質変更時要届出区域は汚染状況が基準に適合しないものの汚染の摂取経路がないため、直ちに対策を取る必要のない区域です。土地の形質変更を行うときに計画を届出させ、適切な対応を図ることとされています。

また、汚染された土壌の適切な管理ということをより鮮明にしています。汚染除去等の措置については、汚染状況や当該土地の利用状況に応じて指示することとされ、特別な場合は土壌の浄化や除去を指示することもありますが、一般的には汚染の摂取経路を物理的に遮断する対策工法です。地下水の水質測定をはじめ、原位置封じ込め、遮水工封じ込め、遮断工封じ込め、土壌入れ替え、盛り土などの工法を明確に示して指示することとされました。

オ　搬出規制

2009年改正で汚染された土壌の搬出規制が導入されます。改正前までは、汚染土壌を区域外へ搬出する際の規制がありませんでしたので、汚染の飛散リスクを減らす対策が必要でした。規制の具体的内容は、汚染土壌を搬出する場合には届出を出させる、汚染土壌が行先不明にならないように管理票により管理する、運搬途中の飛散を防ぐため運搬基準を定める、そして適切に処理するため許可を受けた汚染土壌処理業者に処理をさせる、というものです。

カ　土壌浄化等の実施主体

土壌汚染対策法では、土壌浄化等を汚染の原因者とともに土地の所有者等にも義務付けました。農用地土壌汚染防止法やダイオキシン類対策特別措置法では汚染された土壌の浄化等の実施主体は行政側で、いわば公共事業として浄化を進めることになっています。しかしながら、市街地土壌汚染は汚染内容が多岐にわたるうえ相当数見込まれ、また、対象土地が公共財というよりも個人資産であることなどが考慮されました。

原因者が責任を負うのは当然としても、原因者ではない所有者等、汚染された土地を買ってしまった人まで責任を負うことは酷ではないか、との議論もありました。この点については、調査の実施主体と同様、①所有者等は土地についての権限を持っていること、②土地から生じるかもしれない健康影響へのリスクを支配し、そうした状態についての責任、状態責任を有していること、③浄化等による土地価値の増加が当該土地の所有者等に帰属すること、などが考慮され、所有者等も責任を負うこととなりました。もちろん所有者等が浄化等をした場合に原因者に求償することはできます。

3　今後の課題

ア　地下水資源

2009年改正は、汚染状況にある土地を形質変更時要届出区域と要措置区域に分けて管理することとし、形質変更時要届出区域であれば早急な対策は求めず、また、要措置区域でも汚染土壌の管理方法を明確にし、汚染土壌をすべて除去するという、いわば過剰対応の風潮をなくしたと言われています。地下水汚染の未然防止については水質汚濁防止法による地下水汚染対策が進められていますが、直ちには人への健康影響に問題がなくても、今後地下水資源へ注目が集まる中で、汚染された地下水についてどのような対策を求めていくかは、今後の課題でしょう。

イ　自然由来の汚染

2009年改正前の土壌汚染対策法の運用では、ヒ素をはじめとする自然由来による汚染については対象にしないとされていました。これは環境法で扱う領域が基本的に人為起源による環境汚染であるという考え方を踏襲したものです。しかし、土地の区画形質変更等何等かの人為的な作用により汚染土壌が人の健康に影響を与えるおそれがあるとすれば、対策が必要でしょう。特に今回の改正で搬出規制ができましたので、自然由来だからといって規制の対象外にして汚染を拡散させてもいいということにはならないでしょう。しかしその一方で、日本は火山国であり、重金属などのさまざまな自然由来の有害物質があります。土地の区画形質の変更を伴う開発がストップしかねません。どのように考えるかは難しいところです。現状では「自然由来特例地域」などというカテゴリーを設け、土壌の搬出を伴わない区画形質の変更について一定の基準緩和により対応しています。

ウ　対象区域の管理

土壌汚染対策法では対象区域について、都道府県知事は台帳を調整して公衆の閲覧に供しなければならないとされています。要措置区域でも対策が取られれば、形質変更時要届出区域となり、さらに土壌浄化まで行えば対象区域からの指定解除ということになります。

第 5 節　地球環境の保全

1　地球環境問題

国際的な環境問題については、1972年の国連人間環境会議以降多くの国際条約が締結されています（図4-5-1)。それまでどちらかと言えば、ある地域での環境汚染が広がって、国境を越え国際的な問題に発展するケースが取り上げられていましたが、近年は地球環境の保全、地球全体に及ぼす影響をいかに低減していくか、という観点で語られます。その特徴は、①地球環境の国際的法益は人類の共有財産であり、これを保全・管理し将来世代へ伝えることは、国際社会が負っている普遍的義務と言われていること、②環境への危機を未然に防止する予防原則が強調されていること、③条約自体は柔軟な構造を維持しつつ、具体的な規制内容は条約後の議定書などで定めるケースが増えていること、④条約の履行方

	地球環境	気候変動 オゾン層保護	生物多様性等	化学物質、海洋環境
1960年代				レイチェル・カーソン 「沈黙の春」
1970年代	ストックホルム 国連人間環境会議 国連環境計画設立 ローマクラブ「成長の限界」	フロンガスによる オゾン層破壊の警鐘	ラムサール条約 ワシントン条約	ロンドン条約 マルポール条約
1980年代	環境と開発に関する 世界委員会	オゾンホール発見 ウィーン条約 フィラハ会議 モントリオール議定書		アモコ・カシス号事件 ラブキャナル事件 ヘルシンキ議定書 バーゼル条約
1990年代	地球サミット リオ宣言等	IPCC設立 気候変動枠組条約 京都議定書（COP3）	南極条約議定書 森林原則声明 生物多様性条約	OPRC条約 国連海洋法条約 96年議定書（ロンドン条約）
2000年代	ヨハネスブルグ サミット		カルタヘナ議定書	ストックホルム条約
2010年代	リオサミット	京都議定書改定（COP18） IPCC第5次報告 パリ協定（COP21）	愛知目標 ABS名古屋議定書	水銀に関する水俣条約

図 4-5-1　地球環境保全について

法として締約国の計画と報告、締約国会議による審査、勧告という手法が多く用いられていること、などです。

2　オゾン層の保護

オゾンは酸素原子３つからなる気体で、成層圏（10km～16km）に90％存在しています。オゾンは太陽光の中の有害な紫外線を吸収し、人類や他の生物を守っています。紫外線による健康影響としては、急性影響として日焼け、雪目、免疫機能低下、長期影響として皮膚がん、さまざまな腫瘍、白内障などがあります。

フロン類は大気中で分解しにくく安定しているため、戦前から冷媒として多く用いられてきました。1974年にローランド博士はフロン類が成層圏に達すると紫外線で分解され塩素原子を生み、これがオゾンを破壊するのではないか、と発表しました。1980年代になって、オゾン層の観測が行われるようになりましたが、1982年日本の南極地域観測隊がオゾンについて集中的に観測を行った結果、南極の春季にはオゾンが大幅に減少することを観測しました。同じころイギリスの観測隊もオゾンの減少を観測し、ローランド博士の仮説どおりと受け止められました。

南極上空のオゾンホールは毎年観測されています。1980年ごろから急速に増大し、2000年ごろには南極大陸の2倍にもなっていました。

1985年オゾン層保護のためのウィーン条約が採択されました（発効は1988年）。条約はいわば枠組みですが、国際的世論の盛り上がりを受け、早くも1987年にはモントリオール議定書が採択され（発効は1989年）、具体的なオゾン層破壊物質の規制が決められます。議定書により、①先進国では、5種類の特定フロン（CFC：クロロフルオロカーボン）、四塩化炭素等は1996年まで、ハロンは1994年まで、HCFC（ハイドロクロロフルオロカーボン、CFCの代替物質）は2020年まで、臭化メチルは2005年までに全廃、②途上国では、特定フロン、ハロン、四塩化炭素等は2010年まで、HCFCは2030年まで、臭化メチルは2015年までに全廃ということになっています（図4-5-2）。こうした世界的なオゾン層保護対策の結果、オゾンホールの発生状況は2000年以降減少傾向にあります。

1988年に条約と議定書を受けた国内法としてオゾン層保護法（特定物質の規制等によるオゾン層の保護に関する法律）が制定されています。対象物質の製造等を規制し、排出抑制や使用の合理化指針を定めていますが、基本的な部分は新規の生産に対する規制です。

フロン類は、冷媒のほか半導体の洗浄剤、噴射剤、建築用断熱材の発砲剤など幅広く使用されていて、既に生産され、使用されているフロン類が大気中に放出されないことが重要です。モントリオール議定書の締約国会議でもフロン類の回収、再利用、破壊の促進が決議されました。フロン類を回収して、大気中に排出しないようにする、再利用または破壊する仕組みをどのように作るか、ということになります。対象はCFC、HCFC、HFC（ハイドロフルオロカーボン）です。HFCはオゾン層破壊物質ではありませんが、温室効果ガスですので、フロン類の代替として多く利用され、大気中に多く排出されれば気候変動へ与える影響も

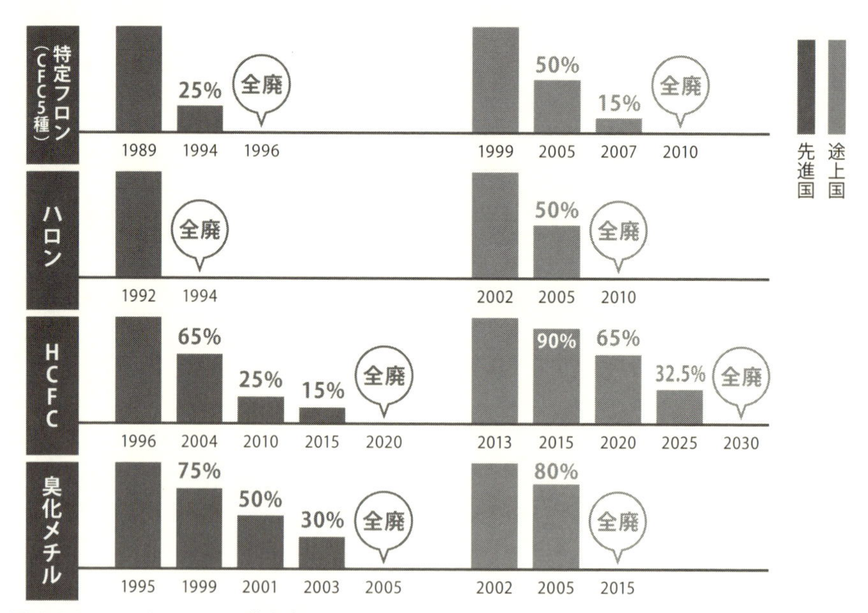

図 4-5-2　モントリオール議定書

大きく、対象物質とされました。

冷媒用のフロン類といっても、業務用空調機、冷蔵冷凍機から家庭用のものまで、さらに自動車のカーエアコンにも使われています。当時既に家電リサイクル法が制定されていましたので、家庭用冷蔵庫等のフロン類はこれまでどおり家電のリサイクルシステムで対応し、業務用冷凍冷蔵庫とカーエアコンのフロン類については新法で対応することになりました。フロン回収破壊法（特定製品に係るフロン類の回収及び破壊の実施の確保等に関する法律）の制定は2001年です。このことを契機として2002年には自動車リサイクル法が制定されますが、カーエアコンのフロン類については自動車リサイクル法で対応することとされました。フロン回収破壊法の具体的な仕組みは、対象フロン類について、登録されたフロン類回収業者に引き渡し、最終的には許可を受けた破壊業者のところで破壊するというものです。

フロン回収破壊法によりCFC等は確実に減少していきましたが、代替物質であるHFCが急増し、回収率も低迷していました。2007年にはそうした点を改善するため、フロン類を回収する場合の工程管理を明確にする改正が行われています。また、2013年にはフロン類の製造から廃棄までのライフサイクル全体を見据えた対策として各事業者に更なる取り組みを促すような仕組み、判断の基準を定めその遵守を求めるものが導入されています。法律の名称もフロン排出抑制法（フロン類の使用の合法化及び管理の適正化に関する法律）に改められています。なお、ハロンについては消火剤として有用であり、国家ハロンマネジメント戦略に基づき、回収・再利用されています。

3　気候変動に関する国際的枠組み

ア　気候変動に関する科学的知見

1970年代の後半から地球大気の観測が進み、「人為的な影響により地球が温暖化しているのでは」という議論が行われていました。1985年にオーストリアのフィラハで国際会義が開かれ、気候関係の科学者が集まり初めて国際的に気候変動の問題が議論されました。1988年には国連環境計画（UNEP）と世界気象機構（WMO：World Meteorological Organization）により気候変動に関する政府間パネル（IPCC：Intergovernmental Panel on Climate Change）が設立されます。IPCCは気候変動に関する最新の科学的知見の評価を任務としています。世界各国の研究者の参加を得て、科学、技術、社会経済的に評価し、そうした知見が政策に反映されることを期待しています。IPCCには3つの作業部会（科学的根拠、影響・適応・脆弱性、緩和策）とインベントリータスクフォースがあり、適時に評価報告書を発表していますが、IPCC自体は政策的に中立であり特定の政策の提案を行わないという立場を重視しています。しかし、IPCC報告書は国際社会の政治的決断を促すような時期に発表しています。

1990年第1次の報告書はリオの地球サミット、1995年第2次報告書は京都議定書を採択するCOP3（第3回締約国会議）、2001年第3次報告書は議定書実施ルールを決めるCOP7、2007年第4次報告書は2012年以降の枠組みを決める予定のCOP15という具合です。第5次報告書は2014年に発表されましたが、2020年以降の枠組みを決めるCOP21の後押しをするものと言われています。

国際的な環境問題の解決という点で、オゾン層保護への取り組みは成功事例と言えるでしょう。国際的世論の高まりを背景に、ウィーン条約に基づくモントリオール議定書では大変厳しい規制が導入されています。国際問題となれば必ず各国の利害関係が条約の成否に影響してきますが、大枠を条約で決め、具体的な内容は議定書で、という方式がこの条約で確立されたとも言えます。

しかし、オゾン層保護の問題とは異なり気候変動問題は当初から非常に強力な政治力が必要ではないか、と言われていました。温室効果ガスのかなりの部分を占めるのが二酸化炭素（CO_2）ですが、①CO_2の排出はエネルギー問題そのものであり、各国の経済全般と密接な関係を有し、いわば国益そのものであること、②エネルギー産業は世界的に見ても大変有力な企業が多く政治力も強いこと、③先進国と開発途上国では立場が異なり、1990年ごろ、全人口の4分の1を占める先進国が全CO_2のうち4分の3を排出していたこと、④先進国間でもエネルギー効率が異なり、一律の規制を難しくしていたこと、などです。

IPCCはそうした政治上の難しさを踏まえ、科学的客観性を担保するため、評価報告書は多くの科学者が関与しています。第4次報告書では130か国にもわたる450名以上の代表執筆者と800名を超える執筆協力者に加え、2,500人以上の専門家の査読という手続きを経ています。

イ　気候変動の影響等

IPCCの報告書にもありますが、気候変動の原因となる地球温暖化の証拠が集められています。世界の平均気温はここ100年で0.74℃上昇し、最近の50年間ではその上昇速度がほぼ2倍になっています。CO_2の濃度も18世紀ごろまでは280 ppmであったものが今世紀になって370 ppmを超え、2015年には400 ppmをも超える状況です。平均気温の上昇は世界の気候システムに影響を及ぼし、異常気象が頻発しています。2003年8月ヨーロッパ中部の異常高温、熱波、2005年8月ハリケーンカトリーナの甚大な被害、2009年巨大台風によるフィリピンやインドシナ半島での甚大な被害、2011年10月メコン川流域での大洪水、などです。

また、気温の上昇により、北極の海氷や南極の氷床の減少が広範囲に進んでいます。北極では10年ごとに約2.7%減少し、2040年には夏の海氷がほぼ消失するという予測もあります。南極のウィルキンズ棚氷は2008年2月に崩壊をはじめ、約1か月で400㎢以上消失しています。こうした異変は生態系にも影響を与え、ホッキョクグマは海氷面積の減少で狩りができなくなり、アメリカでは絶滅のおそれのある種に指定されました。南極のアデリーペンギンにも大きな影響を与えています。その他海面上昇により毎年洪水に曝される人口が何百万人も増加すると予測されています。小島嶼部は特に脆弱で、国土が水没するおそれのある国もあります。

気温の上昇による影響は国内にもあります。水温の上昇などの環境ストレスによるサンゴの白化、高山にのみ生息するライチョウの生息適地の減少、ニホンジカの生息域拡大による農林産物や高山植物への被害、ブナ林の適地減少、洪水被害の増大、熱中症や感染症の拡大、デング熱の媒介生物であるヒトスジシマカの分布北上、高知県四万十市での観測史上最高温度の記録など、様々な現象が国内でも生じています。

IPCCでは2014年11月に第5次の評価報告書を発表しています。その中で、i）気候変動全般については、①人間による影響が温暖化の支配的な原因である可能性が極めて高い、②温室効果ガスの排出がこのまま続けば、21世紀末までに最大4.8℃の気温上昇、最大0.82 mの海面上昇が予測される、③ここ数十年世界中の生態系と人間社会に気候変動の影響がある、④主要リスクとして、氷河・永久凍土、洪水・干ばつ、海面水位、生態系、火災、食糧、生活・健康・経済等があるなどとしています。ii）気候変動の緩和については、まず、過去40年間に排出されたCO_2は1750年から2010年までの累積排出量の半分であるとし、その上で、産業革命前に比べて気温上昇を2℃未満に抑えるシナリオを示しています。①2050年に排出量△40%～70%（2010年比）、2100年にはゼロにすること、②その場合の低炭素エネルギー、再生可能エネルギー、原子力エネルギー、CCS（Carbon Capture and Storage）【29】を伴う化石エネルギー、バイオエネルギーなどですが、その割合を2050年までに3~4倍（2010年比）にすることとしています。また、③2030年まで緩和の取り組みを遅延させると2℃で抑える選択肢を狭める、とし、④キャップ&トレード、炭素税なども取り上げています。

特に今回の評価報告書では、産業革命前からの気温上昇を2℃で抑える点を強調しています。2050年のCO_2排出量を2010年比半減程度にし、2100年には排出量をゼロにして、はじめてCO_2濃度を430~480 ppmで安定化させることができる、気温上昇を2℃で抑えられる可能性が高い、としています。

IPCCは2007年にノーベル平和賞を受賞しています。元アメリカ副大統領で「不都合な真実」の著者でもあるアル・ゴア氏との同時受賞でした。2009年が京都議定書に続く次の枠組みを決める予定の年であったことも影響したかもしれません。なお、IPCCは報告書の中の誤りが発覚したり、クライメイトゲート事件と呼ばれるデータ操作の不正に関する疑惑が報じられたりしたこともあります。

そのため、2010年8月にはIAC（Inter Academy Council）による勧告が出され、IPCCはこの勧告を受け、信頼性向上のために引用論文の扱い、査読プロセス、不確実性についての扱いなどについて改善しています。

ウ　気候変動枠組条約

IPCCの報告書などを踏まえ、気候変動問題に対処するための条約として、1992年5月に気候変動枠組条約（UNFCCC：United Nation Framework Convention on Climate Change）が採択され、同年のいわゆる地球サミットで署名が開始されます。日本は1993年5月に締結しますが、条約の発効は1994年3月です。197の国や機関が締結しています（2016年）。条約の究極の目的は「気候系に対して危険な人為的干渉を及ぼすことにならない水準において大気中の温室効果ガス濃度を安定化させること」で、そのための原則として「共通だが差異のある責任及び各国の能力により気候系を保護する」ことが述べられています。

まず、「温室効果ガスの安定化」という点です。2000年から2005年までのCO_2の人為的排出量は平均で約72億炭素トン【30】で、自然の吸収量は約31億炭素トンと言われています。したがって温室効果ガスの濃度の安定化のためには、人為的排出量を自然吸収量と同じ量まで減らさなければなりません。現在の排出量の半減以上が必要ということになります。問題は各国ごとの排出量がここ数年で変わってきていることをどう評価するか、また、産業革命以降の歴史的排出量をどう評価するか、ということです。1990年ごろのエネルギー起源のCO_2排出量は約210億トンですが、そのうち米国が23.2%、EU27か国で19.3%、中国10.9%、ロシア10.4%、日本5.1%、インド2.8%でした。2011年時点では排出量が約313億トンに増え、中国が世界1位の排出国で25.5%、米国16.9%、EU11.3%、インド5.6%、ロシア5.3%、日本3.8%となっています。ここ数年で見ても先進国のみならず途上国と言われていた国の排出量が急増しています。また、1850年から2006年までの歴史的排出量では米国29%、先進国全体では75%になっています。ちなみに中国9%、ロシア8%、日本4%、インド2%です。

条約では「共通だが差異のある責任」と「各国の能力」という二つの原則が述べられています。途上国側は総じて「先進国が歴史的排出量により累積的な責任を負うべきである」とするのに対し、先進国側は「現在裕福な国がそれ相応の責任を負うべきというにすぎない」とし、これらの言葉のニュアンスが異なっています。

また、先進国の義務として、①温暖化の防止のための政策措置を取ること、②排出量や政策・措置に関する情報を締約国会議に報告すること、③途上国への資金供与、技術移転をすることが述べられています。そして、①と②の措置について、温室効果ガスの排出量を2000年までに1990年の水準に戻すという目的で行うとしています。さらに途上国を含む全ての締約国は排出目録を作成し、政策措置とともに報告することが義務付けられています（図4-5-3）。

このように、気候変動枠組条約は条約の名称にもあるように気候変動対策の枠組みを決めるものにすぎません。したがって実効性のある、また拘束力を持った規制をどのように構築していくかが重要な課題となります。1994年に条約が発

気候変動枠組条約
1992年採択　1994年発効

目的	大気中の温室効果ガス 濃度の安定化
原則	共通だが差異のある責任 各国の能力に従い気候系を保護
先進国の義務	温暖化防止のための政策 排出量や政策等を報告 途上国への資金、技術

温室効果ガスの排出を2000年までに
1990年水準へ戻す目的

全ての締約国	排出目録、政策等の報告

京都議定書
1997年採択　2005年発効

条約の目標達成に向けて
先進国の国別排出量に
法的拘束力のある削減目標を課したもの

対象ガス	二酸化炭素、メタン、一酸化二窒素 HFC、PFC、SF6（代替フロン等）
基準年	1990年 代替フロン等は1995年も可
約束期間	2008年～2012年
数値目標	日本△6％、米国△7％、EU△8％等

京都メカニズムの導入
森林吸収源等の吸収量も算入

図4-5-3　気候変動枠組条約と京都議定書

効します。早速締約国会議COP（Conference of the Parties）の準備が始まります。条約事務局がドイツのボンということもあり、第1回締約国会議COP1はベルリンで開催されることになりました。

エ　京都議定書

京都議定書（Kyoto Protocol）は1997年12月11日、数々の難題を乗り越え、予定の日程から36時間遅れて、京都で開催されたCOP3で採択されます【31】。

気候変動枠組条約の究極的な目標の達成に向けて、先進国（条約上は附属書Ⅰ国）の国別排出総量に、法的拘束力のある削減目標を課したものです。目標達成のための政策、措置の選択については、各国に委ねられています。日本は2002年6月に批准し、議定書は2005年2月に発効しています。議定書採択に向け中心的役割を果たしたアメリカは結局批准しませんでした。議定書の内容には、①各国の取るべき政策、②削減の対象となるガス、③削減約束の期間、④削減の基準となる年、⑤マイナス削減である吸収源、⑥各国に割り当てられる排出枠、⑦いわゆる国際的な柔軟措置などが定められています。

はじめに、①政策、気候変動対策としてどこまで議定書に記述するか、という課題です。EU（欧州連合）は炭素税を含む共通の政策措置を導入すべきとの主張を展開しましたが、アメリカの反対により実現せず、政策リストを作成するのみになりました。具体的な政策は各国に委ねるということです。当初炭素税には絶対反対の立場だった産油国の理解が得られやすくなったと言われています。

次に、②対象ガス、気候変動対策で規制の対象となるガスの種類についてです。アメリカは個別のガスごとではなく、包括的な方式を主張しました。対象となるガスのどれを削減してもよいという考え方で、経済的な効率性を重んじるものです。EUはモニタリングに懸念があり、オゾン層対策のように個別ガスごとに、という考えでした。結局、議定書では対象ガスを包括して国ごとに目標を設定することになりましたが、さまざまな経済主体がある中で国ごとの目標設定は各国に大きな負担となりうるものでした。

EUや日本は当初CO_2、CH_4（メタン）、N_2O（一酸化二窒素）の3つのガスのみを想定していましたが、アメリカの主張もありCFC（フロン類）の代替物質であるHFCやPFC（パーフルオロカーボン）、SF6（六フッ化硫黄）も対象とされました。アメリカの化学工業会がオゾン層保護の枠組みに入れられるより有利と考えた結果とも言われています。

③対象期間、議定書の約束をいつからいつまでの間に達成するか、という問題

京都議定書への道のり

京都議定書関係についてはマイケル・クラブ教授の著書「京都議定書の評価と意義」に詳しく説明されています。

1995年にベルリンでCOP1が開催されます。世界中から多くの人々が会議に集まります。「気候列車」といって、地球にやさしい交通手段を利用して参集したNGOもあります。10,000人以上の人が参加しました。各国から多くの閣僚も参加し、ベルリンマンデートと言われていますが、COP3で定量的な温室効果ガスの削減目標を設定した議定書の採択を目指すことが決められました。

しかし、各国のCO_2排出量、政治状況、経済状況は様々でCOP3での目標設定には困難が予想されていました。①アメリカはもともとエネルギー価格が低いことから消極的で、特に議会関係者は産業界の影響を受けやすいと言われていました。しかし、時のクリントン政権とゴア副大統領は国際的な動向に配慮を示すとともに国内対策であるSO_X規制（硫黄酸化物の排出量を排出権取引により削減）のサクセスストーリーもあり、拘束力のある目標を、という立場でありました。②EU（欧州連合）は当時15か国でしたが、酸性雨問題やオゾン層問題等環境問題には熱心で、目標設定のみならず政策についても各国共通のものを、という立場でした。③日本は環境問題での国際貢献をしたいとは思っていましたが、エネルギー効率は既に高い水準で、さらなるCO_2の削減には懸念を示していました。④ロシアや東欧は1980年代末に経済が破綻していて大幅な削減が可能でした。⑤カナダやオーストラリアは石炭依存が高く削減コストに懸念を示していました。⑥スイスやノルウェーも水力中心であることから更なる削減は困難と見られていました。⑦産油国は炭素税の世界的導入に懸念を示し、⑧経済発展移行国（中国、インド、南アフリカ、ブラジル）は「責任は先進国にある」という立場でしたが、資金、技術移転に期待していました。⑨小島嶼部の国々は海面上昇に対して脆弱で、排出削減を強く求めるとともに適応対策への資金供与に期待していました。

です。3年では短かすぎますし、4年ではアメリカの大統領選挙と同じになるということで5年間とされました。問題はいつからということです。EUは2003年からを主張しましたが、日米が反対し、2008年からということになりました。議定書の発効が2005年でしたので、結果的には各国ともスムーズに約束期間に入れたことになります。

④基準年、削減目標の発射台をいつにするか、という問題です。1990年はIPCCの第1次報告書の公表された年です。発展途上国にとっては有利ですが、日本やフランスのようにエネルギー効率を上げてきた国にとっては不利に働きます。1995年なら日本やアメリカにとって有利でしたが、結局、基準年は1990年とし、HFCなどの代替フロン等3ガスについては1995年でも可とするとされました。

⑤吸収源、マイナスの排出量をカウントするか、という問題です。温室効果ガスの排出について厳しい規制をかけるのであれば、吸収される分は相殺されるべきであるという考え方です。いわゆるネットアプローチの考え方で、アメリカはじめカナダ、ニュージーランド、ノルウェーなどが主張しました。しかし人為的吸収という概念が曖昧で、多くの国は反対しました。「アマゾンの防護柵」と言われましたが、アマゾンのジャングルの周りに柵でも設ければ何もしないのに密林での吸収量がカウントされる、それはおかしくはないか、ということです。しかし、温室効果ガスの削減目標を高く設定するためということもあったと思います。この点については「直接人間の引き起こした変化」という前提で吸収量を容認することとされました。

⑥排出枠、各国別の排出枠ですが、議定書の一番コアな部分です。1995年時点での各国の排出量は、CO_2で見ますと1990年比イギリス△7%、ドイツ△12%、フランス+1%、アメリカ+5%、カナダ+8%です。イギリスは石炭から石油系へ燃料転換を図っている途中でしたし、ドイツは東ドイツの合併で△となっていました。また、中欧、東欧、ロシアも経済がいわば破綻状態で△20%～30%となっていました。当初EUは各国とも一律の削減△15%を目指すべきと主張しました。しかし、「EUバブル」と呼ばれますが、EU全体では△15%でも域

内には+40%まで容認するような国を抱えていました。各国からの批判が噴出し、結局、一律ではなく国による差異化を認めることになりました。国際的な柔軟措置（排出権取引等）とも関係しますが、アメリカのゴア副大統領が来日して、「アメリカとしては取引制度が認められるなら2桁での削減率も可能」という発言をし、差異化を認めた案で最終的な詰めがされました。

EU、アメリカ、日本の比率についてです。EUは6:5:5では途上国から賛成されないとし、8:7:6もしくは6:6:5で、との立場でした。日本は当初、これまでエネルギー効率向上のために努力してきたこともあり、取り引き抜きで△0%を考えていましたが、取り引きなどを含め△4%を提案し、EU、アメリカとの調整結果、8:7:6で決着させました。議長が日本の大木環境大臣で、COP3を決裂させれば日本が国際的な批判の的にされるとの心配もありました。環境、外務、通産の三省庁の協議により△6%を受け入れることになりました。先進国全体では△5%を目指すこととなり、削減率は、EU8%、アメリカ7%、日本6%、ロシア0%という枠組みで決着しました。

⑦国際的な柔軟措置です。EUはもともと同じ政策措置で一律削減という考えでした。しかし、アメリカは自国内でどの程度の排出削減ができるか不明でしたし、CO_2削減に当たっては、エネルギー効率の悪い国なら排出削減費用を安くできることは自明でした。排出量を国際的に移転させる何等かの措置が必要であると考えていました。

はじめに、a）共同実施（JI : Joint Implementation）です。これは削減義務を負う国同士の取り引きです。ある国が、他国の排出削減プロジェクトに投資して、当該他国の排出削減分を自らのクレジットにできる、というものです。企業が投資する場合も当てはまります。排出削減に義務を負う先進国間の取り引きですので、世界全体での削減には影響しません。経済的に困難を極めていた東欧諸国が賛成したことにより比較的容易に認められました。

次にb）排出量取引（Emissions Trading）です。排出枠の売買という考えです。これも排出削減の義務を負う先進国間の取り引きで世界全体の削減には影響しません。削減費用の安いところで削減し、削減費用の高いところへ売却することで効率的な削減が達成される、というものです。アメリカではSO_X対策で既に導入され、成功も収めていました。排出枠自体が資産価値を持つことで市場の活性化にもなるのではないかとも考えられました。いずれにしても、アメリカでは国内措置のみでの排出削減目標を達成することは政治的にも経済的にも困難でした。EUや途上国は何も対策を取らずにお金でCO_2を買うことになる、ということで反対しました。一方、ロシアは経済体制の移行途上で排出枠以上の削減が可能でしたので、その余剰分（「ホットエア」と言います）の売却で資金を得られるのでは、という期待がありました。結局、COP3においては、エストラーダ議長の政治決断もあり「補完性の原則」、排出削減の約束を履行するための国内行動に対して補足的なものとする、ということで認められました。

柔軟措置の最後として、c）クリーン開発メカニズム（CDM：Clean Development Mechanism）があります。これは先進国が途上国で削減プロジェクトを実施し、そこから得られる削減量を自国（先進国）の削減目標を達成するために利用できるというものです。CDMの原型はブラジル提案にあると言います。もともとは「先進国の排出削減の目標を如何に担保するか」という議論からです。ブラジル提案は、目標を遵守できなかった先進国は罰金を支払い、その資金は途上国の排出削減や適応に使われる、というものでした。考え方の後先を逆転すればどうなるでしょうか。削減目標不足分の罰金を途上国の削減に使うというのですから、途上国の削減に投資した分を先進国の削減不足分に充当してもいいはずです。いわば「不遵守のペナルティ」を「遵守の投資」へ変えたのです。先進国全体で５％削減という条約の目標との関係は不分明になりますが、これぞ「京都サプライズ」と言われる所以のものです。途上国の持続可能な開発を促しつつ先進国の個別の削減目標の達成に資するものです。様々な議論の末、COP3の最終局面で排出削減が追加的であることを条件として認められました。ただし、どういった投資が認められるのか、CDM認証のプロセスのあり方、管理方法が課題です。COP3後の取り決めでCDM理事会の認証が必要とされましたが、何が削減プロジェクトか、具体的には難しい問題を孕んでいます。通常の方法であれば排出したであろう温室効果ガスを特別な技術により削減したような場合にその削減量は原則認められますが、通常の排出量をどのように算定するかなどは課題の多い仕組みです。後にCDM改革が各方面から言われることになります。

オ　京都議定書発効まで

京都議定書の実施ルールの詰めの議論が始まります。2000年にオランダのハーグで開催されたCOP6では合意に至らず、2001年、モロッコのマラケシュで開催されたCOP7で「マラケシュ合意」として定められます。議定書の約束を達成するために必要な吸収量の上限が定められ、日本は毎年1,300万炭素トン（4,767万CO_2-t、基準年総排出量比3.8%）まで認められました。

京都議定書は、55か国以上の国が締結し、温室効果ガス排出量の55%以上の先進国が締結した後90日後に発効するとされていました。日本は2002年6月に締結手続きを終えていましたが、問題は発効できるかどうかという点です。先進国の排出量の3割以上を占めるアメリカが早くも2001年に議定書から離脱することを宣言しました。京都メカニズムと言われる新たな仕組みもアメリカ主導で導入された経緯がありましたので、当時の日本は「狐につままれた」感じでした。アメリカで政権が共和党に代わったことが大きかったと言います。排出量の大きいロシアが注目の的になりました。アメリカの離脱後冷ややかな態度であったロシアですが、大量のホットエアーを有し、3,300万炭素トンの吸収源も認められたことから2004年末に批准しました。京都議定書はようやく2005年2月に発効します。発効後の最初の会議は2005年にモントリオールで開催され、京都議定書の見直し作業をするためのAWG-KP（Ad Hoc working Group Kyoto Protocol）が設置されています。このモントリオールでのCOPの会議以後は議定書の会合も行われています。COP/MOP（Member of parties）、略してCMPと言われます。

カ　ポスト京都議定書とコペンハーゲン合意

京都議定書は2012年までの排出削減を決めたものにすぎません。2013年以降の枠組みの議論をする必要があります。2007年のCOP13はインドネシアのバリで開催されましたが、ここで2013年以降の枠組みについての議論する手順がまとめられました。「バリ行動計画」と呼んでいます。

京都議定書の採択後、経済の状況は大きく異なってきています。特にアジアで中国、インドの経済成長には目覚ましいものがあります。温室効果ガスの排出量も経済規模に応じて増大し、議定書で削減義務を負う国の排出量の割合は低下する一方でした。アメリカが議定書から離脱していたこともあり、3割にも満たないという状況です。日本、カナダなどは2013年以降の枠組みはこうした発展しつつある途上国も含めた枠組みでなければ気候変動問題に対する有効な解決策にならないと主張していました。

「バリ行動計画」では、すべての国が参加し、2009年までに作業を終える、とされています。そのため、条約の下に特別作業部会、AWG-LCA（Ad Hoc Working Group on Long-term Cooperative Action under the Convention）を設置して、集中的に議論することとなりました。次期枠組みの議論の5つの要素として、①長期目標を含む共有のビジョン（Shared vision including long-term goal）、②緩和、先進国の約束又は行動、途上国の行動（Mitigation actions）、③適応（Adaptation actions）、④技術開発・移転（Development and transfer of technologies）、⑤資金（Finance）が挙げられています。バリ行動計画は2013年以降の枠組みに道筋をつけたということで関係者からは大変評価されました。しかし、本来2013年以降の枠組みは京都議定書の見直しと不可分です。二つの作業部会、AWG-KPとAWG-LCAが設置されたことにその関係を危惧する声は当初からありました。

2009年コペンハーゲンでCOP15が開催されます。世界中から次期枠組みについて合意できるのではないか、それもすべての国が参加するような枠組みができるのではないか、と期待された会議でした。そう期待する理由もありました。2007年のノーベル平和賞に気候変動問題に関して「不都合な真実」の著者のアメリカのゴア前副大統領とIPPCが受賞しました。世界的に注目されます。そして削減義務を負っていない世界的排出国の変化です。アメリカでは2008年の大統領選挙で民主党のオバマ大統領が誕生します。2008年9月のリーマンショックで落ち込んだ経済の立て直しをグリーンニューディールと称し、環境事業の推進によることを表明しました。気候変動問題にも積極的に関わろうという意欲が見られます。また中国についても経済規模が大きくなり、国際的地位の向上とともに気候変動問題に対する論調に耳を傾けざるをえないと見られていました。COP15の議長役であるデンマークのヘデゴー環境大臣も大変意欲的な発言をしていました。

しかし、ふたを開けてみればどうでしょう。ヘデゴー大臣の意気込みはいわば空回りの様相を示します。事前の詰めが甘かったのでは、とも言われました。中国を中心とする途上国側は、先進国のみに削減義務を課す京都議定書の延長問題の解決が先であるとして、すべての国の参加する新しい枠組みについての協議はなかなか進みません。途中ヘデゴー大臣が議長を降板する事態にも至りました。COP会議の最終局面では主要国の首脳間で「コペンハーゲン合意」がとりまとめられましたが、最終日（12月18日深夜）の採決にあたり、合意書の作成過程が不透明であるとして、ベネズエラ、キューバ、スーダン、ボリビアなどが反対し、最終的に（19日午後）「コペンハーゲン合意に留意する」という表現で決着しました。

COP15は気候変動問題の国際交渉に大きな陰りを与えたことは間違いないでしょう。京都議定書が一応の成果を上げつつあった時でしたので、なおさらです。ただ、ここで留意された「コペンハーゲン合意」は次期枠組みの議論の前提、その下敷きになるものでした。具体的には、①世界の気温上昇は2℃以内を認識し、②先進国は削減目標を、途上国は削減行動を、③測定・報告・検証（Measurement・Reporting・Verification　MRV）を、④途上国支援として短期資金300億ドル、長期資金1,000億ドルを、⑤緑の気候基金の設立を、などという内容を含むものでした。

キ　2010年から2014年

COP16からCOP20まではカンクン(メキシコ)、ダーバン(南アフリカ)、ドーハ(カタール)、ワルシャワ（ポーランド)、リマ（ペルー）で開催されています。COP15で崩れたポスト京都議定書に関しての枠組みづくりと、枠組みができるまでの京都議定書の扱いが主要議題です。

まず京都議定書ですが、COP18で改正案が採択され、先進国の排出削減についての第2約束期間が設定されました。2013年から2020年までの間で、△18%というものです。温室効果ガスの種類もNF_3(三フッ化窒素)が加えられています。ただし、すべての国が参加することを目標にしていた日本をはじめ、カナダ、ロシアは第2約束期間には参加していません。EUはたとえすべての国が参加しなくても京都議定書の枠組みは続けるべきとの主張でした。EUの排出権取引市場との関係があったのではと言われています。日本政府は産業界の意見に押され、結局京都議定書に参加しないという選択をして、環境派の市民団体から批判されました。削減率の改定など日本なりの参加の方法もあったのではないか、そうすることで気候変動問題への国際的な発言力を維持すべきだったのではないか、との意見もあります。当時の日本は東日本大震災後でもあり、エネルギー問題で大変困難な状況でした。冷静な議論に欠けていたのかもしれません。

次に、ポスト京都議定書の枠組みの議論です。COP17で新たな枠組みに向けた特別作業部会（Ad Hoc Working Group on Durban Platform for Enhanced Action）が設置されます。COP18で作業計画が立てられ、2020年以降の将来枠組みについて2015年パリで開催されるCOP21で合意を目指すこととされました。

その他コペンハーゲン合意の内容の実現化も一歩一歩進んでいます。緑の気候基金のホスト国の承認、短期資金の約束等、MRVガイドラインの策定、国連への登録という形式ですが、先進国の目標と途上国の行動の内容についての取りまとめなどが行われています。

ク　パリ協定（2015年 COP21）

COP16（2010年）のカンクン合意では、2020年の削減目標を条約事務局に提出することになっていました。目標を提出した多くの主要国には、日本のほか、アメリカ、中国も含まれていました。中国の目標がGDP比で不十分ではないかとの意見もありましたが、今や二大排出国となった両国が目標を提出したことは、将来、あらゆる国が参加する枠組みを作るうえで大変大きな意味を持ったものです【32】。

パリではコペンハーゲンでの失敗を踏まえフランスの外交戦略が目立ちます。交渉のはじめに主要国の首脳会合で合意に向けた政治的意思を確認したことです。特に中国とアメリカの二大排出国は、会議前の首脳会談で排出削減の新たな目標について合意しており、大きな後押しになりました。両国とも、これまでの経緯から国際的な非難を避けたいという思惑があったのでは、と言われています。交渉経過においてもファビウス外相の手腕が目立ちます【33】。すべて国の意見を聴きつつ「自ら筆を執る」形を堅持し、コペンハーゲンでは強硬に反対したボリビア、ベネズエラも取り込んでいきました。また、日程を延長したうえでオランド大統領や潘国連事務総長が登壇して合意を促したことも効果があったと言われています。最終的には2015年12月12日の午後7時30分、パリ協定（Paris Agreement）がCOPの場で採択されました。協定という名にあるように、議定書というほど拘束力のあるものにはなっていません。しかし、すべての国が参加する枠組みができたことは気候変動問題解決への大きな一歩であることは否めません。

パリ協定の内容です。まず、①世界共通の長期目標として、2℃目標に加え、1.5℃へも言及しています。次に②緩和についてです。今世紀後半に人為的な排出と吸収とのバランスを達成するよう、排出ピークをできるだけ早期に迎え、削減するとしています。そして、主要排出国を含む全ての国は削減目標（約束）を5年ごとに提出して更新すること、先進国は絶対量目標を主導し途上国は緩和努力を高めること、吸収源等の保全・強化の措置をとること、二国間クレジットを含む市場メカニズムの活用を位置づけることなどが盛り込まれました。その他、③適応については、世界全体の目標を設定し、各国が適応プロセスや行動に取り組み、報告書を提出・更新することが示されています。④資金については、先進国の資金提供の継続と途上国の自主的提供が盛り込まれています。さらに、⑤5年ごとに世界全体の状況を把握する仕組み（グローバル・ストックテイク）が設けられています。なお、発行要件としては国数で55か国以上、温室効果ガス排出量で55%以上とされています。

今回の合意に向けて「差異化」「資金」などが大きな争点でありました。「差異化」とは緩和、透明性、資金供与義務などについて先進国と途上国との書き分けの問題です。緩和・透明性義務については途上国に厳しめの内容とし、資金については先進国に厳しめの内容として、最小限の修正で決着したと言われています。今回の会合の前に、既にすべての国が約束草案を提出することとしていましたが、そのことも従来の先進国と途上国の二分論を克服するのに寄与したと言われています。

パリ協定はすべての国が枠組みに参加したという意味で、気候変動問題の国際的な取り組みにおいていわば「歴史的転換点」になるのでは、と言われています。今後、詳細ルールを決め、各国の削減目標を更新し、長期の低排出開発戦略に繋げていくという作業を続けていくことになります。2016年8月にはアメリカのオバマ大統領と中国の習金平国家主席からそれぞれの国内手続きを終えパリ協定の締結について発表されました。二大排出国の締結もありパリ協定は11月4日に発効します【34】。

日本はパリ協定発効後の最初の会議（CMA 1【35】）に批准が間に合わず、形としては後れをとったことになりました。

4　気候変動問題の国内対策

ア　日本の温室効果ガス排出量

日本は京都議定書の第1約束期間で温室効果ガスの排出を6%削減すると約束していました。2008年のリーマンショック以前はとても約束は達成できそうもなく、さらなる省エネの推進、クールビズに代表される国民運動、排出権取引によるクレジットの購入、森林管理による吸収源の確保など政策を総動員している状況でした。しかし、リーマンショック後の経済の停滞期に入るとCO_2を中心とする温室効果ガスの排出は大幅に減少し、それほど努力しなくても達成できるのではないか、という雰囲気になりました。一方、東日本大震災により原子力発電所の安全に疑義が生じ、原子力発電が稼働停止になるとその分の電力を別の電源に求めざるをえなくなります。景気の回復とともに電力需要の増大が予想され、温室効果ガスの排出も大きく増えるのでは、とも懸念されました。結局、CO_2の排出量はその後増加傾向にはなりましたが、震災後の節電効果も大きく、京都議定書の第1約束期間、2008年から2012年までの温室効果ガス排出量は5年平均で、基準年比+1.4%でした。森林吸収3.9%と京都クレジット5.9%を控除すれば全体でマイナス8.4%になり、京都議定書の目標（マイナス6%）は達成したことになります。CO_2排出量（12億7,600万トン、2021年度）の内訳を掲げておきます（図4-5-4）。

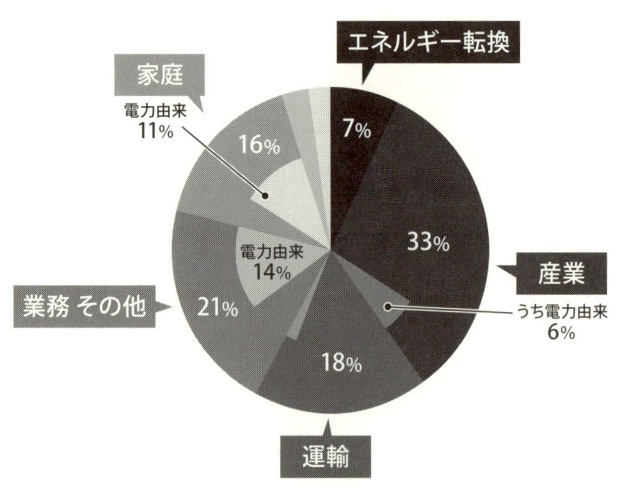

図 4-5-4　CO_2 排出量の内訳

イ　地球温暖化対策推進法

1997年に京都議定書が採択されると早速、地球温暖化対策を推進するための法律が検討されます。CO_2は直接人体に影響を与えるものでもないことから、大気汚染防止法の改正ではなく新法で対応することになりました。1998年に地球温暖化対策推進法が成立します。当初の法律は、国、地方公共団体、事業者の責務や政府の基本方針を定め、温室効果ガスの排出総量を公表し、全国と地方の温暖化防止活動推進センターの指定程度のものでした。京都議定書がCOP3で採択されたとはいえ、その細目は今後の協議に委ねられていましたし、日本の国内対策についても、どのような手法を講じるか議論が不十分であったからです。大気汚染防止法のツールが使えなかったことも影響しているかもしれません。温暖化防止対策は国際的な環境にも大きく影響されうる問題です。この法律は国際的な議論の推進に併せて何度も改正されることになります。

2001年のマラケシュ合意により京都議定書の細目が決められます。日本も議定書批准に向けて動きはじめ、2002年に批准します。京都議定書の発効を見据え、2002年改正では京都議定書目標達成計画を政府の計画として位置付けるとともに地球温暖化対策推進本部を内閣に設けることとしています。

2005年に京都議定書は発効します。国内における温暖化防止対策を強化し、

日本の温室効果ガス排出量

京都議定書の第一約束期間の目標達成に向け産業界からよく言われていたのは、日本は既にエネルギー政策の観点からぎりぎりまで温室効果ガスの排出量を削減しているというものです。日本のGDP当たりの温室効果ガスの排出量は諸外国に比べどうなっていたでしょうか（IGES報告、単位tCO_2e/1,000USD）。

確かに1990年で見てみますと、日本は0.33、アメリカは0.77、EUは0.56で、日本はアメリカの倍以上の効率化を実現していることになります。しかし、2015年の数値はどうでしょう。アメリカ0.46、EUと日本は0.30となっています。アメリカとの差は縮まり、EUとは同じレベルになっています。東日本大震災の影響はあるとはいえ、ここ数年の日本の取り組みが十分であったのか、疑問なしとは言えません。

京都議定書で定められた排出量取引等の京都メカニズムに対応する法的整備も必要となります。2005年改正では温室効果ガス排出量の算定・報告・公表制度が導入されます。これは、自らの排出する温室効果ガスの排出量を算定し報告することを、(営業上の利益等による例外はありますが) 対象事業所に義務付け、国がそのデータを集計し、公表するというものです。対象事業所は、エネルギー起源のCO_2については原油換算エネルギー使用量が1,500kl/年以上の事業所、非エネルギー起源CO_2やCH_4等のガスについてはCO_2換算で3,000トン以上、従業員21人以上の事業所となっています。これはいわゆる情報的手法の一つです。排出する温室効果ガスを認識することでその排出量の抑制に自主的な努力を求めるものと言えましょう。なお、この制度については2008年の改正で、規模要件をフランチャイズチェーンの形態で事業展開している事業者は、個々の店舗ではなく全体で判断することとしています。これにより多くのコンビニエンスストアなどが対象とされました。

2006年の改正では京都メカニズムを活用するための諸制度が導入されます。京都メカニズムにより発生する様々なクレジットは最終的には国へ帰属し、京都議定書の約束が果たされるものとなりますが、政府のみならず企業間でも取り引きが行われることが予定されています。そのための制度を構築しておく必要があります。クレジットの法的性質、クレジットの取り引きの安全の確保の観点からの改正です。今回は、クレジットを動産類似の性質を持つものと観念しつつ、今後の国際的議論の趨勢を見守るという立場です。その上で、政府が国別登録簿を整備・管理すること、その登録簿に必要な口座を設けること、クレジットの記録をクレジットの譲渡の効力発効要件とすること、その他口座開設の手続きやクレジットの保有の推定、善意者による取得規定などを整備しています。

具体的には、クレジットを「算定割当量」として、①京都議定書に基づく目標から先進国に割り当てられた割当量 (AAU：Assigned Amount Unit)、②森林面積の増加等による吸収量 (RMU:Removal Unit)、③共同実施事業による削減量 (ERU:Emission Reduction Unit)、④クリーン開発メカニズム事業による削減量 (CER：

Certified Emission Reduction）等を定義しています。そして、国が「算定割当量」を取得、保有、移転するための「管理口座」を開設し、国と法人の口座を区分しています。「算定割当量」の帰属は割当量口座の記録により定まるとし、その取得・移転は譲渡人の申請で国が記録することにより行いますが、譲渡は譲受人がその記録を受けなければ効力が生じないものとされています。

2008年改正は、京都議定書の第1約束期間の開始の年でもあり、温室効果ガス削減のための多くのツールを用意したものとなっています。まず、温室効果ガスの排出を自主的な取り組みにより抑制するため、①事業活動に伴う排出抑制と②日常生活における排出抑制への寄与についての規定が設けられました。①事業者は、その設備について排出量の少ないものを選び、排出量を少なくする方法で使用するよう努めるとともに、日常生活製品は排出量のより少ないものを製造し、その利用に伴う排出量についての情報を提供するよう努めなければならない、とされています。そのための指針では、PDCAの実施や排出量などの状況把握について示すとともに、熱源、空調や照明の設備についての選択・使用方法の具体的な措置を示しています。②日常生活の寄与については、排出量の「見える化」

●1997年　京都議定書採択	**1998年　地球温暖化対策推進法の成立** 国、地方公共団体、事業者の責務 温暖化防止活動推進センター
●2001年　マラケシュ合意	2002年改正　京都議定書目標達成計画 地球温暖化対策推進本部
●2005年　京都議定書発効	2005年改正　温室効果ガス算定公表制度
	2006年改正　京都メカニズム活用のための仕組み
●2008年　第一約束期間開始	2008年改正　排出抑制指針、地域計画 算定公表制度の拡充 植林CDM
●2012年　第二約束期間不参加	2013年改正　温室効果ガスの追加 京都議定書目標達成計画の廃止 地球温暖化対策計画
●2015年　パリ協定	2016年改正　地球温暖化対策計画等の拡充

図 4-5-5　地球温暖化対策推進法の経緯

や効率のよい照明器具などについて示しています。

次に地域計画の策定についてです。CO_2削減はすべての国民一人ひとりの取り組みが重要で、地域の自発的な取り組みを促す必要があります。当初の法律では地方公共団体自身の事務事業に関する計画のみの策定が規定されていました。自治体の庁舎から排出するCO_2の削減計画のようなものです。2008年改正では、こうした計画について、自らの事務事業のみならず地方公共団体の区域における再生可能エネルギーの利用の促進や地域の事業者や住民の行う排出削減活動の促進等についても計画で明記することになりました。地方分権ということで当時の霞が関の雰囲気としては地方公共団体に対して法律で義務付けることはできる限り避けようという状況でしたが、それまでの実行計画の内容の変更にすぎないという説明で地域の取り組みについての計画の義務付けを規定することができました。

2013年改正はCOP18の京都議定書の改定に伴うものです。日本は第2約束期間に参加しないということですので、法律から京都議定書目標達成計画という文言を削除し、代わりに地球温暖化対策計画と名称を変更しています。温室効果ガスの定義では議定書の改定に従いNF_3を対象ガスに加えています。議定書では第2約束期間に参加しない国でも京都メカニズムのうちのCDMの利用は可能とされましたので、京都メカニズムの活用のためのクレジット管理のための諸規定は残してあります。

2016年改正はパリ協定の合意を踏まえたものです。地球温暖化対策計画を拡充し、国民への普及啓発、国際協力を強化し、地域計画について広域的対応を促進することとしています（図4-5-5)。

ウ　地球温暖化対策基本法案

2009年に民主党が政権を担うことになります。気候変動問題、地球温暖化問題への積極的な対応として、中長期的な目標を示して、あらゆる政策手段を総動員することを目指した法案が国会に提出されます。温室効果ガスについては

2020年までに25%削減、2050年までに50%削減、再生可能エネルギーの占める割合については2020年までに10%、という野心的な目標を掲げ、国内排出量取引制度の創設、地球温暖化対策のための税の創設、再生可能エネルギーの固定価格買取制度の創設を明記した画期的な法律案でした。2010年6月には既に衆議院を通過していましたが、当時の鳩山首相の突然の辞任で廃案になってしまいました。しかし、この法案に盛られた施策については、その後不十分ながら実現していくことになります。

エ　国内排出量取引制度について

排出量取引制度については、京都議定書の京都メカニズムにも採用されていることから世界の各地で独自の動きがあります。EUでは既に2005年から開始されていました（EU-ETS）。温室効果ガスを多く排出する11,000以上のエネルギー多消費施設（発電、石油精製、製鉄、セメントなど）を対象に排出枠を配分し、排出枠以上の削減ができればその余剰分を売却することができ、以下であれば排出枠を他企業から購入するというものです。この場合、京都メカニズムで発生するクレジットも活用できるとしています。2013年からはフェーズ3と言って新たな段階に入っています。航空事業やガス事業も対象とし、EUのCO_2排出量の45%以上をカバーし、排出枠の配分も原則オークションによる配分としています。

アメリカでも排出量取引に関する動きがあります。連邦レベルではいくつか法案は出されてはいますが、なかなか成案にはなりません。そこで、今では2025年26%~28%削減に向け大気浄化法等による排出規制を含む気候変動行動計画に沿った取り組みが行われています。州レベルではいくつかの動きがあります。西部を中心とした州で構成する西部気候イニシアティブ（WCI）では2010年にキャップ&トレード型の排出量取引制度設計を公表しました。カリフォルニア州やカナダのケベック州などで実施に移されています。中部の諸州が参加する中西部地域温室効果ガス削減アコードでは、2010年に制度設計の勧告を行っています。北東部の9つの州の参加する北東部地域温室効果ガス削減イニシアティブ

（RGGI）では発電施設からのCO_2に限られますが、2014年から2020年まで排出量にキャップをはめた取引制度を実施しています。

その他、オーストラリアやニュージーランドでも排出量取引制度は始まっています。はじめは排出枠を固定価格で購入することとしていますが、将来的にはオークションによることとされています。

日本でも、国家レベルではこれまでさまざまな試行が行われ、制度の課題等について検討されてきました。しかし、現在では原子力発電の割合を含むエネルギー政策全体の中で、しばらくはお休みといったところでしょうか。地方公共団体レベルでは東京都が2010年から、埼玉県が2011年から、一定の事業者を対象に過去の実績に基づいた削減義務を課し、さまざまなクレジットの取り引きを可能とする排出量取引制度を開始しています。なお、将来の排出量取引制度を見据えた取り組みとして、環境省では2008年にカーボンオフセット認証制度（J-VER：Japan Verified Emission Reduction）を始めています。これは温室効果ガスの削減プロジェクトによる削減量を認証することで、自らの排出量を他のその削減量で相殺するカーボンオフセットの取り組みを促進し、国内の排出削減を一層進めようとするものです。地域の経済活動にも好影響を与えるプロジェクトなど、多くのプロジェクトが登録されました。2013年からは発展的に解消し、J-クレジット制度として、環境省のみならず経産省、農水省と共同での運用が始まっています。

オ　地球温暖化対策のための税

この点については既に述べています（第3章第3節5〔p.124～〕参照）。

カ　再生可能エネルギー固定価格買取制度

2011年に電気事業者による再生可能エネルギー電気の調達に関する特別措置法が制定され、2012年7月よりいわゆる「固定価格買取制度」が開始しています。これは太陽光、風力、地熱、水力、バイオマスなどを電源とする電気を電力会社が固定価格で買い取ることを国が約束する制度です。電気の買い取りに要する費用は、電力会社が賦課金として通常の電気料金に上乗せして電力使用者から徴収することにしています。

太陽光発電ですが、2000年前後では日本が世界で一番発電量の多い国でした。しかし、ドイツで固定価格買取制度が始まったことや日本での太陽光発電設備設置のための補助金が廃止されたことなどもあり、瞬く間にドイツに抜かれてしまいました。そこで浮上したのがこの制度です。問題は買い取り費用をだれが負担するか、という点でしたが、再生可能エネルギーの利用促進は国民全体に利益が及ぶということで電力使用者に負担を課することになりました。

原子力発電が事故の影響もあり稼働停止する中で、再生可能エネルギーの利用は全国的なある種のブームになりました。各電力会社には毎日のように相談や申し込みがあったと言います。太陽光にしても風力にしても自然が相手の発電事業です。発電量に「むら」ができることは否めません。太陽光などを電源とする電気の割合が増加すれば電圧調整が困難になることも想定されます。2014年ごろから買い取り量が増えることと相まって、その見直しが行われました。買い取りを前提にして投資した事業者から不満の声が上がるというようなこともありました。

キ　温暖化防止国民運動

CO_2排出量をできるだけ削減していくことは産業界のみに課せられた責務ではありません。地球温暖化対策推進法では、国民も日常生活において温室効果ガスの排出抑制等のための措置を講ずる責務を負っています。環境省では国民の自発的な取り組みを促すためのキャンペーンを行っています。一番有名になったのが「クールビズ」です。2005年から始められたキャンペーンです。それまでも夏の軽装運動は行われていたのですが、官邸や国会では徹底しなかったものです。当時の小池環境大臣の発案でノーネクタイ・ノージャケットをおしゃれに表現し、かつ官邸でも国会でも取り入れたことで瞬く間に国民的に広がりました。多くの事務所ビルでも採用され､夏の室温28℃は今ではすっかり定着しています。

そのほか､｢ウォームビズ｣(冬場に暖房温度20度でも快適に暮らせるライフスタイル)、「スマートムーブ」（CO_2排出量の少ない移動)、「エコドライブ」（環境負荷の低減に配慮した自動車利用)、「みんなで節電」（こまめにスイッチオフ、待機電力を節電、エアコンで節電など）があります。また、「ライトダウンキャンペーン」「あかり未来計画」などもあります。

【29】 CCS

化石燃料等から発生するCO_2を分離・回収し、地中等に封じ込める技術。

【30】 炭素トン

二酸化炭素の量を見るときにその炭素重量に換算した値。二酸化炭素重量に12/44を乗じて求める。

【31】 COP3

ベルリンマンデートによりCOP3で気候変動枠組条約の実効性のある規制を含む議定書の採択を目指すとされていました。しかし、各国の主張の隔たりも大きく途中その採択が危ぶまれた時期もありました。ゴア副大統領の来日等の働きかけ、議長である日本の大木環境庁長官の努力によりなんとか採択に持ち込めたと言います。

【32】 約束草案

COP19では、COP21の前に各国は自らの約束草案を示すことが合意されていました。パリの会議前に188か国・地域が約束草案を提出しています。日本は2030年度に2013年度比△26%、アメリカは2025年に2005年比△26~28%、EUは2013年に少なくとも1990年比△40%というもので、中国は2030年までにGDP当たり2005年比△60~65%、インドは2030年までにGDP当たり2005年比△33~35%というものです。

日本の2030年目標は高いように見えます。基準年を2013年にすれば、一定の計算式でEU△28%と遜色はありません。しかし、基準年を1990年におけば日本が△14%であるのに対し、EU△40%となっています。条約発効のころから気候変動問題に関わってきた関係者からは日本の目標が低すぎるのではないか、と言われる所以です。

【33】 議長の采配

合意の最終局面ではこんなこともありました。先進国の絶対量削減目標については当初案ではshallという表現で、まさに義務として「しなければならない」というニュアンスでした。これにアメリカが内々修正をせまり、最終案では、shallより弱い表現shouldという表現に修正して提出しました。当然のこと途上国は反発しましたが、ファビウス外相は単純ミスということにして乗り切ったということです。また、採決の直前に意見を言おうとした国がありましたが、「後ほど」ということで合意のシンボル的行為である「木槌」を下したということです。「木槌」が下され、パーンという音がすれば「後ほど」という言葉は意味をなしません。最終局面ではこういう差配がともすれば必要です。

【34】 条約の批准について

一般に条約を有効に締結するには、条約への署名のうえで国内手続き（批准行為）を経る必要があります。国会で承認の議決を得ることなどです。パリ協定についても日本では承認の議決を国会に求めることになります。しかし、アメリカでは今回の協定は一般の条約とは異なり議会での承認手続きは不要で、かつ既存の法律によって達成可能であることから議会に諮る必要もないとの解釈のようです。早期の締結が可能となりました。

【35】 CMA（Conference of the Parties serving as the member of the Parties to this Agreement）

パリ協定の締約国会議のことで、今後、気候変動枠組条約の下の会議は、条約の締約国会議COP、京都議定書の締約国会議CMP、パリ協定の締約国会議CMAの３会議体制となります。

第6節　化学物質規制

1　カネミ油症事件と化学物質管理

ア　カネミ油症事件

1968年、北九州市のカネミ倉庫が製造した食用油「カネミライスオイル」を摂取した人に中毒症が発生しました。米ぬかから抽出するライスオイルの脱臭工程で使用したPCB（ポリ塩化ビフェニル）などが製品中に混入したと考えられました。中毒症状は目のマイボーム腺の分泌過剰、まぶたの膨張、爪や粘膜組織の色素沈着、それに関連する疲労、悪心、嘔吐などです。ざ瘡（にきび）様の発疹を有する皮膚の過角化症や黒化症も発症します。被害を届け出た人は福岡県や長崎県を中心に15府県で14,000人を超えました。認定患者数は累計で約1,900人です。

1979年に同様の事件が台湾でも発生しています。この事件もライスオイル中にPCBが混入したことが汚染原因とされています。

カネミ油症の原因は当初混入したPCBとされ、患者認定も血中のPCB濃度を中心とした診断基準により行われてきました。しかし、近年の研究ではPCBが加熱酸化されるなどして異性体となったダイオキシン類との複合汚染であることが判明しています。2004年には判断基準が見直され、ダイオキシン類の一つであるPCDF（ポリ塩化ジベンゾフラン）の血中濃度も診断基準に加えられています。

カネミ油症患者と原因企業であるカネミ倉庫などや国との間での損害賠償請求訴訟がありました。地裁レベルや一部高裁レベルで原告が勝訴したことにより原因企業や国から原告側に賠償金が仮払いされましたが、最高裁で原因企業とは和解、国への請求は取り下げという形になりました。原因企業からの仮払金については和解の中で返還請求を放棄するとされましたが、国の支払った仮払金については、原告側約830人に約27億円の返還義務が生じてしまいました。原告側には被害の発生により生活再建もままならず、返還義務に応じきれない人も多くいます。2007年カネミ油症事件関係訴訟仮払い金返還請求債権免除特例法が制定されます。原告側の収入や資産の状況に応じ、返還債務を免除できるとされました。

イ　化学物質管理

化学物質による環境汚染は通常の公害事案とは少しばかり様相を異にします。化学物質は医薬品や農薬、ハイテク材料、プラスチック、合成繊維、塗料、洗浄剤などさまざまなところで使用されています。豊かな生活を支えている多くの製品に化学物質を原材料にしているものは多々あります。通常の公害事案では、製造工程でいらなくなったものに含まれる汚染物質を排出することが問題になります。しかし、化学物質による汚染は、製造工程のみではなく製品となった段階、製品が廃棄物として捨てられる段階など、さまざまな過程で環境中に放出されます。また、その毒性も急性のものばかりではありません。慢性的、長期的な性質

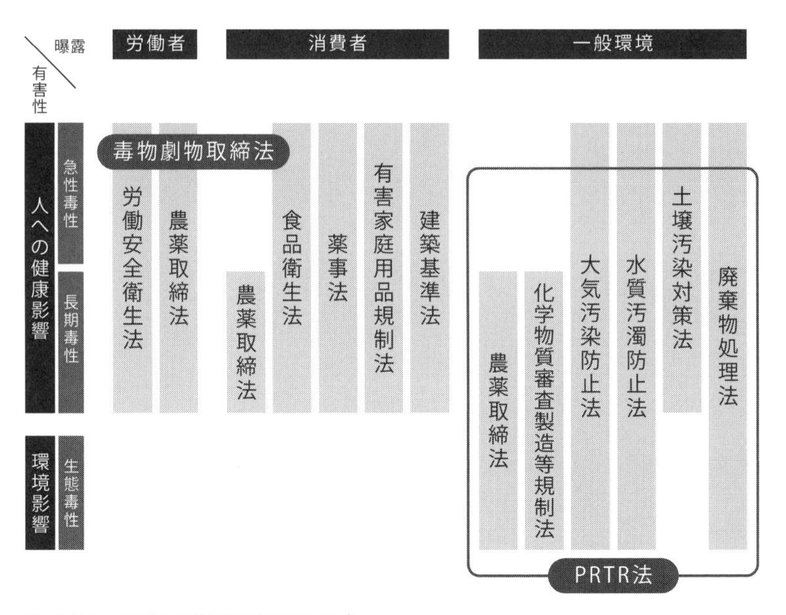

図 4-6-1　化学物質管理に関する法令

も示します。製造工程からの排出によるものではないため、排出口の規制では規制できません。製造ラインにまで踏み込んだ新しい規制の体系が求められます。1978年、こうした観点を踏まえ、化学物質審査製造等規制法（化学物質の審査及び製造等の規制に関する法律）が制定されます。

化学物質管理に関する日本の法制を概観してみましょう。人への健康影響という点では、急性毒性対策として毒物劇物取締法がありますが、長期毒性も含めれば、労働安全衛生法、農薬取締法、食品衛生法、薬事法、有害家庭用品規制法、建築基準法などにより対応することとされています。また、いらなくなったものの排出や廃棄について環境経由するものは、人への健康影響のみならず生態毒性対策も含まれますが、大気汚染防止法、水質汚濁防止法、土壌汚染対策法、廃棄物処理法などで対処することとされています。そして、一般的に化学物質対策としては長期毒性と生態毒性への対応ということになりますが、化学物質審査製造等規制法、化学物質排出把握管理促進法（PRTR法）、ダイオキシン類対策特別措置法などによることになります（図4-6-1）。

化学物質が環境中に排出され、または環境を経由して、人の健康や生態系に影響を及ぼす可能性のことを「環境リスク」と言います。「リスク」と言いますと「危険」と捉えられがちですが、この場合は影響の生じる可能性のことで、影響があるというものでもありません。しかし、その影響の大きさ、発生可能性を総合的にみてリスクを評価します。環境リスクの大きい化学物質については今後とも個別に規制していくことが必要ですが、化学物質は人の生活に有用なものでもあり、すべてなくしてしまうわけにはいきません。その物質の有用度との関係で環境リスクをできるだけ低減していくことが今後の環境法の役割でしょう。

2　化学物質管理の基礎

ア　毒性等

化学物質の毒性には急性毒性と慢性毒性があります。急性毒性はその物質に曝露された直後から数日以内に影響が発現するようなものです。毒性の強さは半数致死量LD50（Lethal Dose）、動物実験で50%死亡する量を体重で除したもので示します。これに対し慢性毒性は長期間曝露した後に影響が発現する毒性のことを言います。発がん性や催奇形性は慢性毒性の結果であることがあります。

化学物質で問題とされますのは、環境中に放出された後、容易に分解されず長期間環境中に留まる物質です。難分解性、残留性の物質ということです。そして残留性の高い物質で油溶性のものは体内に蓄積されやすく、植物連鎖で高位の捕食者ほど高濃度に蓄積されやすいことになります。蓄積性があり、生態濃縮されやすいということになれば長期に曝露することになります。このような物質も問題となります。

イ　リスク評価の基本

有害物質のリスクは物質の毒性の強さに曝露量を掛けたもので表されます。毒性の強いものでも曝露量が少なければリスクは小さく、毒性が弱くても曝露量が多ければリスクは大きいと評価されます。

化学物質は人類にとって有用でもあり、リスク評価という手法が用いられます。リスク評価する場合には、閾値が求められるような物質は「閾値」と「曝露評価による摂取量」を比較します。閾値とは動物実験などによる有害性評価により、それ以下では有害影響が生じないとされる曝露量のことです。しかし、遺伝子障害作用による発がん性と生殖細胞に対する突然変異などの発現に関しては一般的には「閾値なし」とされています。閾値を活用した評価方法は適用されません。

閾値のあるものは、TDI（耐容1日摂取量、Tolerable Daily Intake）、人が一日当たり生涯摂取しても安全な量で評価します。例えばダイオキシン類の場合は4pgTEQ/kg/体重/日です。1日当たり体重1kg当たり4ピコグラムまでは大丈夫ということです（本節5〔p.218〕参照）。TDIは動物実験などで求められた無毒性量（NOAEL：No Observed Adverse Effect Level）を不確実係数（UFs：Uncertainty Factor）で割って変換した数値としています。NOAELとは、この量以下では一生涯、毎日摂取しても病気などの悪い影響が出ないという量のことです。通常、一定期間ラットやマウスなどに強制的に化学物質を与える試験を何段階か量を変えて行い、その結果、悪い影響の認められなかった最大の投与量のことを指します。1日当たり、体重1kg当たりで表されます。また、UFsとは、安全側に立って動物と人の違いである種差（10倍）と感受性の違いである個人差（10倍）を考慮し、その積である100で割ります。動物実験の試験期間、信頼性などにより、さらに必要な係数を用いることもあります。例えばNOAELの算出にあたってLOAEL（最小毒性量、化学物質を何段階か量を変えて行った実験で、悪い影響の出ない最大量が測れなくても、悪い影響の出る最小量が測定できた場合のその値のこと、それより小さな量でも悪影響があるかもしれないが測定できないために使用する値）から換算により算出している場合はさらに10で割るなどです。より安全サイドに立って値を決めようということです。

発がん性についても、「閾値」のあるものと「閾値」のないものに分けて考えられています。ダイオキシン類のように遺伝子障害のない物質は閾値があるとされています。したがって、一般の化学物質と同様、NOAEL（無毒性量）を用いて評価します。ただし、発がん性であることや部位の重篤性に応じて不確実係数を追加することもあります。一方、ベンゼンなどの遺伝子障害のある物質は閾値がないとされています。この場合には、NOAELを用いた評価に代わって、例えば「10万分の1の確率で発がんする量」を実質安全量（Virtually Safe Dose）としてリスク評価が行われることがあります。細胞のがん化については、正常細胞が突然変異を起こし、すべてではありませんが、それががん化し増殖を始めるとされています。ベンゼンのような物質は1分子でも正常細胞に取り込まれると遺伝子異常を生じ、正常細胞が突然変異を起こしうるとされています。一回の打撃でも突然変異が起こりうるわけですので、「閾値なし」ということになります。こういった発がん物質をイニシエーターと言っています。一方、ダイオキシン類のような物質は、突然変異した細胞をがん化させるのに影響を与える物質です。こうした物質はプロモーターと言い、「閾値あり」とされています。

3　化学物質審査製造等規制法（化審法）

ア　化審法の制定

カネミ油症事件の教訓を踏まえ、PCBなど難分解性で人の健康を損なうおそれのある化学物質による環境汚染を防止するため、1973年に化審法が制定されます。新規の化学物質についての事前審査を導入し、a）難分解、b）高蓄積、c）長期毒性である化学物質について製造輸入を許可制、原則禁止しようとするものです。1986年には対象を拡大し、a）難分解で、b）高蓄積ではないものの、c）長期毒性である化学物質について環境中での残留状況によって規制しようとする改正が行われています。2003年改正では、動植物への影響に着目した審査制度と環境中への放出状況に応じた審査制度が導入されています。

当時の化審法が新規化学物質対策でしたので、既に製造輸入されていた約2万の既存化学物質については行政対応ということにされていました。国がその安全性を点検するということですが、多くの既存化学物質が点検未了のままでした。一方、ヨーロッパの化学物質規制はその間進み、2006年からREACH規制（本節6ウ〔p.221〕参照）が実施に移され、既存化学物質も対象とされました。こうしたことを踏まえ、2009年改正では既存化学物質を含めた包括的な化学物質管理と国際的動向を踏まえた規制の合理化という観点での改正が行われました。

イ　化審法の概要

化審法では「人の健康を損なうおそれ又は動植物の生息もしくは生育に支障を及ぼすおそれがある化学物質による環境汚染を防止する」ことを目的としています。

はじめに新規化学物質についてです。製造輸入者からの届け出により、a）分解性（自然的作用により化学的変化が生じにくいかどうか）、b）蓄積性（生物体内に蓄積されやすいかどうか）、c）長期毒性（継続的摂取で人の健康を損なうかどうか）、d）生態毒性（動植物の生息生育に支障を及ぼすおそれがあるかどうか）を審査します。審査の結果、①難分解、高蓄積、長期毒性のものは第一種特定化学物質として製造輸入を許可制とし、一般の使用は禁止とされています。PCB等31物質が指定されています。②難分解、高蓄積のものは監視化学物質として製造輸入用途の届出制とされ、環境汚染のおそれのある場合は有害性の調査を指示できることになっています。有害であれば第１種特定化学物質としての指定を受けることになります。酸化水銀等39物質が指定されています。③有害性のリスクがないとは言えないものは優先評価化学物質として製造輸入の届出制としますが、使用状況などから有害性の調査を指示することができ、そのうち、毒性があるとされたものは第二種特定化学物質として届出制に加え必要に応じて変更命令が出せるようになっています。第二種特定化学物質はトリクロロエチレン等23物質が指定されています。④リスクが十分低いものは一般化学物質として製造輸入の届出制とされています。

一方、既存化学物質については、有害性や製造輸入の状況により判断し、リスクがあるとされるものは②監視化学物質または③優先評価化学物質としての届出等を求められます。リスクが十分低いと判断されるものは④一般化学物質とし

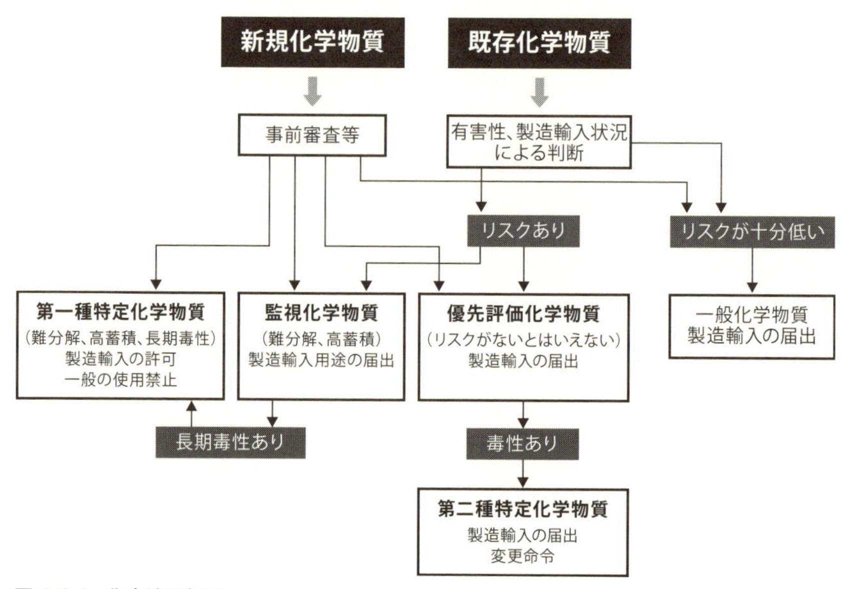

図 4-6-2　化審法の概要

ての届出ということになります。

この場合、規制の合理化を図る観点もあり、ⅰ予定されている取扱いから環境汚染の生じるおそれのないような中間物、閉鎖系用途等の物質、ⅱ製造輸入が年間1億トン以下の少量新規化学物質、ⅲ高分子化合物で安定していて人の健康等に影響を与えるおそれのない、いわゆる低懸念ポリマーは事前の確認により届出が不要とされています（図4-6-2)。

ウ　化審法の評価と課題

化審法は化学物質に係る事前審査制を導入したということで、これまでの環境法とは異なり画期的なものと言えます。事前審査ではありませんが、2009年法改正によりすべての既存化学物質をスクリーニングの対象にしたことは大きな成果と言えます。しかし、リスク評価情報と企業秘密についての規定がなく、情報提供も消費者を念頭に置いたものにはなっていません。今後、化学物質管理においてリスクコミュニケーションが一つの重要な手法になると考えられますが、こうしたことの法制的手当も必要になってくると思われます。

4　化学物質排出把握管理促進法（化管法）

化学物質排出把握管理促進法（特定化学物質の環境への排出量の把握等及び管理の改善の促進に関する法律）は1999年に制定されています。PRTR（Pollutant Release and Transfer Register）法とも呼ばれています。1996年のOECDの勧告でも指摘されていたものです。有害性のある様々な化学物質の環境への排出量を把握することで、事業者の自主的な化学物質管理改善を促進することを目的にしています。対象化学物質は、人の健康や生態系に有害なおそれのあるなどの性状を有するもので、環境中にどのくらい存在しているかによって「第1種指定化学物質」と「第2種指定化学物質」に区分されています。第1種指定化学物質、462物質がPRTR制度の対象で、業種、従業員、年間取扱量で一定の条件に該当する事業者は環境中への排出量と廃棄物としての移動量を届け出ることとされています。事業者は化学物質管理指針に基づき化学物質の管理改善が求められますが、データの公表により管理改善を求めていることにもなり、情報的手法の一種と言えます。第2種指定化学物質（100物質）を含めた指定化学物質（562物質）やそれを含む製品を他の事業者に出荷する際には、その相手方に対して化学物質等安全データシート（MSDS、Material Safety Data Sheet）の交付が義務付けられています。

化管法は製造規制などの規制対象になっていない物質についてもその報告公表を求めるもので、まったく新しい手法を提供する法律と言えます。これまでの法律では規制の担保として様々な報告が求められ、公表されてきましたが、化管法は公表自体に意味を持たせたものと言えます。化学物質について事業者の自主管理を促進させ、リスクコミュニケーションにより環境負荷の低減にも資したと評価されます。しかし、地域的データの開示について一般住民にもわかりやすい開示方法になっているか、対象事業者のあり方は今のままでいいのか、取扱量

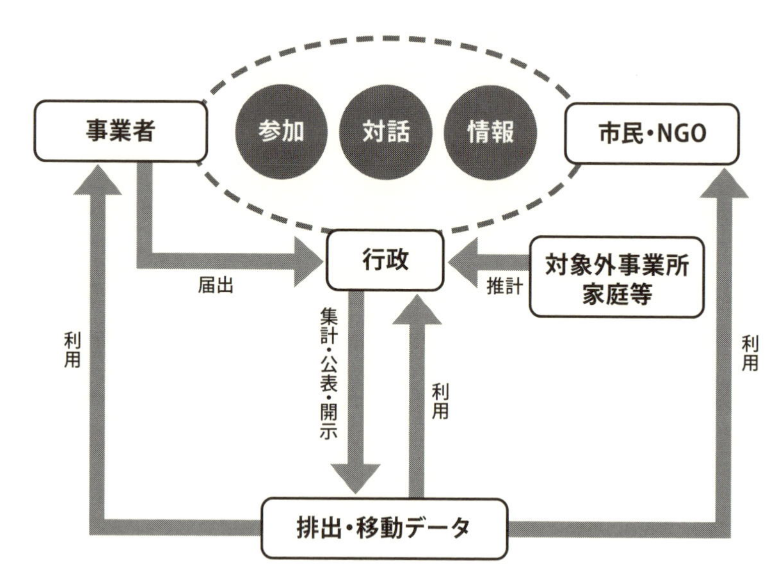

図 4-6-3　PRTR の基本構造

ではなく貯蔵量の多い事業者も公表の対象にすべきではないか、などの課題について検討する必要があると思われます（図4-6-3）。

5　ダイオキシン類対策特別措置法

ア　ダイオキシン類とは

法律ではダイオキシン類とは、ポリ塩化ジベンゾパラジオキシン（PCDD）、ポリ塩化ジベンゾフラン（PCDF）、コプラナPCBのことを指します。ダイオキシン類には同じPCDDでも異性体といって塩素の位置や数によっていくつもの仲間（PCDDでは75種類）があり、それぞれ毒性の強さが異なっています。したがって、ダイオキシン類の毒性評価をする場合には、PCDDのうち最も毒性の強い2, 3, 7, 8-TeCDDの毒性を１として他のダイオキシン類の毒性の強さを換算し、これを毒性等価係数（TEF：Toxic Equivalency Factor）と言いますが、これを用いてダイオキシン類の毒性を足し合わせた値、毒性等量（TEQ：Toxic Equivalent）を用います。

ダイオキシン類は意図的に作られることはありません。炭素、酸素、水素、塩素を含む物質が熱せられるような過程で自然に出てしまうものです。現在の主な発生源はごみ焼却による燃焼です。その他、製鋼用電気炉、たばこの煙、自動車排ガスなどが発生源になります。

環境中に出た後の動きはよくわかっていません。大気中の粒子などについたダイオキシン類は地上に落ちて土壌や水を汚染し、底泥などに既に蓄積されているものを含めて、プランクトンや魚介類に取り込まれ、食物連鎖を通じて他の生物にも蓄積されていくと考えられています。

ダイオキシン類のうち2, 3, 7, 8-TeCDDは人に対して発がん性があるとされています。遺伝子に直接作用するのではなく、がん化を促進するプロモーション作用があるとされています。動物実験では、多量に摂取することで発がんを促進する作用があり、生殖機能、甲状腺機能、免疫機能への影響があることが報告されていますが、人に対する影響はまだよくわかっていません。日常生活で通常に摂取する量ではいずれにしても急性毒性は生じないとされています。

日本人は一般的な食事や呼吸を通じて日平均約0.85pg-TEQ/kg体重のダイオキシン類を摂取しているとされています。脂肪組織に残留しやすい性質で、食品では魚介類、肉、乳製品、卵に含まれやすくなっています。母乳中のダイオキシン類について問題になったことがありましたが、さまざまな対策もあり、データのある1973年に比べ十分の一程度まで減少しているという研究があります。

イ　ダイオキシン類対策特別措置法による対策

廃棄物の焼却施設から多量のダイオキシン類が排出されているのではないか、などダイオキシン類による環境汚染が社会問題化しました。このことを受けて、1999年にダイオキシン類対策特別措置法が制定されます。ダイオキシン類による環境汚染の防止を目的とし、基準を定め、環境への排出を規制し、汚染された土壌については対策を図るというものです。基準として耐容1日摂取量を体重1kg当たり4pgTEQと定め、それに基づいて大気とか水質とか土壌とかの媒体ごとの環境基準を設定するという手法を採用しています。これまでの環境基準は媒体ごとに定めていますが、ダイオキシン類対策では、総体的に環境管理を図っていこうという意気込みが感じられます。

事業活動から排出されるダイオキシン類については削減計画を作成して、削減していくこととしています。当初の計画では1997年比で2002年目標を9割削減という野心的な目標でした。政府として排出源の大部分を占めるごみの焼却施設についてダイオキシン類を発生しにくい施設、高温で連続焼却できる施設への建て替えが促進されました。結果、9割削減の目標を達成し、1997年時点で8,000gTEQ前後であった排出量は、2012年では137gTEQ前後となり、98%以上の削減率を達成しました。POPs条約、残留性有機汚染物質に関するストックホルム条約の国際会議では日本のダイオキシン類への取り組みは大変高い評価を受けています。

ダイオキシン類対策特別措置法では耐容1日摂取量を踏まえた環境基準が定め

られています。その上で排出ガスや排出水について大気汚染防止法や水質汚濁防止法類似の規制基準を定めていますが、基準値は法律上も「技術水準を勘案」することとしています。これは一般には閾値のない化学物質に使用される手法です。リスクベースによる規制、リスクを低くするためにここまで規制しなければ、というものではなく、当該施設についてのテクノロジーベースの規制、利用可能な最良の技術（BAT、Best Available Techniques）または環境のための最良の慣行（BEP、Best Environmental Practices）による規制方法が採用されています。また、廃棄物焼却炉のばいじん・焼却灰の処理や廃棄物最終処分場の維持管理についても定められています。

大気、水質、土壌についての常時監視や関係施設設置者による測定も定められていますが、ダイオキシン類の測定はすべての異性体を測定する必要があり、費用がかかります。そこで、スクリーニングという観点から、近年「生物検定法」（生体反応を活用した検定法でトータルとしての毒性を測る方法）の活用も進められています。

6　化学物質に関するその他の課題

ア　環境ホルモン

1996年にアメリカの生物学者であるシーア・コルボーンらにより刊行された「奪われし未来（Our Stolen Future）」は、ノニフェノール、クロルデンなどの化学物質が、鳥類などの生殖行動異常、ニジマスなどの魚類の雌性化など野生生物に悪影響を及ぼしているのではないか、人に対しても男性の精子数減少などの影響を及ぼしているのではないか、と指摘し大きな反響をよびました。1980年代からイギリスでローチ（コイ科の魚）の雌化、アメリカでワニの奇形、日本でも巻貝の雄化などが報告されています。また、流産防止目的で多用された合成エストロジェン（女性ホルモン）が生殖器の遅発性がんの原因ではないか、とかエストロジェン類似作用を有するノニフェノールが乳がんの増殖を促しているのではないか、などの指摘がされました。

いわゆる環境ホルモンとは、内分泌かく乱化学物質のことです。環境中にある化学物質が動物の体内のホルモン作用をかく乱し、生殖機能を阻害するなどの悪影響を及ぼしているのではないか、と言われています。1990年代の末頃、日本でも一時期大変大きな話題となりました。環境省ではさまざまな物質をリストアップして環境中濃度調査、野生生物や人の摂取量調査、動物実験などを継続的に実施しています。2010年の計画はExTEND2010と名付けられています。

イ　杉並病、化学物質過敏症、シックハウス症候群

はじめに杉並病です。1996年に杉並区で不燃ごみ中継所の操業が開始されました。近くで異臭がしたり、住民の体調不良が多く発生するということがありました。住民からの申請により公害等調整委員会で原因裁定が行われ、被害の原因は中継所の操業にともなって排出された化学物質であるとされました。この中継所は2009年度末に廃止されています。

化学物質過敏症についてです。1980年代にマーク・カレンが大量の化学物質に曝露した後微量の化学物質にも過敏に反応しさまざまな症状を示す疾患として多種化学物質過敏状態（MCS：Multiple Chemical Sensitivity）を提唱しました。日本では北里研究所病院がこの概念を導入して、化学物質過敏症として診断方法や治療法を研究しています。

シックハウス症候群についてです。これは建材や内装材から発生した化学物質による室内空気汚染が原因と考えられています。さまざまな症状を示します。厚生労働省の室内空気質健康影響研究会ではシックハウス症候群を医学的に確立した単一の疾患ではなく、居住環境に由来するさまざまな健康障害の総称とするということを提案しています。ホルムアルデヒドなどについての建築基準法の規制のほか、室内空気中の化学物質についての濃度指針値が設定されています。

ウ　国際的な取り組み

ここで国際的な取り組みについて概況説明をしておきます。

ⅰ）RoHS指令（Restriction of Hazardous Substances）　これはEU理事会指令です。電気、電子機器に含まれる特定有害物質の使用を制限するものです。鉛、水銀、カドミウム、六価クロムなどを含む製品が対象になります。2006年から施行されています。

ⅱ）REACH規制（Registration Evaluation Authorization and Restriction of Chemicals）　EUで2006年に採択された規制で、2007年に発動しています。生産者、輸入者に対し生産品の全化学物質（1トン以上/年）についての人・環境への影響について調査させ、それを申請・登録することを義務付けるものです。

ⅲ）POPs条約（残留性有機汚染物質に関するストックホルム条約）　環境中で残留性の高いPCB、DDT、ダイオキシンなどのPOPs（Persistent Organic Pollutants）について国際的に協調して廃絶、削減などを行うものです。2001年採択、2004年発効しています。PCBやクロルデンなどについては製造使用を原則禁止、DDTについては制限、非意図的に生成される物質であるダイオキシン、ヘキサクロロベンゼンなどについての排出削減、これら対策に関する国内実施計画の策定などを定めています。

ⅳ）PIC条約（国際貿易の対象となる特定有害化学物質、駆除剤の事前情報に基づく同意手続きに関するロッテルダム条約。Prior Informed Consent）　有害化学物質が途上国へ輸出されることを防ぐための事前通報同意手続きなどを規定しています。1998年採択、2004年に発効しています。条約国は対象物質の輸入に同意するかどうかを事前に通報し（PIC回覧状）、輸出国はこれを国内関係者に伝え自国内の輸出者がこの決定に従うための措置を取ることになります。

ⅴ）SAIM（国際的化学物質管理のための戦略的アプローチ、Strategic Approach to International Chemicals Management）　2000年UNEP管理理事会で決議し、2006年国際化学物質会議で採択されています。2020年までに化学物質が健康や環境への影響を最少とする方法で生産・使用されるようにすることを目標とし、各国の化学物質管理体制の整備、途上国への技術協力の推進などを定めています。

ⅵ）GHS（化学品の分類表示世界調和システム、The Globally Harmonized System

of Classification and Labelling of Chemicals） 2003年国連決議によるもので、化学物質の安全性情報に関して国際的に統一された方法により分類表示を行おうとするものです。

vii）水俣条約（水銀に関する水俣条約、Minamata Convention on Mercury） 2009年UNEP管理理事会で水銀規制に関する条約を制定することに合意され、2013年に採択されています。水銀含有製品の輸出入規制、製品製造プロセスでの使用禁止・制限、環境中への放出規制、途上国への技術資金援助などが定められています。水俣条約については、条約内容を国内で実施するため、2015年6月に水銀環境汚染防止法（水銀による環境の汚染の防止に関する法律）が制定され、大気汚染防止法も改正されています。水銀環境汚染防止法では水銀による環境汚染の防止計画の策定を求めるとともに、水銀鉱の採掘禁止、特定の水銀使用製品の製造禁止、特定の製造工程における水銀の使用禁止などを定めるものです。一方、大気汚染防止法では水銀排出施設についての届出を求め、排出基準を設けて規制するものです。両法律とも施行は条約の発効の日からとなっています。

第７節　環境影響評価法

1　環境影響評価とは

環境影響評価、環境アセスメント（Environmental Impact Assessment）とは、開発計画を決定する前に環境影響を事前に調査・予測し、代替案を検討し、その選択過程の情報を公表し、公衆に意見表明の機会を与え、最終的な意思決定にこれらのことを反映させるプロセスのことと言われています。

中央環境審議会の答申においても「事業者自らが、その事業計画の熟度を高めていく過程において十分な環境情報のもとに適正に環境保全上の配慮を行うように、関係機関や住民等、事業者以外の者の関与を求めつつ、事業に関する環境影響について調査・予測・評価を行う手続きを定めるとともに、これらの結果を当該事業の許認可等の意思決定に適切に反映させることを目的とする制度」とされています。何等かの事業を実施しようとする場合には、その安全性、必要性、採算性などを検討し、総合的に判断して事業計画に仕上げて実施していくことになりますが、その検討内容に環境保全上の配慮を入れていこうとする試みとも言えます。

環境影響評価（アセス）には、①事前の調査・予測・評価という科学的側面、②住民や自治体の意見の聴取という社会的側面、③許認可等に反映するという行政的側面があります。アセス制度を構築する場合には、特に、①の科学的側面か、②の社会的側面か、どちらに重点を置くかで考え方が異なってきます。①の科学的側面を重視する考え方からすれば、大気環境や水質環境についての高度な解析が必要で、環境面からの厳密な審査が求められ、評価も科学的な環境保全水準に照らして、最終的には行政側が判定することになります。したがって公衆参加手続きに馴染みにくく、計画段階でのアセスは別途制度設計することが必要です。これに対し、②の社会的側面を重視する考え方からすれば、高度な解析より生活公害なども含め住民の意見を尊重し、科学的保全水準よりも住民意見によるより良いものを目指すことになります。したがって公衆参加手続きが本質であり、計画段階などより熟度の低い計画についてのアセスにも親和性を持てることになります。

環境影響評価制度は米国国家環境政策法（National Environment Policy Act、1969年）がはじまりであると言われます。もともとは「国家政策の立案について、人間と環境の間に生産的、調和的な政策を」という宣言ですが、102条（2）において、連邦政府の行為に関するすべての勧告・報告の中に、①環境に与える影響、②環境に及ぼす不可逆な悪影響、③代替案、④局地的・短期的影響と長期的生産性の維持・増大との関係、⑤資源の不可逆的・回復不可能な投入などの報告書を含めなければならない、という規定がありました。アメリカでもこの法律については、訴訟が頻発するのではないか、事業が遅延するのではないか、どこまでの公衆参加を認めるべきか、判断基準は正しいのか、というような懸念があったと言います。本来の趣旨からすれば、それぞれの事業についての個別の要請、オーダーメイドの制度であるべきものですが、こうした懸念への対応のために、アセスの対象を限定したり、縦覧期間を定めるなどの手続きを法定したり、公衆参加に関しても文書意見に限定するなど定型性を強め、制度としての安定性、安心感を高めていくことになったということです。そして、連邦最高裁において、アセス制度は、手続き的に対応がなされていれば、たとえ悪影響が明らかなときでもそれを防ぐ実体的な義務を発生させるものとまでは言えない、とされ、手続き面を重視した考え方が採られています。

2　環境影響評価法の制定

前述しましたように、1993年に環境基本法が成立し、その中で環境影響評価の推進が規定されます。当時先進国でアセス法を有しないのは日本のみという状況でありました。また、閣議決定によるアセスは、いわば行政指導ということで、行政の恣意による規制には従う必要はないのではないか、という懸念もありました。前回、法案を国会提出にまで至りながら廃案に追い込まれてしまったという苦い経験がありましたので、今回は慎重に事を進めています。1994年から1996年にかけて、関係省庁による環境影響評価制度研究会で研究を重ねます。その上で、中央環境審議会でも検討し、慎重に成案を得ます。1997年にようやく環境影響評価法の成立に繋げることができました（図4-7-1）。前回の法制化の検討は1975年ごろからですが、9年後の1984年に法案がいったん廃案になり、閣議決定によるアセス制度になりました。今回は1994年ごろから検討が再開され1997年に法案が成立しています。9年と3年ですので、関係者は、平安時代に源氏が東国に勢力を持つ契機となった役の名前をとって「前9年の役」、「後3年の役」と呼んでいます。

3　環境影響評価制度の概要

ア　対象事業

対象事業をどのように捉えるか、という点については大きく二つの考え方があります。①環境影響の大きさで捉える、②事業の性状で捉える、という考え方です。①では、○○ヘクタール以上の土地の改変などについて大気や水質などの環境項目の視点で捕捉しようとするものです。面的な開発などには適用しやすいものですが、新幹線など交通関係の事業は捉えにくいという点があります。もっぱら環境面から普遍的基準により当否を判断することになりますので、住民などの公衆参加の意義についてはやや説明しづらくなります。また、アセスの実施主体については事業者に限らないという利点もあります。一方、②では、空港、新幹線、高速道路、ダムなど、問題となる事業類型を明確にして捕捉しようとするものです。公共事業には合いますが、民間事業については捉えにくくなります。事業の個別性を考慮して総合的に判断することになりますので、普遍的基準で判断するというより環境配慮を少しでも向上させるものと整理できますし、住民などの公衆参加についても当該事業、立地場所に照らした環境情報を得るという意義を持つことになると言われます。アセスの実施主体は事業者が実施することに馴染みます。

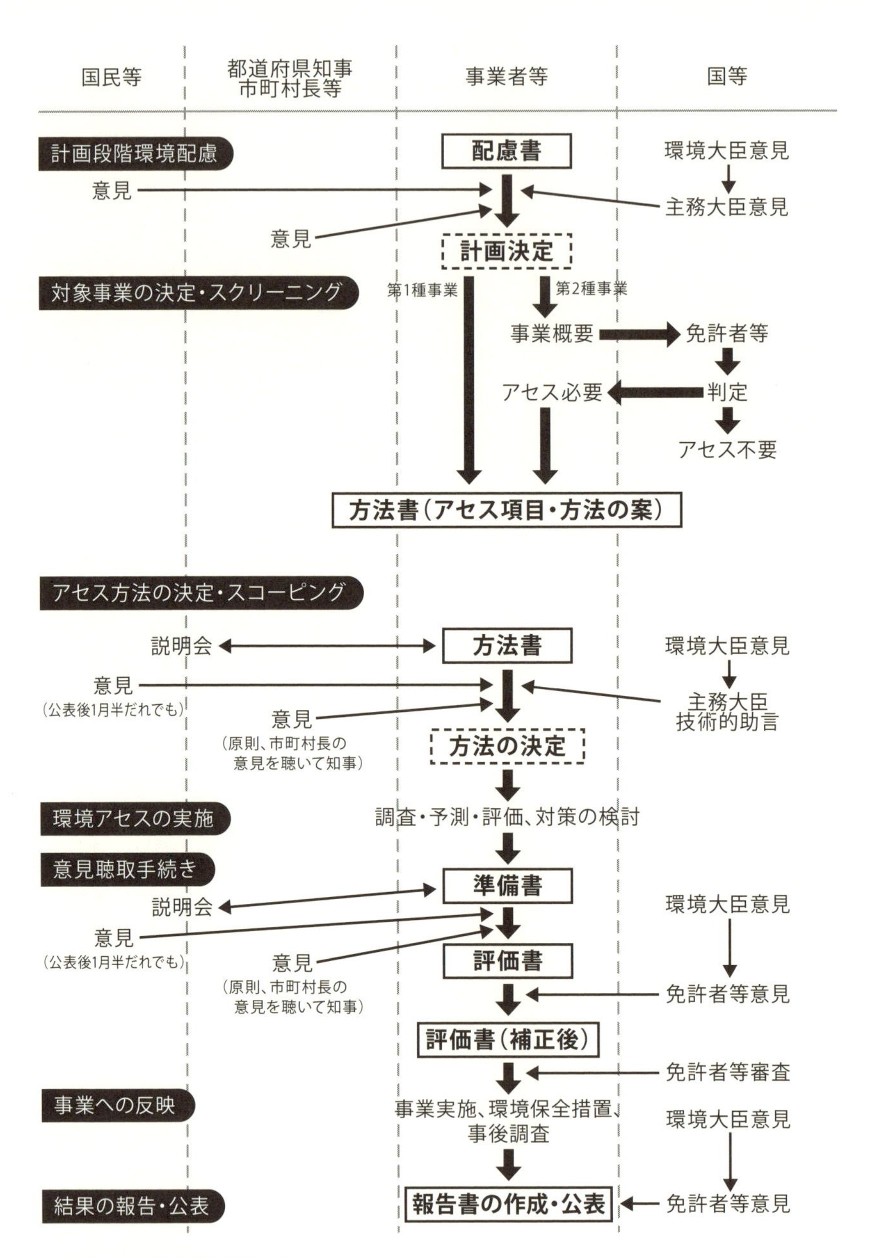

図 4-7-1　環境影響評価の方法

法律では、大規模な土地の形状の変更及び工作物の新設・増改築等で、国が実施し、または許認可等を行う事業とされています。道路、河川（ダム、堰等）、鉄道、飛行場、発電所、廃棄物最終処分場、埋立・干拓、土地区画整理事業等事業類型を列挙しつつもそれぞれの規模要件も入れています。国の立場からみてアセスの実施により環境保全上の配慮をする必要があり、かつ、そのような配慮を国が許認可等の関与によって確保することが可能な事業ということです。上の二つの考え方に照らせば、事業類型を列挙していますので、事業の性状でまずは捉えていますが、規模要件も入れることなど環境影響の大きさも加味していると言えるでしょう。

事業は、①第一種事業と②第二種事業に分けられています。①第一種事業は必ずアセスを行わなければなりませんが、②第二種事業ではアセスを行うかどうかを個別に判断できます。この判断をスクリーニングと言います。例えばダムでは湛水面積100ha以上のものは第一種事業としてアセスをしなければなりませんが、湛水面積75ha～100haのものは第二種事業ですので、個別の判断によりアセスをしなくてもいい場合があります。75ha未満では法律によるアセスの必要はありません。また、法的な関与については、許認可等が必要な事業、補助金・交付金等が交付される事業、独立行政法人が行う事業、国が行う事業、が対象とされます。

イ　実施者

法律では、アセスの実施者は事業者、事業の原因者としています。事業者自らのセルフコントロールを期待したものです。事業者に実施させることによりアセスの時期を早めるなど柔軟な対応が取れるというメリットもありますが、立法論としては、客観性の確保という点から、第三者、例えば、行政機関によるアセスという考え方もあります。環境影響の調査は事業者でも、その評価は行政機関がするという考え方もあります。

ウ　アセスの手続き

法律では、アセスの手続きについて、大きく三つのことを定めています。①情報を公開して共有すること、②外部の意見を聴くこと、③調査、予測、評価についてです。①は配慮書、方法書、準備書、評価書により行います。②は意見の聴取や説明会の開催などが定められています。③は技術的事項が定められています。

環境アセスの手続きですが、まず、事業がアセスの対象かどうかということです。第一種事業なら当然です。第二種事業の場合は事業の許認可権者等が都道府県知事の意見を聴いて判定（スクリーニング）します。アセス対象となれば、第一種事業と同様に対象事業となります。なお、法律によりアセスが不要とされても地方公共団体の条例によりアセスが必要とされる場合もあります。

なお、2011年の法改正で、第一種事業を行おうとする者については計画段階配慮書の手続きも求められています（本節5〔p.233〕参照）。

次にアセスの方法を決めます。これをスコーピングと言います。事業者はアセスの方法書を作成し公表します。説明会の開催も求められています。住民等からの意見を募集し、それを踏まえ都道府県知事等の意見を聴いて、アセスの方法を確定します。この時、許認可権者等は環境大臣の意見を聴いて技術的助言をすることができます。スコーピング、評価項目の選定は閣議アセスでは明確でなかったものを法律上明確にしたものです。事業実施段階でのアセスには変わりありませんが、評価項目を選定するという作業の中で、早い段階から論点を整理し、関係者の理解の促進に資すると考えられます。

方法が決まれば、アセスの実施です。調査、予測、評価で、対策の検討も含みます。まずアセスの結果を準備書として公表します。説明会の開催も求められています。住民等の意見を募集し、それを踏まえ都道府県知事等の意見を聴き、準備書に必要な修正を加え、その上で評価書を作成して公表します。評価書について許認可権者等は環境大臣の意見を踏まえ意見を言うことができます。事業者は許認可権者等の意見を踏まえ評価書を補正し、アセス結果を確定します。

アセス結果に基づき審査が行われ、許認可等を得、事業が実施されますが、環境保全措置等も実施されます。実施された結果についても報告することが2011年改正で必要とされました。

なお、2011年改正では環境大臣が意見を言える場面が増えています。環境大臣も内閣の一員ですので純然たる第三者機関ということではありませんが、環境保全に責任を持つ立場としての事業所管省庁とは少し離れた視点での意見が期待されます。

エ　評価の対象となる要素と評価基準

評価の対象となる要素としては、評価基準（平成9年12月環境庁告示87号）の別表にあります。①環境の自然的構成要素の良好な状態の保持として、大気環境（大気質、騒音、振動、悪臭等）、水環境（水質、底質、地下水等）、土壌環境その他（地形・地質、地盤、土壌等）が、②生物の多様性の確保及び自然環境の体系的保持として、植物、動物、生態系が、③人と自然との豊かな触れ合いとして、景観、触れ合い活動の場が、④環境への負荷として、廃棄物、温室効果ガス等が挙げられています。なお、放射性物質による環境汚染も環境基本法の対象となったことから、2013年にアセス法を含む個別法の改正が行われています。それを受け評価基準には、⑤一般環境中の放射性物質として、放射線の量が挙げられています。

次に、アセスに係る技術的事項としての評価基準です。まず、①第二種事業の判定基準です。事業が、同種の事業と比べ環境影響の程度が著しいものとなるおそれがある場合、他の事業と総体として環境影響の程度が著しいものとなるおそれがある場合が挙げられています。その上で、環境影響を受けやすい地域、環境保全の指定地域、既に環境が著しく悪化している地域が存在する場合が挙げられています。②環境影響評価項目等の選定の指針です。調査・予測・評価は選定された環境影響評価項目ごとに行うこととされています。③環境保全のための措置に関する指針です。環境への影響の回避・低減を優先として、必要に応じて代償措置や複数案の比較検討・実行可能なよりよい技術の検討や、予測の不確実性が大きいときなどの事後調査の必要性の検討等が定められています。なお、この評価基準に基づき事業種ごとに主務省令が改正されています。

なお、ここの複数案は代替案よりも広い概念で、幅広い環境対策を含むものとされています。閣議アセスでは「目標クリア型」、ともすれば行政上の環境保全目標の達成に重きを置いて評価されてきましたが、今回は複数案の比較検討・実行可能なより良い技術の検討ということで「ベスト追求型」(Better Decision)、環境への負荷をできる限り低減させる視点で評価されることになります。目標さえクリアされていればいい、という考え方からの大きな転換と言えましょう。

オ　準備書、評価書の記載事項

準備書には、①方法書についての意見概要、都道府県知事の意見、事業者の見解、②環境影響評価の項目、調査・予測・評価の手法、③主務大臣からの助言、④環境影響評価結果のうち、調査結果の概要、予測・評価結果、環境保全のための措置などを記載することとされています。また、評価書にはそれに加え、準備書についての意見概要、都道府県知事意見、事業者の見解などを記載することとされています。

カ　意見書と関係地域

意見書の提出は、方法書段階と準備書段階でできることになっています【36】。法律では、意見書を提出できる者は、「環境保全の見地から意見を有する者」とされています。地域の住民でなくてもだれでも意見が出せます。これは住民などの意見提出を、地域における意思決定手続きへの住民参加という位置づけではなく、環境影響についての情報提供という役割を重視したものとされています。居住要件は閣議アセスでは要求されていましたが、法律では求めていません。

また、方法書や準備書は、公告の上「関係地域内」において縦覧に供することとされています。ここでの関係地域とは事業の種類ごとに異なり、対象事業に係る環境影響を受ける範囲であると認められる地域とされています。

なお、縦覧期間内に事業者は関係地域内で説明会を開催しなければならないこととなっています。当初の法律では準備書段階だけでしたが、2011年改正で方法書段階でも説明会の開催が義務付けられています。方法書も準備書同様専門的な内容が多く、早い段階から住民などへの理解を進めるためです。

キ　評価結果の活用

法律では、許認可権者等は、評価書や評価書で述べられた意見に基づき、対象事業が環境保全に適正な配慮がされるものかどうかを審査し、許認可等に反映するものとされています。いわゆる「横断条項」と呼ばれる規定です。

環境影響評価法の立案に当たっては二つの考え方がありました。環境配慮はあらゆる事業でしなければなりませんので、それぞれの事業の個別法の上位法のような位置づけで新しい法律とするのか、それぞれの事業の個別法、道路法、河川法、公有水面埋立法などにアセスの手続きを規定していくのか、ということです。結論的には、個別法の改正では環境の側面からの評価が弱くならざるをえないのではないか、ということで、新法で対応することとなりました。

問題は環境影響評価の結果をどのように事業に活かしていくか、ということです。許認可等はそれぞれの事業所管省庁で対応していますが、そうした仕組みを活用せざるをえません。個別法では、個別法の目的に沿ったそれぞれ求められる審査基準により判断されますが、環境影響評価法では、それに加え、環境保全に適正な配慮がなされているかを審査して、許認可等に反映させていこうということを規定しています。環境影響評価の手続きを新法で規定しながら、結果の部分は再び個別法の許認可等に係らしめるという、事業所管省庁の役割を踏まえた解決と言えるでしょう。この条文のことを「横断条項」と言います。

「横断条項」により、許認可権者等は、アセスの結果により、許認可等をしないこともできますし、条件を付けることもできます。補助事業でも直轄事業でも環境配慮を組み込ませることができるようになりました。個別法で環境配慮が審査基準にない場合、閣議アセスでは行政指導の限界があるとされていましたが、立法的に解決されたことになります。

4　国のアセスと地方公共団体のアセス

アセスの手続きはもともと、国より地方公共団体が先行して実施していました。地域の実情に合わせてそれぞれ工夫した制度があり、法律では対象とされない事業やより規模の小さい事業を対象とするもの、法律では対象外の環境要素も対象とするもの、公聴会の開催を義務付けるもの、第三者機関で審査するものなどがあります。

法律ではこのことを踏まえ、特別に条文を設けています。①対象事業以外の事業に係る手続き、②対象事業に係る地方公共団体での手続き（法律の規定に反しないものに限る）、については条例で規定できるとしています。したがって、法対象以外の事業や規模が小さく法対象とならない事業でも条例で規定することができます。②の「法律の規定に反しないものに限る」をどう解釈するかということですが、評価項目については、一般的に広く認めてもいいのではないか、と考えられています。問題は対象事業についての手続き規定です。意見提出期間の延長のようにいたずらに手続きを遅延させるようなものはともかく、準備書意見に対する見解書の説明会の開催など、地域の実情を踏まえた実質的に理解を深めるような内容については認めてもいいのでは、と解されています（第3章第4節5〔p.138～〕参照）。

5　戦略的環境アセスメント

戦略的環境アセスメント、SEA（Strategic Environmental Assessment）とは、個別事業の意思決定に先立つ戦略的な意思決定段階、政策段階、計画段階など早い段階での意思決定を対象としたアセスとされています。SEAは事業実施段階でのアセスよりも早い段階でのアセスであるため、より広く代替案などを検討の俎上に載せることができ、手戻りなく環境配慮を組み入れていくことができる、とされています。法律制定時の国会における付帯決議でも、「制度化に向けて早急に具体的に検討を進めること」とされ、試行的ガイドラインの提示などの取り組みが行われてきました。

2011年の環境影響評価法の見直しの中で、計画段階配慮書の手続きが新設されました。これは、事業の位置、規模等を選定する計画の立案段階で環境保全上配慮すべき事項について検討を行い、計画段階配慮書の作成を求めるものです。第一種事業については義務ですが、第二種事業については任意です。事業の位置・規模等の立案段階での導入で、SEAが予定するような政策段階、より上位の計画段階での導入とまでは言えません。しかし、こうした取り組みを推進することにより、将来の見直しが期待されます。なお、配慮書についても、主務大臣は環境大臣の意見を踏まえ、意見を述べることができるとし、行政機関や住民などの意見聴取についても規定されています。

【36】 計画段階配慮書に関する意見

計画段階配慮書に関する意見については、法律では「意見を求めるように努めなければならない」とされています。その方法等は事業ごとに主務省令によりますが、基本的には方法書等の手続きに同じとされています。なお、意見を求めないことも可能ですが、その場合は理由を明らかにする必要があります。

第5章

事業規制法

第1節　廃棄物の処理

1　廃棄物処理法以前

ア　江戸時代まで

ごみの処理の問題は人類の歴史とともに始まっています。日本でも縄文・弥生時代の貝塚はごみの処分場であったと言われています。都市へ人々が集まるようになると身近な空間でごみ処理ができず、ごみの問題も顕在化してきます。

江戸時代になって世の中が安定してきますが、江戸や京都ではごみを自分の屋敷内に埋めたり、空き地に捨てたり、川に投棄するなどして処理していたようです。江戸の町では各町に「会所地」という公的な役割のある場所が設けられていましたが、こうしたところをごみ捨て場として利用したとされています。付近の住民が悪臭やハエ・蚊に悩まされたと言い、当時奉行所では会所地へのごみ投棄を禁止するお触れを出しています。1655年深川永代浦をごみ捨て場に指定しています。それまでは禁止するのみであったごみ問題について、初めての処分場の指定です。画期的なことであったと言われています。1662年には幕府の許可を得た処理業者が浮芥定浚組合の鑑札をもらい、一定の場所に集められたごみを処理するようになりました。許可を受けた船で永代島に運んで捨てたと言います。このころから、江戸の町の庶民のごみは店内（一人の大家が管理している複数の借家）のごみ溜めからそれぞれの町で管理する大芥溜りに集め、ごみ取り船によって運ばれ永代島のような指定された場所で埋立処分されました。

江戸期の人口は3,000万人程度でしたが、鎖国政策の中で海外との輸出輸入は大変限られていました。庶民のごみも様々に活用されていました。今で言うリサイクルです。庶民から集められた灰は、酒造りの麹造り、製紙、染色、陶器の釉薬などに活用されていました。また、稲わらは、堆肥とするほか、日用品としてわら草履、わらじ、背中あて、蓑などとして活用されました。使用後は燃料とし、残った灰は肥料として近隣の農家で使われていたということです。物をすぐに捨てないで大切に使っていて、焼き物が割れたときに修繕する「焼き継ぎ」という職人がいたほか、ろうそくの溶け残りを集め商売ができたと言います。江戸期の包装材は竹の皮です。いらなくなれば自然に還元できるものです。現代の容器包装がリサイクル、処理に多くの費用をかけている様相とは異なります。

イ　明治大正期から昭和へ

明治時代、1888年にペストが大流行しました。公衆衛生の観点からごみやし尿の処理が課題となり、1900年に汚物掃除法が制定されます。ごみや汚物の処理の責任は市町村にあることが明らかにされました。1924年には大崎に日本ではじめての焼却場、塵芥焼却場が建設されます。

第二次大戦後、農村部における化学肥料の普及に伴い、し尿を肥料として使うことが減ってきました。都市部では戦後復興による人口集中により、そこから大量のごみが出ます。当時のごみは投棄されることも多く、衛生上も問題でした。1954年に清掃法が制定されます。清掃事業の実施主体は市町村として、公衆衛生の向上を目的とするものでした。その後も都市部のごみは増える一方で、堆肥化しても農村部における需要も少なく抜本的な解決策が必要とされます。1963年に生活環境施設整備緊急措置法が制定され1965年には生活環境施設整備5か年計画が策定されます。都市部のごみは原則焼却処理し、その残さは埋め立てるという方針が示されます。焼却施設の建設が全国的に始まります。しかし、高度経済成長の中でごみの種類もプラスチックごみの量が増え、焼却時の発熱量が大きくなります。計画していた焼却炉では対応不十分というところも出てきました。ごみ問題がさらに混迷化することにもなります。

東京都杉並区と江東区の東京ごみ戦争は、こうした時期に発生した象徴的な事件です。杉並区のごみ焼却場が住民の反対で建設の見通しが立たず、杉並区のごみを、中間処理（焼却等）せず江東区の最終処分場へ搬入しようとしたのです。江東区側が拒否して大きな社会問題となりましたが、1974年に杉並区焼却場の建設について東京都と住民側の和解が成立したことで終息に向かいました。

2　廃棄物処理法の制定

このような状況の中で1970年の公害国会で廃棄物処理法が制定されます。正式には廃棄物の処理及び清掃に関する法律です。廃掃法とも略されます。

ごみ・し尿の処理についてですが、当初は海洋や土地などに投棄されていたため周辺地域の衛生管理の問題として捉えられていました。廃棄物処理法の前身が清掃法というのもそうした理由です。高度成長期になり大量の廃棄物が発生すると廃棄物の及ぼす環境汚染が問題視され、公害問題として捉えられることになります。自治体のみならず事業者による処理が求められ、焼却処理場や最終処分場の確保が課題になり、廃棄物処理法が制定されます。そして、廃棄物に係る環境問題の一層の社会的関心の高まりを踏まえ、1991年に廃棄物処理法が改正されます。リサイクルの概念が導入され、その後の各種リサイクル立法に繋がっていきます（図5-1-1）。

廃棄物処理法では、事業活動によって生じた廃棄物は事業者が処理するという考え方が示されました。産業廃棄物と一般廃棄物を区分し、産業廃棄物は事業者による処理を原則とし、その他の一般廃棄物は市町村に処理の責任がある

衛生問題

ごみ、し尿は海洋投棄や土地投棄処分
ごみの処分場からハエ、蚊の発生
⇒衛生管理の必要（昭和20年代〜）

清掃法（昭和29年）

市街地を中心とする
特別清掃区域の設定と
市町村による清掃事業の実施

公害問題

高度成長期に伴う廃棄物の増加
⇒自治体のみならず事業者による
処理の必要、焼却処理・埋立場の確保
（昭和30年代〜）

廃棄物処理法（昭和46年）

産業廃棄物と一般廃棄物の
区分と処理責任の明確化、
技術基準等

環境・資源問題

廃棄物の適切な処理・利用 不法投棄対策
環境問題に対する一層の機運
⇒リサイクルを始めとする
適正な資源循環の必要（平成〜）

各種リサイクル法（平成7年）

循環型社会形成推進基本法（平成13年）

図 5-1-1　廃棄物問題の変遷

こととされました。処理責任を明確化し、そのための技術基準、罰則関係を整備するものです。六価クロムの土壌汚染問題が社会問題化したのを受け、1976年に法改正が行われます。処理業者に対する規制が強化され、最終処分場についての規定が設けられます。安定型、管理型、遮断型、という3類型の最終処分場です。

1991年の改正は、廃棄物の発生抑制、分別再生を法律の目的に位置付けています。リサイクルの概念を廃棄物処理に持ち込んだものとも言えます。大量に消費し使い捨てにする生活の中で、大量のごみが発生します。不法投棄など廃棄物の適正処理について様々な問題が出始めていました。事業者を含めそれぞれの主体の責務を強化し、処理施設の設置についても許可制を導入するなどの改正が行われました。廃棄物処理法の改正に伴い、再生資源利用促進法も制定されています。1995年には容器包装リサイクル法、1998年には家電リサイクル法も制定されます。また、この時の改正で、爆発性、毒性などにより人の健康や生活環境に被害を生ずるおそれのある廃棄物については、特別管理廃棄物として特別の管理が求められるようになり、廃棄物処理センターに関する規定も整備されます。

1997年の改正は、産業廃棄物の最終処分場の確保の困難性、不法投棄の増加などに対応するためのものです。廃棄物処理施設は、いわゆる「迷惑施設」として、自治体では行政指導で住民の同意を求める傾向にありました。判例では行政指導により同意を求めることは事業者が任意で応じない限り違法であるとされていました（百選56)。しかし、地域住民に影響のあるような施設を自治体と事業者の間のみで解決することはそもそも困難です。そこで、生活環境に与える影響などについて住民が意見を述べることができるという規定が導入されました。いわゆる「ミニアセス」です。また、産業廃棄物処理施設の信頼性を高めるためもあり、その維持管理についても規定し、特定の最終処分場については埋め立て終了まで維持管理積立金を求めることとされました。さらに、すべての産業廃棄物に管理票（マニフェスト）制度が適用されました。不法投棄対策として、原状回復基金の設置、罰則の強化なども行われています。再生利用については再生利用認定制度が設けられています。

2000年はリサイクル元年と言われています。循環型社会形成推進基本法、建設リサイクル法、食品リサイクル法が制定され、再生資源利用促進法が資源有効利用促進法に改正されています。廃棄物処理法も改正され、なかなか進まない最終処分場の整備に公共関与できるような仕組みも導入されました。

3　廃棄物とは

ア　廃棄物の概念の変遷

廃棄物は「不要物」です。「いらないもの」ということです。丁寧には扱われません。「ぞんざい」に扱われやすく、安価で不適正な処理となりやすいものです。いらないものですので、どんなところへでも行きます。広範囲に移動しやすく、把握するのにも困難を伴います。そして、処理のための施設は典型的な迷惑施設ですから立地困難ということになります。不法投棄や不適切処理が横行すれば環境汚染に繋がります。廃棄物を適正に扱い処理することを自由な経済活動に任せていてうまくいく感じはありません。廃棄物を扱う事業者をまるごと法律で規制し、適正な処理を確保することが重要となってきます。

法律上の定義も、「廃棄物とは、ごみ、粗大ごみ、燃え殻、汚泥、ふん尿、廃油、廃酸、廃アルカリ、動物の死体その他の汚物又は不要物であって、固形状又は液状のもの（放射性物質及びこれによって汚染された物を除く）をいう」となっています。問題は「不要物」とは何かということです。不要物を広く考えれば、過剰規制ではないか、とされそうですし、狭くすれば、規制の及ばないところで問題が出てきそうです。

廃棄物処理法制定後の厚生省課長通知（1971年）では、客観的に汚物・不要物として観念できるものであって、占有者の意思の有無によって廃棄物又は有用物になるものではない、とされていました。しかし、売れ残った商品など客観的には不要物とは見えないものでも、占有者が廃棄することで問題が生ずることもあります。1977年通知では、占有者の意思と物の性状を総合的に勘案すべきもの、とされました。具体的には、「占有者が自ら利用し又は他人に有償で売却することができないため不要になったものを言い、これらに該当するか否かは、占有者の意思、その性状等を総合的に勘案すべきものであって、排出された時点で客観的に廃棄物として観念できるものではないこと」とされました。

しかし、占有者の意思を重視すれば、どう見ても廃棄物であるものでも将来のために保管していると強弁されれば、なかなか厄介です。香川県の豊島廃棄物不法投棄事案はそうした事業者の強弁を行政当局が認めたことから発生しています。産業廃棄物処理業の許可を受けた事業者が1978年ごろからシュレッダーダストや廃油などの産業廃棄物を大量に処分場に搬入していましたが、県当局は有価物であるとの事業者の主張を認めてしまったのです。周辺環境に与える影響も大きかったことから1990年に県警が強制捜査を行い廃棄物処理法違反で摘発をしましたが、事業者は倒産し膨大な量の廃棄物が豊島に残されました。住民側は1993年公害調停の申請を行い、2000年に調停が成立しました。県当局は調停条項に基づき隣接する直島町に中間処理施設を整備して焼却・溶融処理による処理を始めました。総事業費は520億円にも及びます。原因事業者は破産宣告を受けており、また、当時排出者責任までは問えませんでしたので、排出者19社は解決金約3億円を支払っているにすぎません。廃棄物の解釈の相違で大きな事件に発展した事案として記憶に残すべき事例でしょう。

その後、2000年に、「野積みされた使用済みタイヤの適正処理について」という通知が出されます。これは再び廃棄物の判断に客観的な要素を入れていこうというものです。具体的には、占有者の意思とは、「客観的要素からみて社会通念上合理的に認定しうる占有者の意思であること」とされ、占有者の意思が廃棄物判断の決定的な要素になるものではない、とか、占有者の認識についても、占有者にこれらの事情を客観的に明らかにさせるなどして社会通念上合理的に認定しうる占有者の意思であること、とされています。180日以上も放置するような物は一般的に有用物として占有する意思がないとされています。

裁判例でも、いわゆる「おから事件」（百選46）では、不要物に該当するかどうかは、「その物の性状、排出の状況、通常の取り扱い形態、取引価値の有無及び事業者の意思等を総合的に勘案して決定するのが相当」とされました。ここでは、具体的に取引価値の有無等の要件を例示していますが、2000年通知はこの判例による文言をまさに援用しています。総合的に勘案して判断するとしても、例示にある「取引価値の有無」とはどういうことでしょうか。一般に「有価物」は有償で取り引きが行われます。売主Aから買主Bに商品が動くとき、その代金は商品の動きとは反対、BからAとなります。同じようにAからBに物が動いたとして代金がBからAではなくAからBへ動く場合はどうでしょうか。Aは廃棄物の排出者でBは処理者で、お金は代金ではなく処理費用になります。ではAからBに物が動いたとして、代金はBからAに支払われても、別途運搬費という名目でAからBにお金が流れた場合はどうでしょうか。Aの手元がマイナスであればこの物は有価物とはみなされません。廃棄物となります。言うなれば廃棄物は

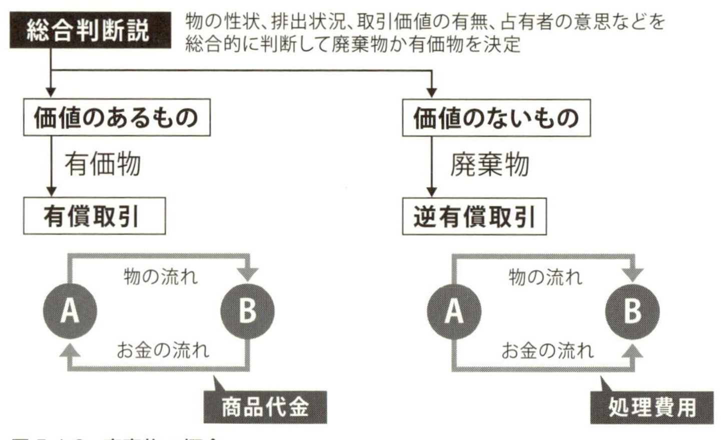

図 5-1-2　廃棄物の概念

「逆有償取引」であると言えます（図5-1-2）。

イ　法律上の廃棄物の分類

廃棄物処理法による廃棄物の分類としては、処理責任の所在で区分けされています。条文の順序とは異なりますが、事業者が処理する責任のあるものが産業廃棄物で、事業活動から生じた廃棄物のうち法令で、燃えがら、汚泥、廃油、廃酸、廃アルカリ、廃プラスチック類、紙くず、木くず、繊維くず、動植物性残さ、動物系固形廃棄物、ゴムくず、金属くず、ガラスくず・コンクリートくず・陶磁器くず、鉱さい、がれき類、動物のふん尿、動物の死体、ばいじん、輸入したごみ等が定められています。

市町村が処理をする責任のあるものが一般廃棄物であり、廃棄物のうち産業廃棄物以外のものとされています。つまり、ごみとし尿です。ごみには家庭系ごみと事業系ごみがあります。事業活動から生じるごみでも、産業廃棄物以外のもの

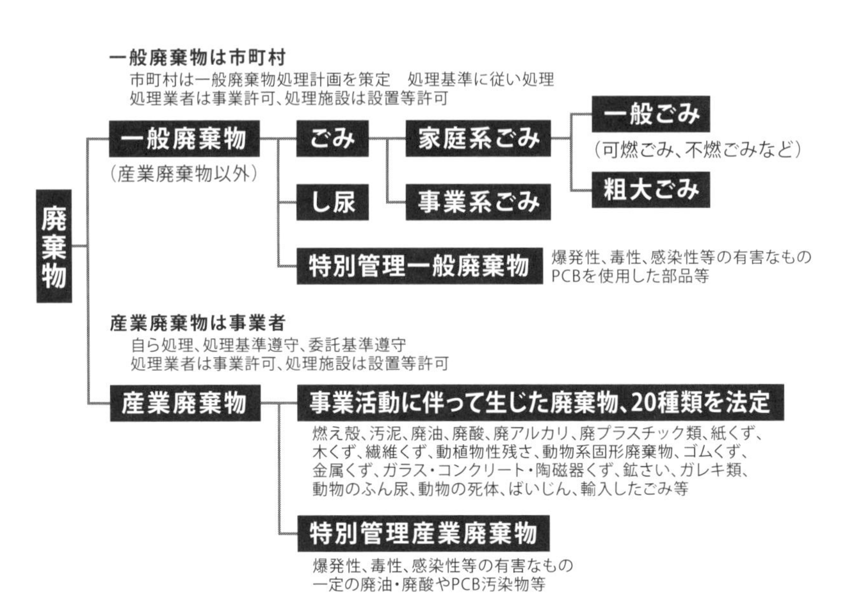

図 5-1-3　廃棄物処理法における廃棄物の分類

は一般廃棄物として、市町村責任のもとで処理されます。一般廃棄物の事業系ごみは、ほとんどが有料での処理です。家庭系ごみには一般ごみと粗大ごみがあり、粗大ごみはほとんど有料ですが、最近は一般ごみについての有料化の議論も行われています。

これらのごみのうち有害なものは特別管理一般廃棄物、特別管理産業廃棄物として、特別な管理のもとでの処理が定められています。特別管理一般廃棄物とは、廃家電製品に含まれるPCBを使用した部品、ごみ処理施設等で生じたばいじんや燃えがら、感染性廃棄物等です。特別管理産業廃棄物とは、燃焼しやすい廃油、著しい腐食性の廃酸・廃アルカリ、感染性廃棄物、PCB関係、アスベスト関係等です。

廃棄物処理法が適用されないものには、①気体状のもの、②浚渫（しゅんせつ）にともなって生じる土砂等、③漁業活動に伴い漁網等にかかった水産動植物等で現場付近において排出したもの、④土砂や土地造成の目的となる土砂類似のもの等があります。また、⑤放射性物質やこれに汚染されたものも現行法では適用除外となっています。東日本大震災による原子力発電所の事故により放射性物質が飛散し、汚染された廃棄物が大量に発生しましたので、今回の事故によるものは2011年に制定された放射性物質汚染対処特別措置法により対処されていますが、いずれ、廃棄物処理法の改正による一般化が必要になるでしょう（図5-1-3）。

4　廃棄物処理法の概要

ア　一般廃棄物の処理

法律では、市町村が一般廃棄物処理計画に従ってその区域内の一般廃棄物を生活環境に支障が生じないうちに収集し、運搬し、処分しなければならない、とされています。一般廃棄物処理の市町村責任を定めたものです。処理計画では、発生量・処分量の見込み、排出抑制方策、分別収集の種類と区分、適正処理とその実施者や施設整備に関する事項などが定められています。ごみの処理を市町村の公共サービスの一環として定めたものです。ごみの処理は市町村の基本的な事務の一つです。これまで市町村民税や固定資産税などの財源でもってその経費を賄うことが一般的でしたが、ごみの内容も複雑化し、その減量化、分別によるリサイクルなど多くの費用がかかるようになってきて、各地でごみ処理の有料化の議論が行われるようになりました。その点が争われた裁判例があります。藤沢市ごみ収集義務確認訴訟（百選70）です。藤沢市がごみ処理手数料の納付とともに交付する指定収集袋でのごみ収集を始めたのに対し、原告は地方自治法の手数料徴収規定に反するとして指定収集袋以外でのごみの収集の義務の確認を求めた訴訟です。原告側は、手数料は「特定の者のためにすること」を要し、もっぱら自治体の行政上必要な事務では徴収できないと主張しましたが、裁判所は自治体の裁量の範囲内との評価で原告側の主張を退けました。

また、一般廃棄物の収集、運搬、処分等の基準や委託する場合の基準が定められています。①野積みの禁止（運搬途中で積み替える場合以外は保管を禁止し、積み替え場所等には囲いを設置すること）、②野焼きの禁止（廃棄物の焼却は風俗習慣上等の例外を除き必ず焼却施設を用いなければならない）、③埋立処分の規制（遮水を要することから廃坑等の利用は禁止）、④海洋投棄の禁止、⑤委託基準（他人に委託する場合は一般廃棄物処理業者に委託しなければならない）、などです。

一般廃棄物の収集・運搬・処分を業として行おうとする者は原則市町村長の許可が必要です。市町村による処理が困難で、処理計画に適合しており、申請者が運搬車等の事業施設や知識・技能・経理的基盤を有し、欠格要件に当てはまらないことが許可要件になっています。

ごみ処理施設、し尿処理施設、最終処分場を設置しようとする者は原則都道府県知事の許可が必要です。ごみの焼却施設と最終処分場については、いわゆる「ミニアセス」として、生活環境に及ぼす影響を調査、縦覧し、関係市町村長の意見を聴くとともに利害関係者は意見書を提出できることになっています。許可要件は、一般廃棄物処理施設の技術上の基準に適合し、周辺への生活環境の保全等へ適正な配慮がされ、知識・技能・経理的基盤の基準に適合し、欠格事由に当てはまらないこととされています。また、施設の維持管理の技術上の基準が定められているほか維持管理積立金も求められています。また、基準不適合などの場合には改善命令や許可の取り消しができることになっています。

イ　産業廃棄物の処理

産業廃棄物については、事業者が自ら処理しなければならないとされています。ただ、「あわせ産廃」といって、産業廃棄物のうち一般廃棄物と合わせて処理できるものは市町村で処理することもできます。処理基準として、収集、運搬、処分の基準に加え、一般廃棄物ではない保管の基準も定められています。処理の委託については、書面による委託、製品情報の伝達等の委託基準に従い、運搬は産業廃棄物運搬業者に、処分は産業廃棄物処理業者にしなければなりません。

また委託にあたっては処理状況の確認を行い、発生から最終処分の終了までが適正に行われるための措置が求められています。適法に委託しただけで排出者が責任を免れてしまうと第二の豊島事件も起こりかねないので、排出者に責任を問えるようにしたものです。また、管理票（マニフェスト）による管理も求められており、排出者自身が廃棄物の最終処分までの流れを自己管理できる仕組みがあります。

産業廃棄物についても収集・運搬・処分を業として行おうとする者は、都道府県知事の許可が必要です。自ら処理をする事業者やもっぱら再生利用の目的となる廃棄物を扱う事業者には、例外が設けられています。許可要件としては一般廃棄物とおおむね同様で、施設要件、能力要件、欠格事由非該当等の要件が定められています。違反行為、施設・能力の不適合があれば、都道府県知事は事業の停止を命ずることができます。また、欠格条項に該当したときは許可を取り消さなければならないことになっています。これは2003年に改正された事項です。

廃棄物処理業者の中には、違反行為により会社が許可を取り消されても、実質的なオーナーが別会社で事業を継続することがままあります。そこで規制強化の観点から、違反行為等で許可を取り消された会社の役員が別会社の役員である場合には、当該別会社も取り消し対象とされました。この規定が導入された時点

（2000年改正）では許可を取り消すかどうかは都道府県知事の裁量に委ねられていましたので、実態を判断して対処できました。しかし、2003年改正で義務的な取り消しになり、法律の厳格運用が求められました。行政側に裁量があると担当者も毅然とした対応ができないのではないかということです。義務的な取り消しですので、許可を取り消された会社の役員が別会社の役員である場合に当該別会社も取り消し対象になります。さらに当該別会社の役員が兼務するさらに別の会社も取り消し対象となり、無限に連座していくことになります。それではあまりにも不合理ではないか、との議論が出てきました。特に、最初の違反が道路交通法等廃棄物処理とは関係ない法律違反の場合はそうです。また、行政側も無限連座により地域の廃棄物処理に影響が出るのを避けるため、当初の違反行為の摘発に躊躇するという事態も生じていました。それでは本末転倒です。そこで、2010年改正では無限連座を遮断し、特に不法投棄等違反行為が悪質な場合には一次連座を残すものの、軽微な違反行為の場合の連座は遮断することとされました。

産業廃棄物処理施設についてもその設置には都道府県知事の許可が必要です。産業廃棄物は法令で定めていますので、破砕、焼却、分離、脱水、乾燥など、それらの処理に係る施設や最終処分場が対象になります。許可要件、いわゆる「ミニアセス」の必要性、維持管理などについておおむね一般廃棄物処理施設と同様の規定が置かれています。

ウ　廃棄物処理の流れ

2013年度ごみの排出量は約4,500万トンで、生活系約3,200万トン、事業系約1,300万トンです。4,500万トンのうち中間処理が88.4%（約4,000万トン）、資源化するもの10.5%（約500万トン）、直接埋立1.3%（約100万トン）です。中間処理として粗大ごみは破砕、圧縮、分離、生ごみは堆肥化、可燃ごみは焼却などをすることになります。中間処理により約3,100万トンが減量化し、約500万トンが再生利用にまわされ、約400万トンが最終処分されます。したがって、約4,500

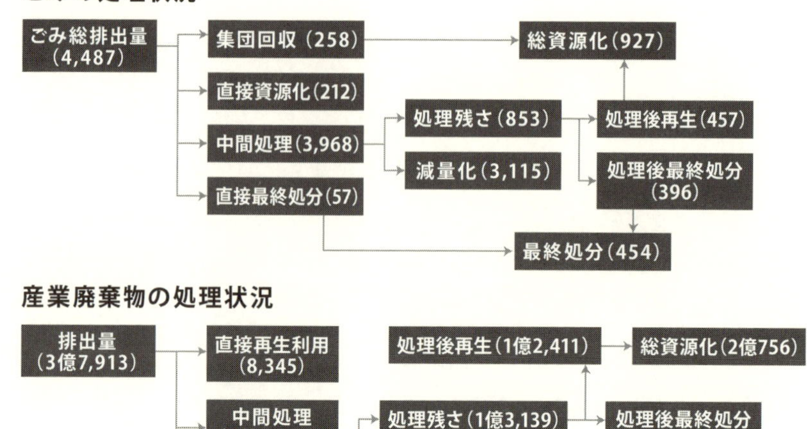

図 5-1-4 廃棄物の処理状況(平成 25 年度、単位:万トン)

万トンのうち約900万トンが資源化され、減量化した約3,100万トンを除き最終処分されるのは約500万トンとなります。

産業廃棄物についても同じように見てみます。排出量は約3億7,900万トンです。そのうち再生利用にまわすものが22.0%(約8,300万トン)、中間処理76.5%(約2億9,000万トン)、直接埋立が1.5%(約600万トン)です。中間処理として汚泥等は濃縮、脱水、無害化処理等を、廃酸や廃アルカリは中和処理等をします。中間処理により約1億5,800万トンが減量化し、約1億2,400万トンが再生利用にまわされ、約700万トンが最終処分されます。したがって、約3億7,900万トンのうち約2億800万トンが再生利用され、減量化した約1億5,800万トンを除き最終処分されるのは約1,300万トンということになります(図5-1-4)。

エ 最終処分場

最終処分場に係る技術基準は環境省令で定められています。産業廃棄物の最終処分場は廃棄物の種類により3類型の処分場が定められています。①安定型最終処分場は、ゴムシートなどの遮断工のない施設で、安定5品目と呼ばれる廃棄物に限って埋め立てることができます。安定5品目とは、腐敗したり有害物質が溶け出したりすることのない品目で、ガラスくず･コンクリートくず･陶磁器くず、がれき類、廃プラスチック、ゴムくず、金属くずのことです。②管理型最終処分場は、廃棄物からしみ出した水を外に漏らさないための遮水工や、シートの内側の水を処理するための浸出水処理施設が設けられており、溶出基準を満たす廃棄物が埋め立てられます。具体的な対象は、有害産業廃棄物を除いた廃油、燃えがら、汚泥、木くず、紙くず、繊維くず、動物性残さなどです。③遮断型最終処分場は、コンクリート製の頑丈な構造物で雨水が入らないように屋根が設けられています。通常の方法では無害化が困難な有害産業廃棄物(水銀、カドミウム、鉛、ヒ素等を含む燃えがら汚泥、鉱さい等)、特別管理産業廃棄物が埋め立てられます。

一般廃棄物の最終処分場の構造は、管理型最終処分場と同じです。

オ　再生利用認定、広域処理認定

再生利用認定制度は1997年に導入されました。再生利用を大規模かつ安定的に行う施設を確保し、廃棄物の減量化を進めるために設けられた制度です。安定的な生産設備を用いて再生利用を自ら行う者を認定対象者としています。認定品目としては廃ゴム製品、廃プラスチック類、廃肉骨粉などです。この認定により処理業や処理施設の許可はいらないことになります。

広域処理認定制度は2003年に導入されました。製品が廃棄物になったときに製造事業者がその処理を担うことは、高度な再生処理が可能となり、廃棄物の減量化への期待もあります。製造事業者で製品が廃棄物になったときにその処理を広域的に行う者を認定対象者としています。認定品目としては、一般廃棄物では廃パソコン、廃二輪自動車など、産業廃棄物では情報処理機器、自動二輪車、建築用複合部材などです。この認定により処理業の許可はいらないことになります。

カ　輸出入規制

廃棄物処理法は、廃棄物の国内処理の原則を掲げています。国内において生じた廃棄物はなるべく国内において適正に処理されなければならない、とし、国外において生じた廃棄物は国内における廃棄物の適正な処理に支障が生じないよう、その輸入が抑制されなければならない、としています。その上で、廃棄物の輸入には環境大臣の許可を求めています。また、廃棄物の輸出にあたっても、国内処理が困難であること、輸出先で我が国の処理基準を下回らない方法により処理されることが確実であると認められることなどについての環境大臣の確認を受けなければならない、としています。

廃棄物の輸出入を扱う条約としてバーゼル条約（Basel Convention on the Control of Transboundary Movement of Hazardous Waste and their Disposal）があり、その国内法として特定有害廃棄物等の輸出入等の規制に関する法律、いわゆるバーゼル法があります。バーゼル条約では輸出国側での許可制度の導入、輸出先国への事前通告と同意、廃棄物の移動書類の添付、不適正処理の場合の輸出国側の責任、途上国への技術援助などが定められています。対象となる有害廃棄物は、有価物かそうでないかという区分けはなく、鉛、ヒ素、PCB、廃石綿などの有害な物は、有価であろうがなかろうがこの条約の対象になります。

キ　不法投棄への対応等

廃棄物処理法では、何人もみだりに廃棄物を捨ててはならない、と投棄を禁止しています。違反行為には5年以下の懲役又は1,000万円以下の罰金です。法人の業務に関するときは法人に対して3億円以下の罰金とされています。「みだりに」とは、生活環境の保全と公衆衛生の向上を図るという法の趣旨に照らし社会的に許容されないこととされ、「捨てる」とは一般的に、占有者が管理を放棄することと解されています。

現在の不法投棄事案の処理についてです。1998年6月16日以前のものは特定産業廃棄物に起因する支障の除去等に関する特別措置法により都道府県等の行う支障除去事業に対して地方債の特例等の支援をすることとし、それ以後のものについては廃棄物処理法による産業廃棄物適正処理推進基金により都道府県の代執行費用を支援しています。

また廃棄物処理法では、法令によって行うものを除き、廃棄物の焼却を禁止しています。ただし、公益上又は社会慣習上やむをえない廃棄物の焼却、周辺地域の生活環境に与える影響が軽微である焼却については例外が認められています。災害の予防、応急対策や復旧のためのもの、風俗慣習上または宗教上の行事のためのもの、農林水産のためのもの、たき火その他の日常生活を営む上で通常行われるものなどです。

特殊な事例ですが、硫酸ピッチについて、その運搬、保管、処分等について一定の規制があります。問題となる硫酸ピッチの多くは正常な経済活動から発生するものではなく、不正軽油（脱税の目的でつくられた軽油類似の油。ディーゼルエンジンは不正軽油でも利用できることから一時期その製造が横行した）の製造に伴い出てくる廃棄物です。不正軽油の識別剤を除去する過程で発生します。不法投棄が横行し社会問題となりましたが、識別剤を使わないような識別方法の開発や地方税での脱税の罰則強化が行われ、新たな発生は防がれています。

不適正に廃棄物処理が行われ、生活環境の保全上の支障が生じ、または生じるおそれがあるときには、支障除去等の措置を命ずることができる、とされています。命令対象者が無資力なことが多く、この措置命令はあまり活用されていませんでしたが、その対象者の範囲は徐々に拡大されてきています。一般廃棄物では①収集・運搬・処分をした者や②不適法な委託による場合の委託者、産業廃棄物では①と②に加え③管理票について不適法な取扱いをした者や④これらの元請け業者やほう助者です。2000年の改正では、さらに、処分者等に資力がないようなときや排出事業者が適正な対価を負担していないようなときなどは排出事業者に対しても措置命令ができることとされました。

また、代執行に係る規定もあります。措置命令を受けた者が措置を講じないとき、過失がなくて命令の相手方に通知できないとき、緊急に措置を講ずる必要があり命令の暇がないときなど、市町村長や都道府県知事は措置を講ずることができるとされています。措置費用は処分者等に負担させることができ、徴収は行政代執行法が準用されています。

5　産業廃棄物処理の構造改革

産業廃棄物については、特に「いらないもの」ということで処理コスト負担のインセンティブがなく、いわゆる「安かろう、悪かろう」という状況が続いていました。無責任状態の下で優良事業者が市場の中で優位に立てず、むしろ良心的でない事業者が跋扈していました。不法投棄等の不適正処理が横行し、産業廃棄物の処理に対する国民の不信感が増大し、処分場の設立反対にも繋がり、処理システムの破たんとまで言われました。こうした構造的な問題を解決すべく、累次の廃棄物処理法の改正が行われています。構造改革を推進している途上が現状と言えるでしょう。

まず、①排出者責任の強化です。マニフェスト制度の強化と措置命令の拡充

構造的問題

産廃物は不要なもの

無責任状態での処理

・処理コスト負担の動機なし
・安かろう悪かろう
・優良業者が優位にたてない

・不法投棄・不適正処理
・産廃に対する国民の不信
・施設立地困難

処理の破たん

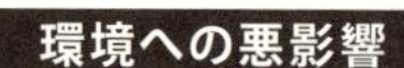

構造転換

排出事業者責任の徹底
マニフェスト制度の強化
原状回復命令の拡充

不適正処理対策
許可基準の強化
罰則強化

適正な処理施設の確保
設置手続きの透明化
優良施設への支援
公共関与

あるべき姿

産廃物は不要なもの

自己責任での処理

・排出事業者が最後まで責任
・確実かつ適正な処理
・優良業者の選択

・安心・安全な適正処理
・国民の信頼の回復

循環社会の構築

健康で文化的な
生活の確保

図 5-1-5　産業廃棄物処理の構造改革

があげられます。②不適正処理対策として、処理業や施設の許可制度の強化、不法投棄等の罰則の強化、処理業者の優良化等です。③適正な処理施設の確保として、施設設置手続きの透明化、優良施設の支援、公共関与による整備等です。こうした改革により、汚染者負担原則に基づくあるべき姿への転換が求められています。排出事業者が最後まで責任を持って適正に処理をする。そうであれば当然優良事業者が選ばれることになる。安全で安心できる適正処理が実現できれば、産業廃棄物の処理に対する国民の信頼も回復し、リサイクルの推進、循環型社会の構築へと向かうことになります（図5-1-5）。

第２節　リサイクルの推進

１　循環型社会形成への取り組み

1991年に廃棄物処理法が改正されました。その目的に廃棄物の排出抑制と分別再生が規定され、廃棄物の処理についてリサイクルの考え方が導入されます。再生資源利用促進法も新たに制定されます。1980年代後半からのバブル期の我が国は、製品を大量に生産し、消費者がそれを大量に使い、そこから大量の廃棄物が発生していました。廃棄物処理施設の立地が困難となる中、行き場のない廃棄物の不法投棄も増えていました。廃棄物となるものの量を減らすこと、廃棄物の排出抑制のみならずリサイクルの一層の推進が社会的に大きな課題とされました。いわゆる「大量生産、大量消費、大量廃棄」型の経済社会から脱却し、「循環型社会」を形成することが急務と考えられました。生産から流通、消費、廃棄に至るまでにおいて、物質の効率的な利用やリサイクルを進め、資源の消費が抑制され、環境への負荷の少ない社会です。

循環型社会への取り組みは、個別のリサイクル対策のみならず総合的かつ計画的に対応できるような基本的考え方を整理して進められることが望まれました。循環型社会形成推進基本法が2000年に制定されます。この年はリサイクル元年とも言います。この年に、建設廃棄物や食品廃棄物のリサイクル法、国等の調達に関してのグリーン購入法が制定されます。廃棄物処理法と再生資源利用促進法も改正されます。容器包装、家電、自動車などの各種リサイクル法と相まって循環型社会形成に向けた様々な取り組みが進められていくことになります。

２　循環型社会形成推進基本法

ア　目指すべき「循環型社会」

法律では、「循環型社会」とは、天然資源の消費を抑制し、環境への負荷ができる限り低減される社会とされています（2条1項）が、そのために、①廃棄物等の発生抑制、②循環資源の循環的な利用、③適正な処分の確保を求めています。対象となる物も有価、無価を問わず「廃棄物等」とし、廃棄物等のうち有用なものを「循環資源」と位置付け、その循環的な利用を促進することを定めています（2条2項）。

また、循環型社会形成へ向けての基本的な考えを明示するとともに、処理の優先順位を定め（5条から7条）、国、地方公共団体、事業者、国民が全体で取り組んでいくため、これらの主体の責務を明確にしています（9条から12条）。そして、循環型社会形成推進基本計画について定め（15条）、国、地方公共団体の基本的施策を定めています（17条以下）。

イ　基本原則

まず、循環型社会の形成は、①持続的に発展することができる社会の実現が推進されること、②各主体の適切な役割分担の下に行われることを旨とすることが述べられています。そして、ⅰ原材料の効率的な利用、製品の長期的使用による廃棄物となることの抑制、ⅱ循環資源の循環的な利用、適正な利用と処分、ⅲ循環資源の循環的な利用と処分の基本原則を定めています。基本原則として、技術的・経済的に可能な範囲でという注釈はあるものの、優先順位による利用と

循環資源は環境負荷の小さい順序に処理することを基本原則とする

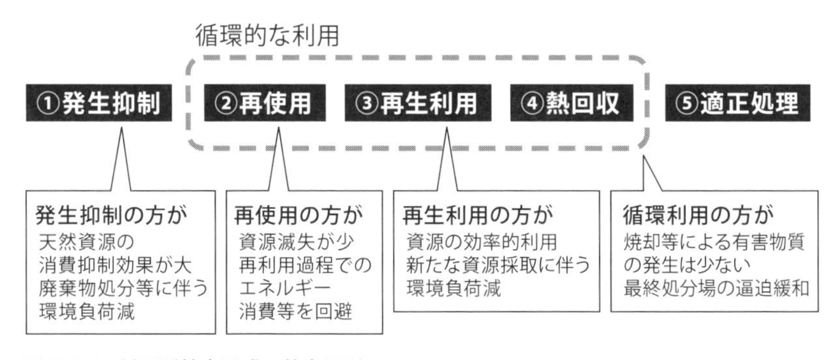

図 5-2-1　循環型社会形成の基本原則

処分、すなわち、①再使用できるものは再使用、②再使用されないもので再生利用できるものは再生利用、③再使用・再生利用されないもので熱回収できるものは熱回収、④循環利用が行われないものは処分、とされています。つまり、環境負荷の小さい順に処理することを基本原則とし、社会全体としての環境負荷を低減しようということです。発生抑制、再使用、再生利用、熱回収、適正処理の順が定められています（図5-2-1）。

ウ　拡大生産者責任

循環型社会形成推進基本法では、環境基本法で拡大された事業者責任の考え方をさらに拡充し、いわゆる「拡大生産者責任」を規定したものとされています。具体的には既に触れています（第3章第2節7〔p.111～〕参照）。

3　循環型社会形成推進基本計画

2003年3月に第1次循環型社会形成推進基本計画が定められます。第1次計画では、大量生産、大量消費、大量廃棄の経済社会活動によって様々な環境問題が生じてきたとし、「循環型社会のイメージ」を示しています。また、2010年度を目標年次として、循環型社会の達成度合いを把握するために物質フローに関する目標も示しています。具体的には、①「入口」は「資源生産性」（GDPを天然資源等投入量で除した値）、②「循環」は「循環利用率」（循環利用量を循環利用量+天然資源等投入量の合計で除した値）、③「出口」は「最終処分量」（廃棄物の埋立量）です。

2008年3月に第2次計画が定められています。第1次計画では資源生産性の向上、循環利用率の増加、最終処分量の減少など一定の成果がありました。さらに、世界的な資源制約への対応の必要性が増大し、国際的にも循環型社会の形成を一層推進する必要があるとして、循環型社会の中長期的なイメージを描くとともに数値目標を掲げて取り組むこととされました。

2013年5月に第3次計画が定められています。循環の質にも着目し、リサイクルに比べ取り組みが遅れているリデュース（発生抑制）・リユース（再使用）の取り組みを強化することとされています。

なお、2000年時点では、資源生産性約25万円/トン、循環利用率約10%、最終処分量約5,600万トンでありましたが、2012年では、それぞれ資源生産性約39万円/トン（2030年目標46万円/トン）、循環利用率約15%（目標17%）、最終処分量約1,700万トン（目標1,700万トン）となっています。

特に産業廃棄物の最終処分場について、2000年ごろは残余年数として4年程度しかないと大変問題視されましたが、2012年では14年程度に伸びています。

4　循環型社会を形成するための法体系

循環型社会形成推進基本法が成立し、廃棄物処理とリサイクルを通じた基本的な考えを共有した体系ができあがりました。環境基本法は上位法になります。それまで、廃棄物処理とリサイクルに関して廃棄物処理法と再生資源利用促進法で個別に対応していましたが、共通の考え方で整理したということです。廃棄物処理法の中にも廃棄物の再利用に関係する条文はありますが、資源有効利用

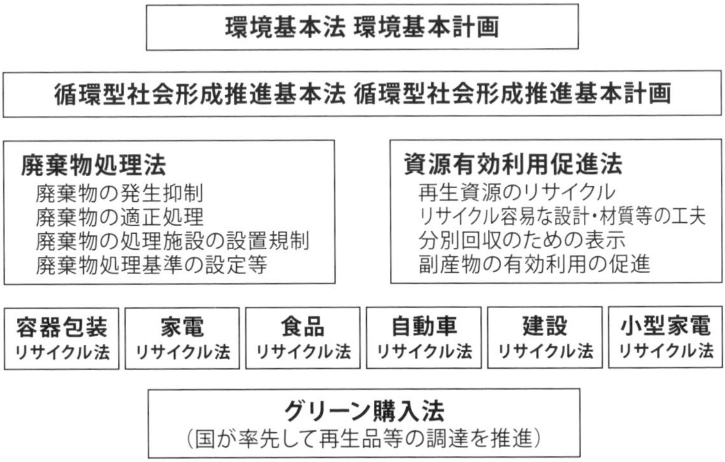

環境基本法 環境基本計画

循環型社会形成推進基本法 循環型社会形成推進基本計画

廃棄物処理法
廃棄物の発生抑制
廃棄物の適正処理
廃棄物の処理施設の設置規制
廃棄物処理基準の設定等

資源有効利用促進法
再生資源のリサイクル
リサイクル容易な設計・材質等の工夫
分別回収のための表示
副産物の有効利用の促進

容器包装リサイクル法
家電リサイクル法
食品リサイクル法
自動車リサイクル法
建設リサイクル法
小型家電リサイクル法

グリーン購入法
（国が率先して再生品等の調達を推進）

図 5-2-2　循環型社会を形成するための体系

促進法と相まって廃棄物の適正処理と再生利用の推進が図られることになります。個別品目ごとに各種リサイクル法も制定されます（図5-2-2）。

5　資源リサイクル制度

1991年に制定された再生資源利用促進法が2000年に全面改正され、資源有効利用促進法（資源の有効な利用の促進に関する法律）となります。目的は、資源の有効な利用の確保と使用済み物品・副産物の発生抑制、再生資源・再生部品の利用促進を図ることです。この法律では、使用済み物品や工場等で発生する副産物のうち原材料など有用な資源として利用できるものを「再生資源」と呼び、使用済みの物品のうち部品その他製品の一部として利用できるものを「再生部品」と呼んでいます。

法律では、製品の製造段階におけるリデュース・リユース・リサイクルの3R対策、設計段階における3Rへの配慮、分別回収のための識別表示、製造業者による自主回収・リサイクルシステムの構築などが規定されています。指導に従わない場合の助言、勧告、公表、さらには命令違反の罰則はありますが、基本的には事業者の自主的な努力により推進していこうとするものです。具体的には10業種、69品目について、おおむね一般廃棄物や産業廃棄物の5割をカバーしていますが、事業者の取り組むべき3Rの内容を「判断の基準」として定め、取り組みを行うことを求めています。また、関係者の責務として、①事業者には、使用済み物品等の発生抑制のため原材料の使用の合理化、再生資源・再生部品の利用、使用済み物品や副産物の再生資源・再生部品としての利用促進が、②消費者には、製品の長期間使用、再生資源を用いた製品の利用、分別回収への協力などが、③国や地方公共団体には資金の確保、物品調達における再生資源の利用促進などが定められています。

環境配慮対応を経済システムに取り込み、その効果を社会全体で発揮していくために、環境配慮設計に関する表示方法や評価指標などについて、製品のライフサイクル、原材料の調達から製品の製造、消費、廃棄時において活用できるよう具体的な統一化が試みられています。製造段階と消費された後の分別・回収段階に分け、製造段階では製品対策と事業場における副産物対策を講じています（図5-2-3）。

まず、製造段階の製品対策です。製品設計については、①指定省資源化製品として19品目（パソコン、自動車、家電、金属製家具、ガス石油機器等）を指定し、軽量化、小型化、長寿命化、修理の機会などが定められ、リデュースに資することとしています。リユース、リサイクルに資するようには、②指定再利用促進製品として50品目（パソコン、自動車、家電、金属製家具、ガス石油機器、複写機、システムキッチン、小形二次電池使用機器等）を指定し、原材料の工夫、分別のための工夫などが定められています。原材料については、③指定再利用業種として5業種（紙製造業、ガラス容器製造業、建設業、硬質塩ビ製の管・管継手製造業、複写機製造業）を指定し、再生部品や再生資源等の利用目標などを定めることとしています。

製造段階の副産物対策です。④特定省資源業種として5業種（パルプ・紙製造

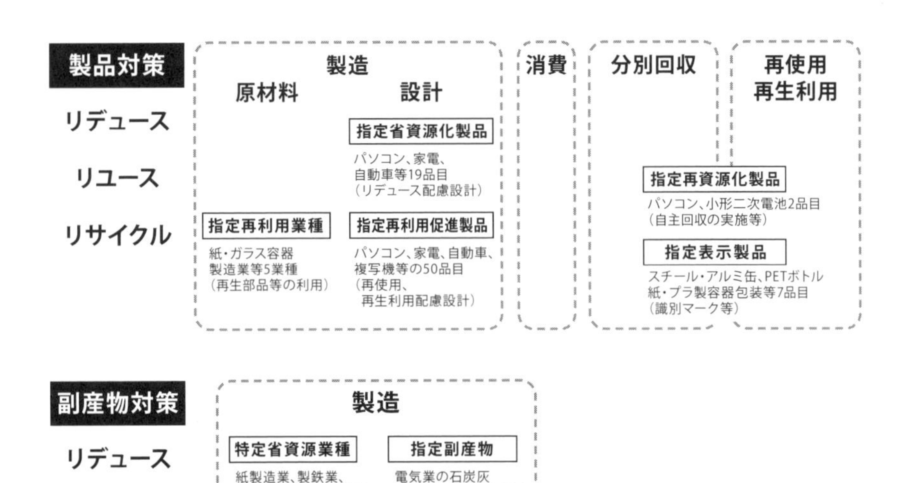

図 5-2-3　資源有効利用促進法の概要

業、無機有機化学工業製品製造業、製鉄業・製鋼業・製鋼圧延業、銅第一次製錬・精製業、自動車製造業）を指定し、原材料使用の合理化による副産物の発生抑制や副産物の再生資源としての利用促進などを定めています。⑤指定副産物として2品目（電気業の石炭灰、建設業の土砂・コンクリート塊・木材等）を指定し、副産物のリサイクルを定めています。

次に分別・回収段階です。⑥指定再資源化製品として2品目（パソコン、小形二次電池）を指定し、自主回収の実施方法、再資源化の目標などを定めています。⑦指定表示製品として7品目（スチール・アルミ缶、PETボトル、紙製・プラスチック製容器包装、小形二次電池、塩ビ製建材等）を指定し、分別回収のための表示を求めています。

6　容器包装リサイクル制度

一般廃棄物については市町村が総括的な責任を負っています。しかし、その排出量が増大する一方で、焼却施設や最終処分場の立地が周辺住民の反対などで困難になり、リサイクルもほとんど行われていないという状況が続いていました。一般廃棄物中容積で6割近くを占める容器包装をターゲットに1995年に容器包装リサイクル法（容器包装に係る分別収集及び再商品化の促進に関する法律）が制定されます。市町村が全面的に責任を負っていたこれまでの制度を改め、メーカー側にも一定の責任を負わせるものと言えます。

消費者、市町村、事業者がそれぞれの役割分担の下、リサイクルする制度を構築しました。具体的には容器包装廃棄物については消費者が分別排出し、市町村が分別収集し、事業者が再商品化（リサイクル）するというものです。事業者側は、原則として指定法人である日本容器包装リサイクル協会に再商品化の費用を支払い、協会は市町村と引き取り契約を結んで再商品化を実施し、再商品化製品をその利用事業者に販売するということになります。再商品化ですが、プラスチックであればフレークやペットに加工し、シートや繊維製品の原料になります（図5-2-4）。

法律では、容器包装とは、商品が費消されたり、商品と分離された場合に不要となるものと定義しています。そして、再商品化の対象となるものは、容器包装のうち家庭から排出される一定の容器包装で、分別収集され、ある程度の量があって他の素材が混入または付着してないなど一定の要件の下に保管されている物です。特定分別基準適合物と言います。ガラス瓶、紙製容器包装、ペットボトル、ガラス製容器、プラスチック製容器（レジ袋、トレー）などです。スチール缶、アルミ缶、段ボール、飲料用紙製容器は、法律以前から有償で取り引きされていたこともあり、また、分別されれば容易に資源となることから、適用除外とされています。容器や包装に該当するかどうかについては、悩ましい例があります。ペットボトルのふたやコンビニ弁当に使われるプラスチックフィルムは対象になりますが、クリーニングの袋や宅急便の容器は中身が商品ではなく役務なので対象になりません。CDケース、カメラケースなども分離された場合に不要になるものではないので対象になりません。

再商品化の義務を負う事業者とは、容器包装を利用する食品や医薬品などの

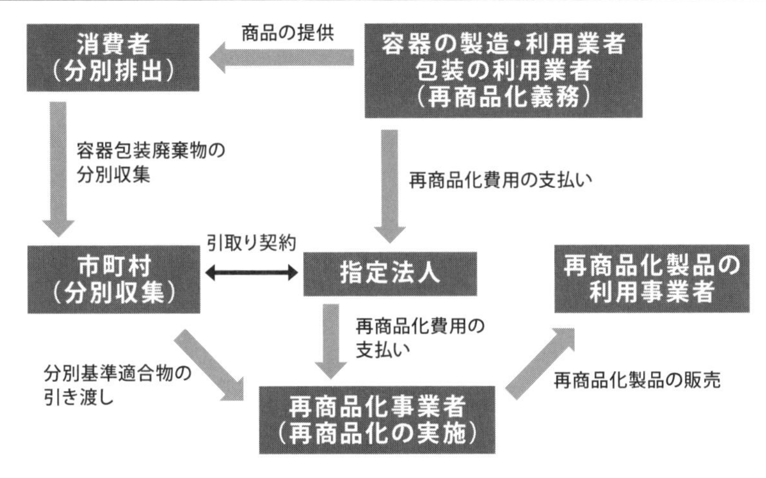

図 5-2-4　容器包装リサイクルの仕組み

中身を製造する事業者、容器の製造事業者、小売や卸など商品の販売に容器包装を利用する事業者、輸入業者、テイクアウトできる飲食店などです。包装の製造事業者を対象外としていますが、容器の方はその形状の決め方など容器としての利用を前提にして製造されるのに対し、包装は必ずしもそういう関係にない、包装用紙はいろいろな用途に使われることが考慮されたものです。

事業者側が再商品化のための費用を負担しますが、その責任比率について争われた事例があります。いわゆる「ライフ事件」です（百選65）。容器の利用事業者と製造事業者で費用を負担しますが、販売額をもとに算出していることから利用事業者の割合が極めて高くなっています。原告は製造事業者の方が容器製造の選択権を有し、製品設計などにより環境負荷低減が可能であるとして利用事業者の負担割合が大きいのは汚染者負担原則に反するとして訴えました。裁判所は利用事業者には容器を利用するかどうかの最終的な選択権があり、負担割合についても合理性があるとして請求を退けています。

容器包装リサイクル法の施行により、ペットボトルなどの再商品化が進み、事業者による容器の軽量化やリサイクルしやすい設計・素材の選択などの努力が行われています。容器包装廃棄物の減量化に一定の効果がありました。しかし、無料で配布されるレジ袋は増大する一方でしたし、紙製容器包装については取り組んでいる市町村が2割程度で進んでいません。さらに、市町村からは分別収集に多額の費用がかかることから事業者の負担をさらに求める意見も多くありました。2006年に容器包装リサイクル法の見直しが行われ、新たに①排出抑制を促進するための制度、②事業者側から市町村に資金を拠出する仕組みが創設されました。

まず、①排出抑制を促進する仕組みです。レジ袋対策という観点もあり一定の小売り事業者を指定容器包装利用事業者（飲食料品、医薬品・化粧品、家具・機械器具、自動車部品、書籍、玩具・楽器など）として指定し、「容器包装の使用の合理化の判断の基準」を示すなどにより排出抑制を求めています。利用した容器包装の量が50トン以上の事業者は容器包装多量利用事業者として利用した量や使用原単位などを毎年度報告することとされています。

次に、②市町村への資金拠出ですが、リサイクルの効率化や社会的コストの低減を図る目的で導入された制度です。リサイクルに見込まれている費用総額の想定額からその年度に引き取ってリサイクルした実績額を控除し、その差額を「費用効率化分」とします。その2分の1を市町村による貢献分として「合理化拠出金」として事業者側から市町村側に支払うというものです。質のよい分別が市民挙げて行われれば、社会全体のコストを低減できるということで採られた措置です。

容器包装リサイクル制度は、これまで市町村責任の下で処理されてきた一般廃棄物である容器包装について、事業者にも一定の責任を負わせるものです。拡大生産者責任を一般廃棄物処理に取り入れたという意味で画期的な制度と評価できます。2006年改正で導入された排出抑制措置等も、今やほとんどの量販店で取り組まれているレジ袋対策の契機となっています。ただし合理化拠出金制度は、事業者側にも分別収集に一定の責任を負ってもらうという点で評価できますが、市町村の分別収集にかかる経費が必ずしも明らかでない点もあり、不十分ではないか、との意見もあるところです。今後の検討が期待されます。

7　家電リサイクル制度

1998年に家電リサイクル法（特定家庭用機器再商品化法）が制定されます。これは家庭から排出される使用済みの家電製品について消費者、小売業者、製造事業者の役割分担を明確にし、家電廃棄物についての再商品化（リサイクル）を行う制度を構築しようとするものです。具体的にはエアコン、テレビ（ブラウン管、液晶、プラズマ）、冷蔵庫・冷凍庫、洗濯機、衣類乾燥機で廃棄物になったものを特定家庭用機器廃棄物として対象としています（図5-2-5）。

これらの製品を「使った人は費用を支払う人」ということで、消費者、特定家庭用機器廃棄物の排出者はリサイクル料金を支払います。製品を「売った人は収集運搬をする人」ということで、小売り業者は過去に自ら販売した製品や買い替えの際に消費者から引き取りを求められた製品を引き取り、製造事業者や輸入業者等へ引き渡します。製品を「作った人はリサイクルする人」ということで、製造業者等が自ら過去に製造した製品を引き取り、それを再商品化します。具体的には廃棄された製品から部品として材料を分離し、新たな製品の部品や原材料として自ら再利用したり再利用する者に譲渡したりします。燃料として熱回収することも含まれます。製造事業者等が中小企業である場合や不在の場合には指定法人が再商品化を実施することになります。再商品化の基準としては、エアコンであれば70%、ブラウン管テレビ55%、液晶・プラズマテレビ50%、冷蔵庫や冷凍庫70%、洗濯機・衣類乾燥機65%などの再商品化率が定められています。

家電リサイクル制度の料金負担は排出時の「後払い」ということになっています。これは、①既に販売されている製品への対応が容易であること、②将来のリサイクル料金が製品の購入時には不明であること、③排出抑制の効果が期待できること、などから採用された措置です。ただし、リサイクル料金を支払わない不法投棄が増えるのではないか、リサイクル料金だけを得て実際にはリサイクル

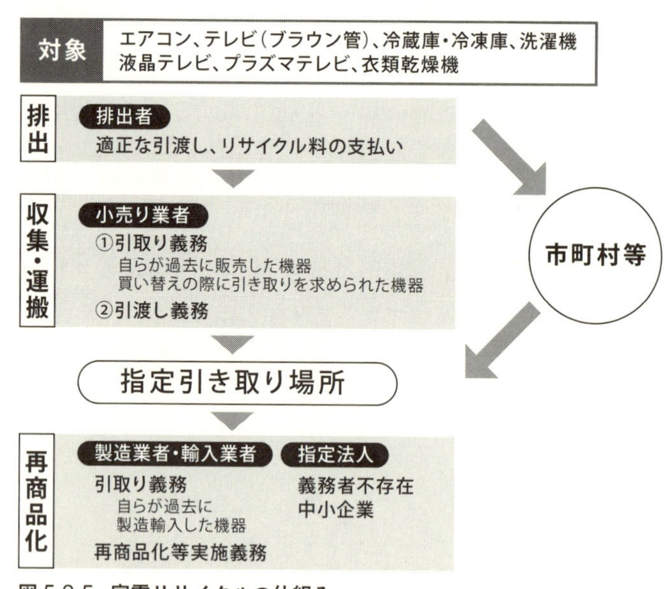

図 5-2-5　家電リサイクルの仕組み

しない違法な事業者が増えるのではないか、と懸念されます。製品の購入時に費用負担する「前払い」方式には、①製造事業者側に設計の工夫などリサイクル費用を低減させるインセンティブが働く、②費用負担の公平化が図られ料金回収がしやすい、というメリットはあるものの、デメリットも指摘されています。①徴収したリサイクル料金を個々の製品ごとに管理し将来のリサイクル費用に充当する方式では、将来のリサイクル費用の予測が困難ですし、個々の家電を管理する仕組みが必要になること、②徴収したリサイクル料金を現時点でのリサイクル費用に充当する方式では、環境配慮設計などの前払いの利点が失われ、排出と負担との関係が不明になることなどです。今後の検討が待たれます。

8　建設リサイクル制度

建設リサイクルについてはいわゆるリサイクル元年である2000年に建設リサイクル法（建設工事に係る資材の再資源化等に関する法律）が制定されています。これは解体工事などから排出される建設資材廃棄物を分別、再資源化しようとするものです。対象の工事は床面積80㎡以上の建築物の解体工事、500㎡以上の新築増築工事等となっています。対象となる建設工事については発注者が分別解体等の計画書を届け出て、受注者が分別解体等を実施し、リサイクルの対象となる資材について再資源化することになっています。例えば、木材から木質ボードへ、コンクリートから路盤材へなどです。対象となる特定建築資材とは再資源化に有用なコンクリート、アスファルト・コンクリート、木材、コンクリートと鉄からなる建設資材とされています。

コンクリート塊やアスファルト・コンクリート塊は既に98％程度の再資源化率になっていますが、木材については80％の再資源化率に留まっています。

9　食品リサイクル制度

食品リサイクルも2000年に制度構築のための食品リサイクル法（食品循環資源の再生利用等の促進に関する法律）が制定されています。食品関連事業者から排出される食品廃棄物について、発生抑制と減量化を図り、肥料や飼料としてのリサイクルをしようとするものです。対象となる食品廃棄物等は、食品の流通や消費段階での売れ残りや食べ残し、製造、加工、調理の過程で生じる動植物性残さで、家庭から排出される生ごみは除かれます。食品関連事業者の取り組むべき事項が法律で定められていますが、対象となる食品関連事業者については、食品の製造、加工、卸売、小売を業として行う者（例えば、食品メーカー、八百屋、百貨店、スーパー等）と、飲食店業等食事の提供を行う者（食堂、レストラン、ホテル、旅館、結婚式場、旅客船舶等）が定められています。

食品関連事業者は食品廃棄物等について業種ごとの再生利用の実施率を達成することを目標としています。実施率は食品製造業85%、食品小売業45%、食品卸売業70%、外食産業40%とされています。再生利用には肥料や飼料のみならず、天ぷら油や石鹸、燃料として利用するメタン、エタノールなども含まれます。食品廃棄物等の発生量が年間100トン以上の多量発生事業者は食品廃棄物の量や再生利用の状況について毎年度定期報告することとなっています。なお、多量発生事業者の判定にはフランチャイズチェーン事業の各加盟社の発生量を含めて判定することになっています。

なお、再生利用を円滑に行うためには広域的な再生利用の実施が不可欠です。リサイクル事業者であっても食品廃棄物が廃棄物処理法上の廃棄物であればさまざまな手続きが必要になります。法律では、リサイクル促進のため、再生利用事業者が事業場に持ち込む場合の許可を不要とする、大臣認定を受けた再生利用計画による収集運搬の許可を不要とする、などの特例が設けられています。

10 自動車リサイクル制度

自動車リサイクルについては2002年に自動車リサイクル法（使用済み自動車の再資源化等に関する法律）が制定されています。使用済み自動車に係る廃棄物の減量、再生資源・再生部品の利用促進を図ろうというものです。使用済み自動車については金属など有用な資源が多くあるため従来は解体業者などにより市場を通じたリサイクルが行われてきました。しかし、シュレッダーダストをはじめ最終処分するものも増加し、製造業者を中心として関係者の役割分担を定めたリサイクル制度が求められたところです。2001年のフロン回収破壊法が後押しとなっています。

フロン類、エアバッグ類、シュレッダーダストの3品目についてリサイクル等が行われます。自動車所有者は、中古で売るのではなく廃車にするときには引き取り業者に引き渡します。引き取り業者はそれをフロン類回収業者または解体業者に引き渡します。フロン類回収業者はフロン類を回収し、回収フロン類を自動車メーカー・輸入業者に引き渡します。解体業者はエアバッグ類を回収し、回収エアバッグ類を自動車メーカー・輸入業者に引き渡します。破砕業者は解体自動車を破砕し、シュレッダーダストを自動車メーカー・輸入業者に引き渡します。自動車メーカー・輸入業者はシュレッダーダスト、エアバッグ類、フロン類のリサイクル等を行います（図5-2-6）。

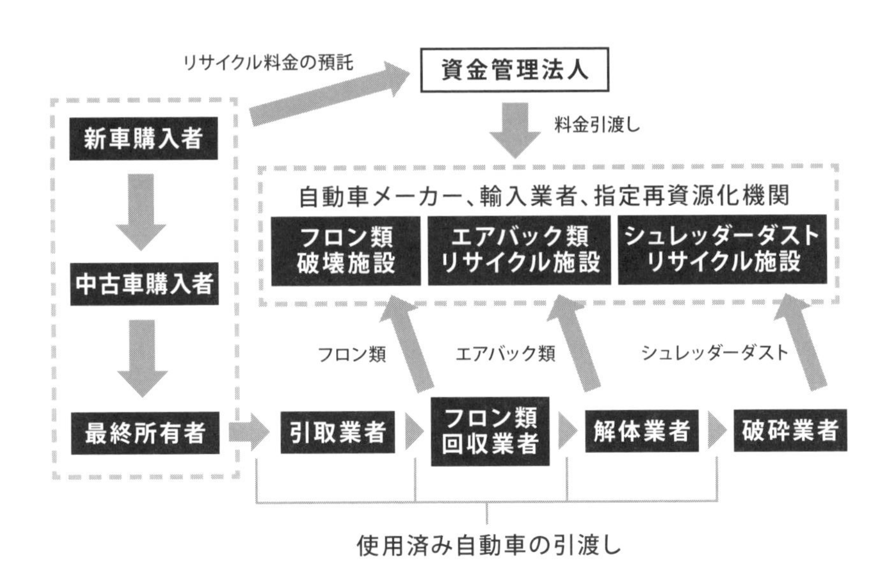

図5-2-6　自転車リサイクルの仕組み

リサイクル費用については、家電とは異なり新車の購入時に自動車所有者が支払うことになっています。支払っていない車両の所有者は廃車日までに支払います。通常は車検時です。リサイクル料金はシュレッダーダストの発生量、フロン類の充填量、エアバッグ類の個数などを踏まえ自動車メーカーや輸入業者が自動車1台毎に設定します。集められたリサイクル料金は指定法人で管理することになっていますが、約10年分の料金が滞留したり、廃車して輸出した場合などには余剰金も生じたりすることから、ユーザー負担のリサイクル料金がその車のリサイクルに充当されることになっていないのでは、などの議論があります。

製造業者や輸入業者にリサイクルを義務づけたことから拡大生産者責任の具体化の一つとの評価もありますが、リサイクル対象が3品目に限られており、さらに費用は全面的にユーザー負担ということから拡大生産者責任の具体化とまで言えないのでは、との議論もあります。

11 小型家電リサイクル制度

使用済みの小型家電、携帯電話端末、デジカメ、ステレオ、プリンター、ゲーム機、電子レンジ、電気カミソリなどですが、これらにはアルミ、貴金属、レアメタルなどが含まれていますが、ほとんどリサイクルされず埋め立てられていました。世界的な資源制約を背景としてこうした資源のリサイクルが喫緊の課題となり、2013年に小型家電リサイクル法（使用済み小型電子機器等の再資源化の促進に関する法律）が制定されました。

この法律は、使用済み小型電子機器等の再資源化事業を行おうとする者が、再資源化事業計画を作成し主務大臣の認定を受けることで、廃棄物処理法の許可を不要とし、再資源化事業を促進しようというものです。対象品目は効率的な運搬が可能であって再資源化が特に必要なものとして28品目が指定されています。消費者が分別して排出したものを市町村が収集し認定事業者へ引き渡します。認定事業者は、引き取った小型電子機器等について中間処理や金属回収等の再資源化に必要なことをすることになっています。

第3節　原子力規制

1　2011年3月11日以前

原子力基本法が1955年に制定され、これに基づいて1956年に原子力委員会が設置されました。原子力の開発利用は、この原子力委員会を中心として行われてきました。1967年には原子炉等規制法（核原料物質、核燃料物質及び原子炉の規制に関する法律）も制定されています。これらの法規は、戦後の厳しい公害問題が未だ顕在化する前であったこともあり、一般に環境関連法規とは解されていません。1967年に制定された公害対策基本法でも「放射性物質による大気の汚染、水質の汚濁、土壌の汚染の防止のための措置については、原子力基本法その他の関係法律で定めるところによる」とされていました。

当時の公害、環境汚染への対応は、自由な経済活動から排出される不必要なものが健康被害や生活環境への支障を引き起こさないようにすることに主眼がおかれていました。したがって、事業活動自体が全く新しい分野で技術開発も含めまるごと規制下において事業を許可するような仕組みは、ことさら環境法との位置づけは不必要と考えられていました。宇宙開発、海洋開発なども、もし何かあれば生命や環境に甚大な影響を与えることもありえますが、それを規制するのに必ずしも環境規制と言わないのと同じような考えです。

2　東京電力福島第一原子力発電所事故

2011年3月11日、東日本大震災により東京電力福島第一原子力発電所で事故が発生しました。発電を停止した原子炉内の核燃料の冷却に失敗したという事故です。事故を起こした発電施設の格納容器や圧力容器の内部の状況は、事故後5年たった今でもよくわかっていません。高温になった核燃料が溶けて隔壁を損傷し、一般環境中に大量の放射性物質を飛散させ、極めて広範囲にわたる環境汚染を引き起こしたと考えられています。一般環境中の汚染への対応は新たに制定された放射性物質汚染対処特別措置法で行われています。しかし、公害対策基本法を受け継いだ環境基本法について、放射性物質による汚染防止は対象外になっていましたが、それでいいのか、という点が大きな課題になりました。中央環境審議会からも、事故直後に放射性物質に汚染された土壌への対策や環境モニタリングについて環境省の役割を強く求められました。そこで、環境基本法の当該規定、放射性物質による汚染防止の措置については別の法体系で対応する、という規定については削除されることになりました。そして、この環境基本法の改正趣旨を踏まえ、2013年に大気汚染防止法、水質汚濁防止法、環境影響評価法などについて、放射性物質による汚染についても法の射程内にするという改正が行われました。ただし、廃棄物処理法、土壌汚染対策法については放射性物質汚染対処特別措置法の見直しに併せて見直すこととされています。

今回の事故では放射性物質による環境汚染が大規模に発生しました。当初設定された避難指示区域は見直されていますが、帰還困難区域、5年間経過しても年間積算線量20 mSvを下回らないおそれのある区域は少なくとも5年間は居住が制限されます。そうした区域が337㎢あります。日本の国土面積の約0.09%、福島県の約2.45%に穴があいたことになります。こうした未曾有の環境汚染を防ぐための法制に環境基本法にある基本理念の考え方、例えば「予防原則」などを解釈指針として導入していくことは、今後、安心安全を大前提としつつ原子力利用と向き合っていかなければならない日本としては極めて重要なことです。個別環境法の改正で、当面、放射性物質についての大気環境、水環境のモニタリングや事故による汚染地域での事業についてはアセスをすることとなります。廃棄物処理法や土壌汚染対策法の見直しは今後の検討とされていますが、いずれにしても、個別環境法と原子炉等規制法との関係などを整理する中で、全体的には環境基本法の基本理念に沿った形で整理していくことが必要です。

3　原子力安全の確保

ア　原子力安全規制の経緯

原子力安全確保に係る法制が環境法かどうか、という点については、例えば環境基本法にある理念を個別法にどう読み込むかなどについて意味のある議論です。しかし、原子力事業のように何か事故が起きたときの影響の大きさ、場合によっては地球規模への影響が生ずることを考えれば、環境法かどうかとは関わりなく、環境基本法にある持続可能な社会づくり、未然防止原則・予防原則、拡大生産者責任などの基本原則・理念は当てはまると考えていいでしょう。

原子力発電をはじめ原子力利用は、原子力委員会を中心として進められてきました。1974年原子力船「むつ」の放射能漏れ事故などがあり、原子力行政の見直しが行われました。原子力委員会は開発面に重点を置きすぎているのではないか、ということで、原子力安全委員会を設置し、安全規制については事業官庁とのダブルチェック体制とすることになりました。1978年に原子力安全委員会が設置されます。

1999年、東海村の（株）JCOで臨界事故がありました。日本で初めて犠牲者を出した原子力事故です。核分裂が暴走する事故で、周辺住民の避難も行われています。放射性物質は飛散しても目にも見えず、音もしません。一般の災害とは異なりますので、災害対策基本法では対応しきれません。原子力災害対策特別措置法が1999年に制定され、原子力防災における初動時の迅速な状況把握、事故対応、住民防護対策などが定められています。2001年の省庁再編に当たっては、エネルギーに関する原子力政策は経済産業省が担い、科学技術に関する原子力政策は文部科学省が担うということとなりました。原子力発電関係はエネルギー利用の安全規制も含めた部局として原子力安全保安院に統合されました。

2011年、東京電力福島第一原子力発電所で事故が発生します。原子力行政体制の見直しも図られます。安全規制についてはこれまでも様々な見直しが行われてきましたが、安全規制関係が原子力安全委員会と原子力安全保安院と分かれているようでは大規模原子力事故に対して俊敏な措置が取れないのではないか、とされました。本来大規模災害においては原子力災害対策特別措置法による原子力災害対策本部において一元的に処理すべきもので、平時の組織の問題とは区別すべきとの議論もありましたが、2011年8月、原子力安全規制に関する組織等の改革の基本方針が定められ、環境省に新しい原子力安全規制組織を設置するなどの方針が決められました。国会における論戦の結果与野党三党による議員立法として原子力規制委員会設置法案が国会に提案され、2012年6月に成立しています。

イ　原子力規制委員会

今回の改正法の概要に触れておきます。まず、原子力規制委員会です。独立性の高い「3条委員会」として設置することとされています。国家行政組織法3条に基づく委員会で、母体となる行政部門から独立した形で意思決定できる行政機関です。当初は環境省の外局に原子力安全庁を設置する案でしたが、原子力の規制行政は純粋に科学的技術的な観点から行うべきで時の政権の原子力行政の対応に左右されるべきものではない、という考えから、政治からの独立性が外局の長よりも強い仕組みとなる「3条委員会」が選ばれ、原子力規制委員会が発足することになりました。規制と利用の分離を徹底し、原子力安全保安院の原子力安全規制部門を経済産業省から分離し、規制委員会の所掌としました。安全規制については自ら規則を定め、関係行政機関に対する勧告権も付与されています。原子力安全関係の規制業務は、発電用（経産省）、試験研究用（文科省）、船舶用（国交省）を問わず一元化し、核物質防護に関する規制やモニタリング業務の大半も移管しています。また、ダブルチェックということで設置されていた原子力安全委員会については、事故時において十分な役割が果たせなかったのでは、ということも踏まえ、規制委員会に統合することになりました。

ウ　原子炉等規制法の改正

今回の事故を踏まえ発電用原子炉設置者が行うべき保安措置に重大事故対策も含まれることが明記され、災害発生施設について核物質防護の観点からの施設管理等の安全規制が導入されました。その上で最新の知見を技術基準に取り入れ、既存施設についても猶予されることのないように基準に適合することを義務付ける、いわゆるバックフィット制度を導入することとされました。また、安全のさらなる確保のため発電用原子炉の運用期間を原則40年とし、従来電気事業法で規制されていた安全規制を原子炉等規制法に一元化することも行われています。

エ　原子力災害対策特別措置法の改正

原子力規制委員会は原子力災害対策指針を定め、原子力事業者の防災訓練の実施状況を確認し、必要な命令をすることができます。原子力災害対策本部の強化を図り、緊急事態解除宣言後も事故対応が円滑に図れるようにしています。

オ　原子力防災会議

内閣に原子力防災会議を設置し、原子力災害対策指針に基づく施策や原子力事故が発生した場合に備えた施策の実施を推進することとされました。

4　原子炉等規制法

ア　原子炉等規制法の概要

参考までに原子炉等規制法についても触れておきます。原子炉等規制法では、核燃料物質等の製錬・加工・貯蔵・再処理・廃棄の事業、原子炉の設置運転に関して規制などを行うことを目的としています。2012年の改正で、原子力災害の例示として「重大な事故が生じた場合に放射性物質が異常な水準で当該原子力施設を設置する工場又は事業場の外へ放出されること」を加えるとともに、必要な規制も「大規模な自然災害及びテロリズムその他の犯罪行為の発生も想定した」ものとしました。

具体的な規制は、①核原料物質や核燃料物質等の製錬については事業指定、②核燃料物質の加工については事業許可、③発電用原子炉については設置許可、工事計画の認可、運転計画の届出、④使用済み燃料の貯蔵は事業許可、施設の設計工事方法の認可、貯蔵計画の届け出、⑤再処理は事業指定、再処理施設の設計工事方法の認可、⑥核燃料物質等（汚染された物も）の廃棄は事業許可、廃棄物埋設施設や管理施設の確認、埋設施設や管理施設の設計工事方法の認可、核燃料物質等の使用の許可等のように燃料の製錬から加工、原子炉の設置運転に至る一連の行程が様々な規制の下で進められることになっています。

これらの規制権限は、2012年の改正法における論議も踏まえ、政治からの独立性を確保するため、原子力規制委員会に与えています。東京電力福島第一原子力発電所の事故において総理大臣が直接電力会社に乗り込んで様々な指示をしたことが結果的にどうであったのか、という議論からの措置ですが、科学的に十分な知見のないような事態が起こっている中で、ある判断をしなければならないときにその判断を政治家ではない委員会の委員長に任せるのはいかがか、国民の生命に関わるような判断は政治家に責任を負わせるべきである、との議論もあるところです。なお原子力災害対策特別措置法では、原子力災害時には原子力災害対策本部長である内閣総理大臣は、原子力災害の拡大を防ぐ応急対策であればいかなることでも指定行政機関に指示できることになっていますが、技術的専門的知見に基づく原子力規制委員会の所掌については除外されています。

イ　放射線障害防止法の概要

放射性物質から発生する放射線については様々な分野に利用されています。例えば、医療ではX線がレントゲン撮影やCT検査に、コバルト60やセシウム137ががんなどの放射線治療に、ヨウ素131が甲状腺の診断に利用されています。工業分野でもコバルト60やセシウム137が液面計に、その他コバルト60が農作物の品種改良に、ニッケル63が環境有害物質の測定に、クリプトン85が放電管に利用されているなどです。

放射線障害防止法（放射性同位元素等による放射線障害の防止に関する法律）では、こうした放射線の使用などについての規制を設けています。具体的には使用の許可・届出、表示付認証機器使用の届出、販売・賃貸業の届出、廃棄業の許可等があります。そして使用に当たっては施設基準、使用基準、保管基準、運搬基準、使用者の管理義務などが定められています。

第6章

自然環境と生物多様性

第1節　自然環境の保護と利用

1　自然環境の保護

環境基本法では「環境の保全」について、基本理念をはじめ事業者などそれぞれの責務などを定めていますが、ここでの環境の保全は人の活動による環境汚染から人の健康や生活環境を守ることのみではなく、既にある貴重な自然環境や希少種の保存も含む生物多様性の確保も含まれています。これまで見てきた環境法は、事業活動による環境汚染を防ぐために様々な規制をしたり、不要物となった物の排出について規制をしたりする仕組みが典型的でしたが、自然環境の保護や生物多様性の確保については、事業活動で捉えることよりも、保全すべき自然を有する地域を指定してその中の行為を規制したり、生物種を指定してそれに関する様々な行為を規制したりする手法が用いられています。

地域を指定してその中の行為を規制する手法については、戦前でもいくつかの法律があります。保安林保護について1897年の森林法、都市部の公園緑地整備について1919年の都市計画法などがあります。1919年に史跡名勝天然記念物保存法が制定され、優れた風景や名勝、学術上貴重な動植物や岩石、地質などを保存することが定められ、日本三景や日本三名園が名勝として指定されています。また、野生生物については1895年に狩猟法が制定され、1918年の改正で狩猟対象とされた鳥獣以外の鳥獣は保護対象とされました。

2　自然公園

1931年に国立公園法が制定されています。優れた風景地の保護と利用を進めることを目的としています。日本を代表する自然の大風景地で、海外にも誇示でき観光客を誘致する魅力を有するものとして、8つの国立公園（瀬戸内、雲仙、霧島、阿寒、大雪山、日光、中部山岳、阿蘇）が指定されました。国立公園法はアメリカのナショナルパークを手本としたものですが、日本では土地の公有地化が困難であったことから、地域制公園といって、一定の地域を指定しその地域における行為を規制することとされました。アメリカでは、土地は公園の専有地とする、いわゆる営造物公園が主流ですが、日本では地域制公園ですので、私人の財産権との調整において様々な問題を提起する原因となっています。

戦後1957年に自然公園法が制定されます。国立公園とそれに準じる国定公園、都道府県立公園を法制的に一元化したものです。しかしながら、高度経済成長の日本において開発による自然破壊が散見され、自然公園法の枠組みだけでは自然環境の保全には不十分ではないか、との議論が出てきました。そこで、新たな自然環境保全の枠組みが検討されました。当初、地域的に大きく捉えている自然公園法の中での改正を予定していましたが、役所の縦割りの影響もあり、国有林は保安林制度の中で、都市緑地は都市緑地保全法の中で対応することになりました。自然環境保全法が1972年に制定されますが、保安林や都市緑地を除いた

自然環境保全法	**自然環境保全地域**	原生自然環境保全地域（5地域） 5,631 ha
		自然環境保全地域（10地域） 22,542 ha
自然公園法	**国立公園**（32公園） 211万4,998 ha	特別地域 125万804 ha
		特別保護地区 27万9,064 ha
		海域公園地区（87地区） 4万5,152 ha
	国定公園（57公園） 141万9,542 ha	特別地域 125万1,272 ha
		特別保護地区 6万5,858 ha
		海域公園地区（34地区） 8,391 ha
鳥獣保護法	**国指定鳥獣保護区**（85か所） 58万5,980 ha	特別保護地区（70か所） 16万343 ha
希少種の保存法	**生息地等保護区**（9か所） 885 ha	管理地区（9か所） 385 ha

その他、森林法による保安林、林業事業における保護林、文化財保護法による名勝、天然記念物等がある

図6-1-1　重要な保全地域

地域についてです。公害対策基本法が1967年に制定されていたこともあり、自然環境保全法は自然環境保護に関する基本的な考え方を含む基本法的な部分も有するものとされました（図6-1-1)。

3　自然環境の保護と利用の法律

ア　自然公園法

自然公園法は優れた自然風景地の保護と利用の増進による国民の保健・休養・教化に資することを目的としています。2009年改正で生物多様性の確保も目的とされています。戦前、国立公園法の制定時には国立公園をどういった性格のものと捉えるか、激しい議論がありました。①自然保護を図りつつ積極的な利用のための開発を図るべき地域か、②利用は従でもっぱら原始的風景の保護を優先する地域か、というものです。自然公園法では両者とも目的に入れています。

自然公園の現状です。公園の種類としては3つあります。①国立公園は日本の風景を代表する傑出した自然の風景地で、国が管理します。32公園、211万ha。②国定公園は国立公園に準ずる優れた自然の風景地で、国が指定し、都道府県が管理します。57公園、142万ha。③都道府県立自然公園は都道府県が条例で制定する優れた自然風景地で、都道府県が管理します。313か所、197万ha。

自然公園の中で比較的優れた自然景観、特色ある人文景観、利用上重要な地域等については「特別地域」としてそこでの行為を許可制として大規模開発を抑制することとしています。風致維持の必要度に応じて第1種から第3種まで分類しています。行為の許可には高山植物などの採取なども含みます。特に優れた自然景観を有する地域は「特別保護地区」として原始状態の保存に努めます。また、公園利用に関し利用可能人数を設定するなど、生態系維持と持続可能な利用を図る地域として「利用調整地区」があります。その他の地域は「普通地域」で、行為規制は届出となっています。2009年改正で海中景観の優れた地域として海域公園地区制度が創設されています。

自然公園法では、行おうとする行為が不許可の場合や条件付き許可の場合には、通常生ずべき損失を補償すると定めています。自然公園法の制定の理由の一つです。判例では、土地の公共性や自然保護の必要性から合理的範囲内において規制に服するのは財産権に内在する制約であり、補償は必要なし（百選79、内在的制約説）とし、補償については限定的です。しかし、地域指定に際して土地所有者の意向が考慮され、なかなか地域指定できない現状があります。むしろ、指定すべき地域は指定し、必要な場合は補償するということも必要ではないか、と思われます。また、補償の範囲についても議論があります。判例は、①現実に発生した損害、調査費や営業できなくなったときの移転費などを補償すれば足りるとの立場（積極的実損害説）と、②不許可によって顕在化した地価の下落分を損害と捉え補償すべきとの立場（地下低落説）に分かれます。①は内在的制約説が背景にあるのに対し、②は土地利用規制により財産権の本質を侵害するとの考え方が背景にあります。

自然公園では保護のためと利用のための公園計画が策定されます。公園計画に基づいて行われる事業が「公園事業」で、道路、広場、宿舎、休憩所などの公園施設の整備などです。2002年改正では、地域密着型の公園管理を推進するため「公園管理団体制度」が導入されました。特に二次的な自然風景地、人の活動が加わることによって維持されてきた里地里山等の風景地が過疎化などにより維持されにくくなってきています。そうした団体が土地所有者と協定を締結して管理する「風景地保護協定制度」も導入されています。また、2009年改正では公園事業に加え「生態系維持回復事業」が制度化され、生態系に被害を及ぼす動植物の放出についての行為規制も導入されています。

イ　自然環境保全法

1972年に自然環境保全法が制定されています。制定当初は自然保護に関する基本法的な性格も有していましたが、1993年制定の環境基本法にその部分は統合されています。自然環境を保全することが特に必要な区域などでその適正な保全を総合的に推進することを目的としています。自然公園法とは異なり、公園の利用は目的とされていません。手法としては自然公園法の特別地域と同様、地域を指定して行為規制をすることとしています。

地域としては、まず①「原生自然環境保全地域」があります。人の活動によって影響を受けることがなく、原生の状態を維持すべき地域です。遠音別岳、十勝川源流部、大井川源流部、南硫黄島、屋久島が指定されていますが、自然公園の指定地域との重複指定はなく極めて限られた地域となっています。次に②「自然環境保全地域」があります。自然的社会的条件からみて自然環境を保全することが特に必要な地域です。高山性植生、天然林、特異な地質、優れた自然環境を維持している海岸・湖沼・湿原、野生動植物の生息域などが指定されますが、大平山、白神山地、早池峰、和賀岳、大佐飛山、利根川源流部、笹ヶ峰、白髪岳、稲尾岳、崎山湾・網取湾が指定されています。自然環境保全地域には特別地区と海域特別地区を、特別地区の中には野生動植物保護地区を定めることができます。また、都道府県は条例により都道府県自然環境保全地域を指定できます。

ウ　自然再生推進法

自然再生推進法は、過去に損なわれた生態系や自然を再生、修復することを目的として2002年に制定されています。基本理念として、自然との共生社会の実現、地域の多様な主体との連携・透明性の確保、科学的知見に基づくこと、自然学習の場とすることなどを掲げています。政府の定めた基本方針により、自然再生事業の実施者は実施計画を定め事業実施することとされています。実施者は関係者と協議会を組織し、全体構想を定めることにもなっています。

国立公園内で7地区（サロベツ、釧路湿原、大台ヶ原、竜串、阿蘇、石西礁湖、小笠原）、国定公園と国指定鳥獣保護区内で13地区（伊豆沼・内沼、蒲生干潟、丹沢大山、森吉山麓高原、竹ヶ島、伊吹山、琵琶湖、三番瀬、小佐渡東部、美ヶ原、氷ノ山、八幡湿原、奄美群島）で実施されています。

エ　エコツーリズム推進法

エコツーリズム推進法は2007年に制定されています。観光立国推進基本法の制定など観光振興の一環として、自然の利用を図るとともに自然公園の過剰な利用への対処も視野に入れた法律です。ここでのエコツーリズムとは、観光旅行者が助言などを受け自然観光資源の保護に配慮しつつ、触れ合い、知識理解を深めるための活動とされています。エコツーリズムについての基本理念を定め、政府の基本方針により地域の協議会で全体構想を作成することとしています。

法律により認定された協議会は小笠原、南丹市美山、名張市、鳥羽市、谷川岳、渡嘉敷村・座間味村、飯能市です。

オ　地域自然資産法

地域自然資産法（地域自然資産区域における自然環境の保全及び持続可能な利用の推進に関する法律）は2014年に制定されました。自然公園法では自然環境の保全と利用の両立が目指されていますが、利用者の増加による過剰利用により自然環境への悪影響が懸念されます。政府の基本方針により地域自然資産区域について地域の協議会が地域計画を定め、地域自然環境保全等事業や自然環境トラスト活動促進事業を進めることとしています。地域自然環境保全等事業は当該区域内に立ち入る者からの入域料をその事業の経費に充てることとされています。利用過剰区域について利用の適正化を図るための一種の経済的手法です。また、自然環境トラスト活動事業はいわゆるナショナルトラスト活動のことで、寄付金を募り当該土地を取得することによって維持管理し、保全を図っていこうという活動のことです。鎌倉で始まり、知床や釧路湿原、埼玉県狭山丘陵のトトロの森などでの活動が有名です。法律では公共団体が関与するということから民間団体の活動への影響を懸念する声もありましたが、民間との連携の重要性が指摘されています。

カ　自然環境保護法制の課題

自然公園法の目的が自然環境の保護と利用の両立であることから、ともすれば過剰利用の懸念があります。守るべき自然環境は自然環境保全法の枠組みを活用し、しっかり保全を図ることが必要です。日本の自然公園は地域制公園ですので、保護すべき地域の指定が重要ですが、地権者の同意が得られず進んでいないのが現状です。損失補償の規定を柔軟に活用し、地権者の財産権を補償しつつ自然環境の保全を図る、公園管理者が土地そのものを取得するということも一つの方策です。

過剰利用対策としては2014年に制定された地域自然資産法の入域料やトラスト活動を活用することも重要です。入域料についてですが、富士山が世界文化遺産に指定され、多くの登山者により自然環境への影響が出るのではないか、と懸念され、地域で入山料が検討されたことがあります。山に登って自然環境を享受することは無料であるとの考えが日本では一般的でしたが、富士山の入山料問題はそのことに一石を投じたことになりました。日本の豊かで優れた自然環境を保護していくためにも、それを享受する人から一定の経済的な負担を求めることは今後の施策のあり方として考慮すべきでしょう。

4　自然環境の保護と利用に関する国際的な取り組み

ア　南極条約

南極地域の平和利用を目指して南極条約（Antarctic Treaty）が1959年に採択され、1961年に発効しています。条約に基づく南極条約環境保護議定書が1991年に採択され1995年に発効していますが、南極の環境、生態系の保護、南極固有の価値の保護を目的とし、鉱物資源活動の禁止、影響評価の実施、環境保護委員会の設置などが定められ、6つの付属書（環境影響評価、南極の動物相・植物相の保護、廃棄物の処分・管理、海洋汚染の防止、特別地区の保護・管理、環境上の緊急事態から生ずる責任）があります。国内法としては1997年に南極地域の環境保護法（南極地域の環境の保護に関する法律）が定められています。条約に添った行為制限などが定められています。

イ　世界遺産条約

世界遺産条約（Convention Concerning the Protection of the World Cultural and Natural Heritage）は1972年に採択され、1975年に発効しています。文化遺産と自然遺産を人類全体のための遺産として保護することを目的としています。世界遺産委員会が世界遺産の一覧表を作成し、世界遺産基金の運用を担います。文化遺産は、顕著な普遍的価値を有する記念物、建造物群、遺跡、文化的景観などです。自然遺産は、顕著な普遍的価値を有する地形、地質、生態系、絶滅のおそれのある動植物の生息・生育地などです。両方を兼ねた複合遺産もあります。世界遺産は締約国の推薦に基づき専門機関（文化遺産であれば国際記念物遺跡会議、自然遺産であれば国際自然保護連合）が調査し、世界遺産委員会が一覧表に掲載するかどうか決めます。

日本の世界遺産は、文化遺産として①法隆寺地域の仏教建造物、②姫路城、③古都京都の文化財、④白川郷・五箇山の合掌造り集落、⑤原爆ドーム、⑥厳島神社、⑦古都奈良の文化財、⑧日光の社寺、⑨琉球王朝のグスク等、⑩紀伊山地の霊場と参詣道、⑪石見銀山遺跡とその文化的景観、⑫平泉仏国土を表す庭園建築物等、⑬富士山、⑭富岡製糸場等、自然遺産として①屋久島、②白神山地、③知床、④小笠原諸島があります。なお、2015年には明治日本の産業革命遺産も掲載されています。

第２節　生物多様性の保全と利用

１　生物多様性とは

はじめに、生物多様性とはどういうことでしょうか。生物多様性条約では、すべての生物には違いがある、そして三つのレベル、①生態系、②種、③遺伝子の多様性があるとしています。例えば、①生態系の多様性ですが、東京湾の干潟、沖縄のサンゴ礁、釧路や尾瀬の湿原、里地里山などいろいろなタイプの自然、生態系があるということです。②種の多様性ですが、動植物から細菌などの微生物までいろいろな生き物がいるということです。③遺伝子の多様性ですが、アサリの貝殻の模様が千差万別など同じ種でも多様な個性があるということです。遺伝子の多様性が劣化すれば種の遺伝的劣化が進みます。生態系の多様性が低下すれば多様な種がすみ分けているという生息環境が崩壊します。いずれも種の絶滅の可能性が高まるということです。地球上の生き物はそれぞれ個性を持ちつつ様々な関係性で繋がっています。種間の多様性が生物多様性の要と言えるでしょう。

生物多様性がいかに私たちの暮らしを支えているか、見てみましょう。生き物が生み出す大気と水、酸素、気温、湿度、水循環、土壌、どれをとっても人間の生存に欠かせないものです。そして、私たちの暮らしの基礎も提供します。農作物、水産物も生物多様性の恵みと言えます。生き物の遺伝的情報や機能、形態を日常生活で活用しています。アスピリンなどの薬や汚れの着きにくい塗料などです。また、生き物の多様性は文化の多様性にも関係します。日本人の自然観や地域固有の食文化などに現れています。そしてわたしたちの暮らしはこうした自然に守られているとも言えます。豊かな森や、サンゴ礁などによる自然の海岸線などです。

日本の生き物は30万種を超えると言われています。陸の哺乳類の約４割、両生類の約８割が固有種です。日本は国土の３分の２が森林ですが、先進国で唯一野生のサルが生息し、クマやシカなどの中大型の哺乳類も生息しています。

しかしながら、近年こうした生物多様性に関して3つの危機が進行していると言われています。第一の危機は、人間活動や開発などが引き起こす負の要因による影響で、開発による生息地の減少、環境の悪化、生き物の乱獲などです。第二の危機は、自然に対する人間の働きかけが減ることによる影響で、里山や草原が利用されなくなったことにより、その地域の生き物が絶滅の危機に瀕するようになることなどです。第三の危機は、外来種や化学物質などによる生態系のかく乱で、ブラックバス、マングースによる在来種への被害や化学物質による生物への影響などです。国際自然保護連合（International Union for Conservation of Nature and Natural Resource）では絶滅の危機に瀕している野生生物のリスト「レッドリスト」を作成しています。各種の生き物を絶滅の危機の度合いで分類しています。絶滅のおそれのある種は動物で12,316種、植物で11,577種挙げられています。日本の環境省も日本版レッドリストを作成していますが、絶滅のおそれのある種は動物で1,337種、植物で2,259種となっています。

2　生物多様性条約

ア　生物多様性条約の概要

生物多様性条約（Convention on Biological Diversity）は、1992年のリオデジャネイロでの環境と開発に関する国際連合会議（地球サミット）開催前に採択され、サミットで署名が開始されています。生態系全体を保全していこうということです。

野生生物の絶滅が進行し、生物の生息環境の悪化や生態系の破壊が懸念されていました。種の取り引きに関するワシントン条約や湿地に関するラムサール条約では不十分と考えられ、それを補完し、生物多様性を包括的に保全するための条約です。地球サミットで署名が開始されていて、気候変動枠組条約とともに双子の条約と言われています。日本は1992年に署名、1993年に批准しています。世界の194か国、EUと1地域が締結しています（2016年）が、アメリカは未締結です。

条約の目的は、①生物多様性の保全、②生物多様性の構成要素である生物資源・

遺伝資源の持続可能な利用の促進、③遺伝資源の利用から生ずる利益の公平な分配の確保です。予防原則の採用も条約前文で触れられています。③はABS（Access and Benefit Sharing）と言われる問題です。

遺伝資源についてですが、先進国は共有財との位置づけを求め、途上国は領域国（遺伝資源のある国）の管理下に置きたいということで争いのある問題でした。条約では、目的に反するような制限は課さないという努力規定は入れたものの、遺伝資源の主権的権利は領域国に属し、その利用も領域国の国内法令に従う、と途上国側の主張が大きく取り入れられました。具体的には、①利用者（主に先進国の先端企業）は提供国（主に途上国）の「事前の情報に基づく同意（PIC: Prior Informed Consent）」を取得し、提供者と相互に合意する条件（MAT: Mutually Agreed Terms）を設定したうえで遺伝資源を利用し、②その商業的利用から生じた利益や研究成果をMATに基づいて提供国に配分し、③遺伝資源を育む生物多様性の保全や持続可能な利用に貢献するという内容です。

条約締約国の主な義務としては、①生物多様性の保全と持続可能な利用を目的とする国家的な戦略、計画の策定、②環境アセスメントの実施、③生物多様性の保全上の重要な地域の種の選定・モニタリングなどが定められています。条約を受け日本政府は生物多様性国家戦略を策定し、生物多様性センターにおいてモニタリングなど各種の調査を実施しています。

イ　条約締約国会議COP9まで

条約締約国会議（COP：Conference of Parties）は1994年から開催され、1996年からは2年に一度というペースで開催されています。2002年のCOP6はオランダのハーグで開催され、条約発効後の10年間の議論の集大成として閣僚宣言ほか多くの決議などが採択されました。主な内容として、①森林の生物多様性保全について違法伐採対策を含む新たな作業計画、②外来種の予防、導入、影響緩和のための指針原則、③現在の生物多様性の損失速度を2010年までに大きく低減させることを目的とする戦略計画、④遺伝資源の利用から生じる利益配分に各国が取り組むガイドライン、⑤世界分類学イニシアティブの推進のための作業計画、⑥16の具体的目標を含む世界植物保全戦略、⑦生物多様性の観点からの環境影響評価や戦略アセスなどのガイドラインなどです。

ウ　COP10新戦略計画・愛知目標

COP10は2010年に名古屋で開催されました。ここでは2011年以降の新戦略計画の目標（愛知目標）や遺伝資源へのアクセスと利益配分に関する名古屋議定書が採択されています。

はじめに愛知目標です。①長期目標（Vision）、2050年までの目標です。自然と共生する世界の構築、つまり生物多様性が評価され、保全され、回復され、そして賢明に利用され、すべての人々に不可欠な恩恵が与えられる世界の構築を目指します。②短期目標（Mission）、2020年までの目標です。生物多様性の損失を止めるために効果的かつ緊急な行動を実施し、抵抗力のある生態系とその提供する基本的なサービスが継続されることを確保することを目指します。③個別目標（Target）として20の目標を掲げています【37】。

エ　名古屋議定書

COP10では遺伝資源へのアクセスと利益配分（ABS）に関する名古屋議定書（Nagoya Protocol）も採択されています。遺伝資源の利用から生じた利益を公正かつ衡平に配分することによって、生物多様性の保全と持続可能な利用に貢献することを目的としています。ここでの「遺伝資源の利用」とは、バイオテクノロジーの適用を含む、遺伝資源の遺伝的・生物化学的な構成に係る研究開発を言います。そして、①遺伝資源、関連する伝統的知識の利用による利益は相互合意条件に基づき公正かつ衡平に配分すること、②ABSに係る要求の法的確実性、明確性、透明性の確保を図ること、③利益のための多国間メカニズムの構築、④ABSに係る規制の遵守、⑤遺伝資源の利用監視等、について定められています。ここで③のメカニズムとは、資源の提供国については、確実・明確・透明な

生物多様性条約

① 利用者は提供国の「事前の情報に基づく同意 PIC:Prior Informed Consent」を取得し、提供国と「相互に合意する条件（MAT:Mutual Agreed Terms）」を設定した上で、遺伝資源を利用

② その商業的利用から生じた利益や研究成果を、MATに基づいて提供国に配分

③ 遺伝資源を育む生物多様性の保全や持続可能な利用に貢献

名古屋議定書

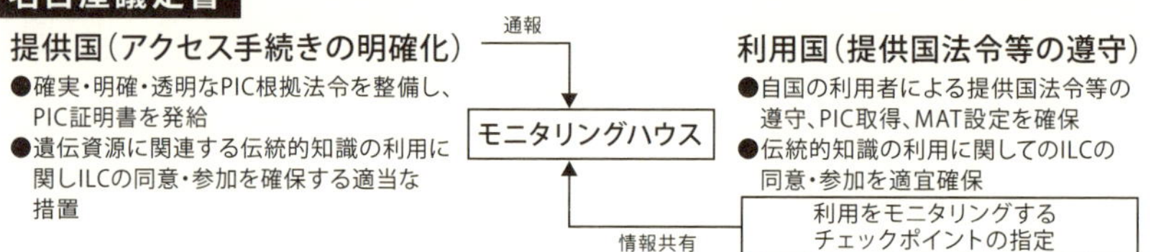

図 6-2-1　ABS の仕組み

PIC根拠法令等を整備し、PIC証明書等を発給し、遺伝資源に関連する伝統的知識の利用に関しILC（先住民社会等、Indigenous and Local Communities）の同意・参加を確保する適当な措置を構ずることです。また、利用国については、自国の利用者による提供法令等の遵守、PIC取得、MAT設定を確保し、伝統的知識の利用に関してILCの同意・参加を適宜確保することです（図6-2-1）。

なお、名古屋議定書は2014年10月に発効していますが、日本はまだ批准には至っていません。

3　生物多様性基本法

ア　生物多様性基本法の制定

2008年に生物多様性基本法が議員立法で制定されます。2010年に生物多様性条約の締約国会議が日本の名古屋で開催される予定でしたので、それに向け、国際的に日本の意気込みを示すという意味がありました。生物多様性条約に基

づく国家戦略は閣議決定という形で作成されてはいましたが、法的根拠を持つものにしたいとの思いもありました。こうした中、与野党の別なく成案を得るべく協議が行われ、2008年5月、COP9の開催中でしたが、法律として制定され、COP10の開催地は名古屋で、ということが正式にその時決められました。

イ　生物多様性基本法の概要

生物多様性基本法は前文を有している法律です。前文を置く法律は基本法にはよく見かけますが、その法律の趣旨、目的、理念などを定め、法文の解釈の指針にもなりうるものです。

前文には、①生物多様性が人類の存続の基盤であること、②地域独自の文化の多様性を支えるものであること、③生物多様性は深刻な危機（開発などによる種の絶滅、生態系の破壊、外来種等による生態系のかく乱）に直面していること、④国際的にも生物の多様性は失われていること、⑤我が国が国際社会において先導的な役割を有すること、⑥人類共通の財産である生物多様性を確保し、次の世代へ引き継いでいく責務を有すること、が定められています。

目的としては、生物多様性の保全、持続可能な利用に関する施策を進め、その恵沢を将来にわたって享受できる自然と共生する社会の実現を図り、地球環境の保全に寄与することとされています。そのための基本原則として、①生物多様性の保全は、野生生物の種の保全と多様な自然環境の地域の自然的社会的条件に応じた保全を旨とし、②生物多様性の利用は、その影響が回避されまたは最小となるよう、国土自然資源を持続可能な方法での利用を旨として行わなければならない、としています。その際、③予防的取組方法や順応的取組方法により、長期的観点を持って、また、地球温暖化防止に資するとの認識を持って行わなければならないとされています。生態系は微妙な均衡の上に成り立っており、科学的知見やそれに関する情報も不十分で、常に変動しうるものです。変化をあらかじめシステムに組み入れておくことの大切さを述べています。

基本的施策ですが、①保全関係で、野生生物の種の多様性の保全、外来生物等による被害防止などが、②利用関係で、国土自然資源の適切な利用、遺伝子等生物資源の適正な利用などが定められています。また、③利用と保全に関して、多様な主体の連携・協働、自発的な活動の推進、基礎的調査の推進や試験研究や科学技術の振興、国際協力の推進などが定められています。特に25条では事業計画の立案段階などでの環境影響評価の推進が定められており、いわゆる戦略的環境アセスメントの導入を目指したものと評価されます。この規定が2011年の環境影響評価法の改正にも影響を与えています。個別分野の施策が幅広に展開された事例と言えるでしょう。

ウ　生物多様性国家戦略2012-2020

生物多様性の保全や利用には多くの主体が関係します。政府の省庁でも多くの省庁が関係します。各主体の施策がともすれば連携なく進められることになりがちでしたが、基本法による国家戦略という枠をもって生物多様性の保全と利用を総合的・計画的に進めることとしています。最新の国家戦略は2012年に策定されています。表題にもあるように、生物多様性条約の愛知目標の達成に向けたロードマップの位置づけとともに、今後の自然共生社会のあり方について述べています。特に2050年にむけた長期目標としては「我が国の生物多様性の状況を現状以上に豊かなものにするとともに、生態系サービスを将来にわたって享受できる自然共生社会を実現する」とし、2020年の短期目標としては「生物多様性の損失を止めるために、愛知目標の達成に向けた我が国の国別目標達成を目指し、効果的かつ緊急な行動を実施する」としています。また、2020年までの重点戦略として5つの基本戦略を挙げています。①生物多様性を社会に浸透させる、②地域における人と自然の関係を見直し再構築する、③森・里・川・海の繋がりを確保する、④地球規模の視野を持って行動する、⑤科学的基盤を強化し政策に結び付ける、ということです。その他愛知目標達成に向けたロードマップとして13の国別目標と48の主要行動目標、そのための81の指標等も定めています。そして50の数値目標を含む約700の具体的施策を行動計画として取りまとめています。

エ　基本法の影響

2008年に生物多様性基本法が制定されますと、生物多様性を切り口とした政策が様々な分野の政策に反映されるようになります。森林林業基本法、河川法、海岸法、港湾法などにおける環境の整備、保全も生物多様性の保全に配慮されるようになります。例えば、森林整備における「緑の回廊」構想などは、森林生態系の構成者である野生生物の多様性の保全を目的としています。自然環境分野でもいくつかの例があります。2009年に自然公園法や自然環境保全法の改正が行われ、目的規定に生物多様性の確保が追加され、生態系維持回復事業が新たに規定されています。2011年には生物多様性地域連携促進法も制定されています。

4　ラムサール条約

「特に水鳥の生息地として国際的に重要な湿地に関する条約」（The Convention on Wetlands of International Importance especially as Waterfowl Habitat）いわゆるラムサール条約ですが、1971年に採択され、1975年に発効しています。湿地の保全再生と賢明な利用を目的としています。条約では、湿地は多様な生物の生息地であり、暮らしを支える資源であり、水質の浄化機能も有するものとされています。天然か人工か、永続的か一時的か、水が滞っているか流れているか、淡水か汽水かを問いません。締約国の措置としては、湿地のモニタリングと報告、湿地の保全に関する保護区の設定などが定められています。

条約では、国際的に重要な湿地を指定して登録簿に記載することとされています。生態学、動植物学、湖沼学、水文学上の重要性により判断されますが、湿地資源を縮小する場合にはその損失の補償が求められています。日本は1980年に条約に批准しています。登録湿地50か所、約148,000haで自然公園法や鳥獣保護法の保護区として保護されています。

日本の湿地は自然公園法や鳥獣保護法の保護区として保護されていますが、湿地保全のための体系的な法体系にはなっていません。登録湿地以外の湿地については保全の手立てがありません。埋立などの開発計画が出た段階になって初めて住民運動の盛り上がりを背景に保全されるという傾向にあります。戦後干潟は40%も減少したと言われています。予防原則的な手法による湿地登録も今後の課題でしょう。

5　鳥獣保護法

ア　鳥獣保護法の制定

鳥獣保護法（鳥獣の保護及び管理並びに狩猟の適正化に関する法律）の前身は、銃による鳥獣の捕獲が急増したことに対応して1873年に定められた鳥獣猟規則と言われています。1885年に狩猟法となり、わなの規制、捕獲禁止鳥獣の指定などが行われました。1918年に大改正され現行法とおおむね同じ体系になります。原則すべての鳥獣は捕獲禁止とし、狩猟鳥獣を指定する制度です。当時狩猟鳥獣としては多くの種類が指定されていましたが、戦後その種類を大幅に減少させ、1950年改正では鳥獣保護区の制度も設けられました。1963年改正で名称が「鳥獣保護及ビ狩猟ニ関スル法律」とされ鳥獣保護の視点が強化され、鳥獣保護事業計画の策定や特別鳥獣保護地区の設置などが定められました。2002年改正では条文をひらがな書きにし、2014年改正では管理の文言も入れられています。

イ　鳥獣保護法の概要

鳥獣保護法の目的は鳥獣の保護管理と狩猟の適正化ですが、それでもって生物多様性の確保、生活環境の保全、農林水産業の健全な発展に寄与することとされています。このため、鳥獣保護事業、鳥獣の被害防止、保護区、猟具使用の危険防止などについて定めています。

鳥獣保護法では原則、野生鳥獣・鳥類の卵の捕獲採取などが禁止されています。その例外として、①鳥獣の被害防止のための許可を受けて行う狩猟、②狩猟鳥獣（鳥類としてキジ、ヤマドリ等29種、獣類としてクマ、オスジカ等20種）の捕獲など、③農業・林業の事業活動に伴うやむをえないモグラやネズミの捕獲などがあります。②の狩猟鳥獣の捕獲には、免許を受けた猟具でする必要があります。さらに鳥獣保護区や休猟区以外でかつ狩猟期間内で、という制限があります。免許は銃、網、わなに分かれて取得する必要があります。また、特に保護が必要な対象狩猟鳥獣についての制限、鉛製散弾の使用制限、カスミ網の所持販売等の禁止などの規制もあります。

また、鳥獣の飼養・販売には規制があり、飼養には登録が必要です。ヤマドリは販売禁止鳥獣とされています。鳥獣の輸出入にも規制があり適法に捕獲したという証明がなければなりません。違法捕獲鳥獣の飼養譲渡などは禁止されています。

鳥獣の保護のために20年以内の存続期間を定めて鳥獣保護区を定めることができます。しかし、これは鳥獣の捕獲規制で開発規制ではありません。生息地の保護のためには木竹の伐採、工作物の設置、水面の埋め立てなどについて許可制度とする特別保護地区の制度があります。

ウ　増えすぎた鳥獣対策

鳥獣保護法に関する議論として増えすぎたシカやイノシシへの対応があります。ニホンオオカミの絶滅による影響ではないか、という意見もありますが、地域的にシカやイノシシによる農林業や自然植生への被害が多くなってきました。1999年改正で特定鳥獣保護管理計画制度が導入されています。著しく増加又は減少する鳥獣（減少するものとしてツキノワグマ等）を特定鳥獣と指定して特別な管理計画で管理していこうというものです。具体的には生息環境のため里山林の整備、防護柵の設置、捕獲による個体数調整などです。

2006年改正では、そのための対策として狩猟規制の見直しが行われています。増えたシカやイノシシが休猟区で繁殖することが多いことから個体数管理のために休猟区でも狩猟できる特例を設ける、狩猟免許が取得しやすいように免許区分を変更する、入猟者の人数を調整できる承認制度を設けるなどの改正が行われています。2006年改正ではその他わな猟の危険防止策や輸入鳥獣が識別できるような措置など保護施策の強化策も導入されています。

その後もシカやイノシシの被害はおさまらず、2014年改正では鳥獣保護法の目的に鳥獣の「管理」という文言が入れられています。これまでは法の目的として、鳥獣の保護と狩猟の適正化ということでしたが、増加しすぎて様々な被害をもたらす鳥獣については捕獲も含めて管理をするという考え方です。大きな発想の転換と言えるでしょう。シカやイノシシについては広域的に管理する必要があります。都道府県等が自ら捕獲事業を実施できるようにし、それとともに、わな猟免許や網猟免許の取得年齢の引き下げなどの規制緩和も行われています。

6　ワシントン条約と希少種の保存法

ア　ワシントン条約

絶滅のおそれのある野生動植物の種の国際取引に関する条約、いわゆるワシントン条約（Convention on International Trade in Endangered Species of Wild Fauna and Flora）は1973年に採択され、1975年に発効しています。

第2次世界大戦後の野生動植物の乱獲・密漁からの保護のためですが、先進国間で対応できる国際取引を規制するという手法が採用されています。絶滅のおそれの程度により区分しています。附属書Ⅰは絶滅のおそれのある種で取り引きによる影響を受けるものです。ゴリラ、トラ、サイ、ジュゴン、ジャイアントパンダなどで、商業取引が禁止されています。ここで絶滅のおそれはエバーグレーズ基準と言っていますが、成熟個体数5,000以下などです。附属書Ⅱは現在絶滅のおそれはないが、厳重な取引規制がないと将来その可能性の高い種です。ホッキョクグマ、カメレオンなどです。標本の場合は一定の条件下で商業取引が認められます。附属書Ⅲはいずれかの締約国で国内保護が必要である場合に他の締約国の協力が必要な場合です。セイウチ、カバ、キングコブラなどです。商業取引も認められますが、輸出国の許可が必要とされています。

日本はこの条約を1980年に批准しています。輸出入は外国為替外国貿易法や関税法により規制し、国内取引は鳥獣保護法や希少種の保存法で規制しています。

イ　希少種の保存法

希少種の保存法（絶滅のおそれのある野生動植物の種の保存に関する法律）は1992年に制定されています。国内取引規制という点でワシントン条約対応と言うこともできます。目的は絶滅のおそれのある野生動植物の種の保存を図ることです。国際､国内の希少野生動植物種を指定し規制しています。規制内容ですが、国内種について生きている個体の捕獲などを原則禁止にし、国際・国内種について個体･器官･加工品の陳列･譲渡など及び輸出入を原則禁止にしています。また、生息地等保護区を指定し、産卵地・繁殖地・餌場などを管理地区として、土地の形質変更・建築物の新増築・水面の埋め立てについて許可制としています。

7　生物多様性に関するその他の法律

ア　外来生物法

外来生物法（特定外来生物による生態系に係る被害の防止に関する法律）は2004年に制定されています。特定外来生物による生態系・人の生命身体・農林水産業の被害の防止を目的としていますが、ここでの「特定外来生物」とは、明治期以降に日本に導入された外来生物で、生態系などへの被害を及ぼすもの、または及ぼすおそれのあるものです。アライグマ、オオクチバス、セイヨウオオマルハナバチ、シママングースなど110種が指定されています。規制の内容としては、海外起源の未判定外来生物は、国内に搬入しようとするものをチェックします。また、特定外来生物については学術研究・動物園での展示などで許可を得た場合以外は飼養・栽培・保管・運搬が禁止されます。輸入も、野外へ放出することなども原則禁止です。既に特定外来生物で被害が生じているような場合には防除します。

特定外来生物の指定には、海外起源の外来生物であっても既に自然環境にある程度組み込まれてきた生き物を安易に指定していいかどうか議論になったことがあります。具体的にはオオクチバスです。内水面漁業者からは、その被害からも特定外来生物への指定が求められ、釣り愛好家からは、既に自然環境に組み込まれており、管理の問題ではないかという意見がありました。結果的には生態系への影響は無視できないということで指定されることになりましたが、個々の生物の指定には時として難しい面があります。

イ　カルタヘナ議定書とカルタヘナ法

生物多様性条約のバイオセーフティに関するカルタヘナ議定書（Cartagena Protocol on Biosafety）が2000年に採択され、2003年に発効しています。これは遺伝子組み換え生物の越境移動に当たり輸入国が生物多様性の保全と持続可能な利用への影響を評価し、輸入の可否を決める手続きの枠組みを決めるものです。生態系に対して、①在来生態系への侵入、②在来種との交雑、③有害物質の産出などの影響、が評価されます。

国内担保法としてカルタヘナ法（遺伝子組み換え生物等の使用等の規制による生物多様性の確保に関する法律）が2003年に制定されます。目的はまさにカルタヘナ議定書の円滑な実施です。①第一種使用等、環境中への拡散を防止せずにする行為、農作物の栽培等については生物多様性影響評価書による承認制となっています。また、②第二種使用等、環境中への拡散を防止してする行為、工場内での使用等については確認を受けた拡散防止措置をとって使用することができます。

ウ　生物多様性地域連携促進法

生物多様性地域連携促進法（地域における多様な主体の連携による生物多様性の保全のための活動等の促進に関する法律）、いわゆる里地里山の保全と多様な主体による地域における連携活動の促進を図るための法律です。2010年に制定されています。市町村による地域連携保全活動計画の作成による活動促進が中心ですが、NPOなどによる提案や関係者による協議会の設置など地域住民の参加に配慮した法律となっています。また、里地里山の保全に関してその保全活動に対する援助や所有者不明地に関する施策の検討等の条項もあります。

【37】 20の目標

①人々が生物多様性の価値と行動を認識する、②生物多様性の価値が国・地方の計画に統合され、国家勘定・報告に組み込まれる、③生物多様性に有害な補助金を含む奨励措置が廃止または改革され、正の奨励措置が策定・適用される、④関係者による持続可能な生産・消費の実施、⑤森林を含む自然生息地の損失が少なくとも半減、可能ならゼロに近づき、劣化・分断が減少する、⑥水産資源が持続的に漁獲される、⑦農業、養殖業、林業が持続的に管理される、⑧汚染が有害でない水準まで抑えられる、⑨侵略的外来種が制御され、根絶される、⑩サンゴ礁等気候変動や海岸酸性化に影響を受ける脆弱な生態系への悪影響を最小化する、⑪陸域の17%、海域の10%が保護地域等により保全される、⑫絶滅危惧種の絶滅・減少が防止される、⑬作物・家畜の遺伝子の多様性が維持され、損失が最小化される、⑭自然の恵みが提供され、回復・保全される、⑮劣化した生態系の少なくとも15%以上の回復を通じ気候変動の緩和と適応に貢献する、⑯ABSに関する名古屋議定書は施行・運用される、⑰締約国が効果的で参加型の国家戦略を策定し、実施する、⑱伝統的知識が尊重され、主流化される、⑲生物多様性に関連する知識技術が改善される、⑳戦略計画の効果的実施のための資金資源が現在のレベルから顕著に増加される。

索引

欧字

I

K

P

R

S

U

かな

あ

い

う

え

お

か

き

く

け

こ

ゆ

よ

ら

ろ

わ

謝辞

本書は筆者にとって初めての本です。大学での講義用のノートをまとめていましたので、本にして出版したらより多くの人に環境法に興味を持っていただけるのでは、と思ったからです。ある出版関係者に相談しますと「経済の本はともかく、環境の本はなかなか売れない」と言われました。「この本はちょっと」というのなら理解できますが、どうしてでしょうか。現在の経済状況から一人ひとりの関心が環境問題までに及ばないからでしょうか。経済がよくなれば環境への関心が高まるのでしょうか。なかなか難しい課題です。

環境省時代の上司である小林光特任教授（慶應義塾大学政策・メディア研究科）に相談しましたら清水弘文堂書房の礒貝日月社長をご紹介いただきました。この本の表題「環境法の冒険」についてもアドバイスをいただいたところです。また、環境省の森本英香さんにも後押しをいただきました。出版して意味があるかどうか、筆者としては少々悩んだところですが、少しでも環境への関心が広がるのに寄与できれば、と思った次第です。

最後になりますが、大学で講義の機会をいただいた大塚直さま（早稲田大学大学院法務研究科・法学部教授）、本の出版にあたりお世話になった小林光さま、森本英香さま、清水弘文堂書房の礒貝日月さま、中里修作さまに改めて感謝とお礼を申し上げたいと思います。ありがとうございます。

平成29年2月

鷺坂 長美

鷺坂長美（さぎさか・おさみ）

1956年愛知県生まれ。1978年東京大学法学部卒業、旧自治省入省。旧自治省選挙部、税務局、大阪府、大分県、岡山県等で勤務。2001年省庁再編にともない環境省へ。2008年英国王立国際問題研究所研究員、2009年環境省水大気環境局長、2012年退官。現在早稲田大学法学部非常勤講師、㈱日本緊急通報サービス監査役。

主な論文は「政治資金の分析」(『自治研究』64巻12号、65巻1号)「固定資産税の評価の均衡化・適正化」(『自治研究』68巻8号)「英国の自治体における気候変動対応について」(『季刊環境研究』No.154)。

www.shimizukobundo.com

環境法の冒険　放射性物質汚染対応から地球温暖化対策までの立法現場から

発　　行　2017年 3月 17日
著　　者　鷺坂長美

発 行 者　礒貝日月
発 行 所　株式会社清水弘文堂書房
住　　所　東京都目黒区大橋 1-3-7-207
電話番号　03-3770-1922
F A X　03-6680-8464
Eメール　mail @ shimizukobundo.com
ウェブ　http://shimizukobundo.com/

印 刷 所　モリモト印刷株式会社

落丁・乱丁本はおとりかえいたします。

ISBN978-4-87950-626-9 C2032

Printed in Japan.